国家自然科学基金项目(51778215,51708185)资助
NSFC-山西煤基低碳联合基金项目(U1810203)资助
河南省教改项目(2019SJGLX061)资助
河南省高层次人才特殊支持项目(豫组通〔2018〕37号)资助

FLAC3D 5.0 使用教程与实例分析

林志斌　张勃阳　顿志林　杨大方　著

中国矿业大学出版社

·徐州·

内 容 提 要

　　FLAC3D是目前国际上最通用的岩土工程数值模拟分析软件之一,其针对岩土体和相应支护结构设计了多种专业的本构模型和结构单元,非常适用于岩土工程大变形问题分析,在国内外岩土工程界已得到十分广泛的应用。本书以FLAC3D 5.0版本为基础,根据FLAC的数值模拟流程,将其分为模型建立、初始条件设置与应力场生成、工程活动模拟、数据提取与分析、实际工程应用分析几个章节,由浅入深地讲解了各个步骤下的命令用法,并对它们进行了注释说明。

　　本书可供岩土工程相关专业本科生、研究生学习使用,也可供岩土工程研究人员参考使用。

图书在版编目(C I P)数据

FLAC3D 5.0使用教程与实例分析 / 林志斌等著.
徐州:中国矿业大学出版社,2020.9
ISBN 978 - 7 - 5646 - 4798 - 8

Ⅰ.①F… Ⅱ.①林… Ⅲ.①土木工程－数值计算－应用软件 Ⅳ.①TU17

中国版本图书馆CIP数据核字(2020)第165788号

书　　名	FLAC3D 5.0使用教程与实例分析	
著　　者	林志斌　张勃阳　顿志林　杨大方	
责任编辑	吴学兵	
出版发行	中国矿业大学出版社有限责任公司	
	(江苏省徐州市解放南路　邮编221008)	
营销热线	(0516)83884103　83885105	
出版服务	(0516)83995789　83884920	
网　　址	http://www.cumtp.com　**E-mail**:cumtpvip@cumtp.com	
印　　刷	江苏苏中印刷有限公司	
开　　本	787 mm×1092 mm　1/16　**印张** 15.25　**字数** 380千字	
版次印次	2020年9月第1版　2020年9月第1次印刷	
定　　价	58.00元	

(图书出现印装质量问题,本社负责调换)

前　言

　　FLAC3D 是目前国际上最通用的岩土工程数值模拟分析软件之一，其针对岩土体和相应支护结构设计了多种专业的本构模型和结构单元，非常适用于岩土工程大变形问题分析，在国内外岩土工程界已得到十分广泛的应用。

　　有关 FLAC3D 的教材或参考书，代表性的有彭文斌的《FLAC3D 实用教程》和陈育民、徐鼎平的《FLAC/FLAC3D 基础与工程实例》等，这些书可为我们学习和熟练使用 FLAC3D 提供很大的帮助。然而，这些书通常都是基于早期的 FLAC3D 3.0 版本编写的，其在一些命令编写和界面交互操作上，与现在普遍使用的 5.0 和 6.0 版本存在一些区别。

　　为方便读者进一步了解和掌握 FLAC3D，本书以 FLAC3D 5.0 版本为基础，根据 FLAC 的数值模拟流程，将其分为模型建立、初始条件设置与应力场生成、工程活动模拟、数据提取与分析、实际工程应用分析几个章节，由浅入深地讲解了各个步骤下的命令用法，并对它们进行了注释说明。

　　在 FLAC3D 5.0 版本软件自带的帮助手册中，将 FLAC3D 写为 FLAC^{3D}，为了便于读者使用本书，正文叙述中一律使用 FLAC^{3D}。

　　由于作者水平有限，书中难免存在疏漏之处，恳请各位读者批评指正！关于本书命令，如有不理解或不恰当的地方，可通过邮箱 linzhibin@hpu.edu.cn 与作者取得联系。

作者

2020 年 5 月

目　　录

第 1 章　FLAC³ᴰ概述

1.1　FLAC³ᴰ程序简介

　　FLAC(Fast Lagrangian Analysis of Continua)是美国依泰斯卡(ITASCA)公司开发的数值计算软件,包括 FLAC 和 FLAC³ᴰ,依泰斯卡公司开发的软件还包括 UDEC、UDEC³ᴰ、PFC 和 PFC³ᴰ。其中 FLAC 和 FLAC³ᴰ为有限差分法,而 UDEC、UDEC³ᴰ、PFC 和 PFC³ᴰ则为离散元法。有限差分法采用节点位移连续的条件,主要用于模拟岩土工程方面的力学行为,特别是模拟岩土材料达到屈服极限后产生的塑性流动。建立模型时,需对岩土材料进行分割,然后根据研究对象的形状形成相应的网格结构。每个单元在外力和边界约束作用下,按照给定的线性或非线性应力-应变关系产生力学响应。FLAC³ᴰ的建模和数据输入采用的是交互方式,可以用键盘逐行输入各个命令,也可以将命令写在文件里,通过调用文件来执行里面的命令,因此,FLAC³ᴰ程序具有很强的适用性。此外,由于 FLAC³ᴰ是针对岩土工程开发的数值模拟软件,因而其在岩土工程分析方面具有许多独特之处。

　　(1) 包含多种可以模拟岩土材料力学特性的本构模型

　　FLAC³ᴰ为岩土和结构工程开发了 20 多种岩土材料本构模型,包括 1 个开挖模型(空模型)、3 个弹性力学模型(各向同性弹性模型、横向各向同性弹性模型和正交各向异性弹性模型)、9 个弹塑性力学模型(德鲁克-普拉格模型、霍克-布朗模型、莫尔-库仑模型、多节理模型、应变硬软化模型、双线性应变硬软化模型、双屈服模型、修正剑桥模型和动力力学模型)、8 个蠕变模型(经典黏弹性模型、伯格斯模型、二分幂律模型、固结蠕变模型、改进伯格斯蠕变模型、改进幂律蠕变模型、改进固结蠕变模型和碎岩模型)。

　　(2) 可以考虑岩土材料的随机性

　　FLAC³ᴰ网格中的不同区域能够赋予不同的材料模型,并且容许指定材料参数的统计分布和变化梯度,以此来模拟材料参数随空间的变化和随机特性。

　　(3) 含有节理/界面单元

　　该程序还包含了节理单元,能够模拟两种或两种以上材料界面处不同材料性质的间断特性。节理可以发生滑动或分离,可用于模拟岩土体中的断层、节理或摩擦边界。

　　(4) 能够模拟结构大变形特性和失稳条件

　　程序中的单元材料可以使用线性或非线性本构模型,在外力作用下,当材料发生屈服后,网格能够发生相应的变形并移动,以此可模拟结构的大变形特性。同时,FLAC³ᴰ采用"显式拉格朗日"算法和"混合离散分区"技术,可以对材料的塑性破坏和流动进行精准模拟。即使模拟系统是静态的,动态运动方程仍然可以被采用,这就使得 FLAC³ᴰ在模拟材料物理失稳过程时没有数值上的障碍,因而能够模拟判断开挖工程的稳定性情况。

（5）采用了快速的计算方法

FLAC³ᴰ模拟材料塑性破坏和塑性流动时采用了"混合离散法"。这种方法比有限元法中通常采用的"离散集成法"更准确、更合理；同时，"显式解"方案的采用，使得对非线性应力-应变关系的求解所花费的时间也几乎与线性本构模型相同；此外，它还不需要存储刚度矩阵。因而在求解非线性问题时，FLAC³ᴰ计算速度要比隐式求解方案快得多。

（6）具有模拟岩土体与结构相互作用的能力

FLAC³ᴰ中提供了多种结构单元，利用这些结构单元不仅能够模拟隧道衬砌、柱板桩、锚杆（索）或土工织物等人工结构在不同条件下的力学行为，而且还能够用来分析它们与周边岩土的相互作用问题。因而，在评价支护结构加固效果和稳定性方面，FLAC³ᴰ亦具有其独到之处。

另外，在 FLAC³ᴰ中还可选择动力分析模块、渗流分析模块、温度场分析模块和蠕变分析模块进行相应的动力、渗流、热学及蠕变分析。

综上所述，FLAC³ᴰ程序不仅可以用于地下工程岩体的渐进破坏与坍塌模拟，而且还可以进行边坡工程的变形分析和稳定性计算。由于 FLAC³ᴰ能够很好地模拟多种岩土工程问题，因此目前在国内外岩土工程界享有很高的声誉。它不仅在国内外岩土工程界得到广泛的应用，而且是国际岩土工程招标中为数不多的被认可的几个软件之一。

1.2 FLAC³ᴰ基本原理

FLAC³ᴰ采用拉格朗日元法（Lagrangian element method）进行计算。该方法出自流体力学中的流体运动学。流体运动学描述流体运动采用两种方法：基于质点-时间的拉格朗日法和基于空间-时间的欧拉（Euler）法。其中，拉格朗日法着眼于某一个流体质点，研究它在任意一段时间内位置、压强和速度变化规律。如将拉格朗日法用于固体力学研究，划分拉格朗日网格后，网格的节点就相当于流体的质点，于是可按照时步用拉格朗日法来研究网格节点的运动，这种方法称为拉格朗日元法。与有限元法、离散元法和边界元法等其他岩土力学数值方法相比，拉格朗日元法按照时步采用动力松弛的方法求解，不需要形成刚度矩阵，不用求解大型联立方程组，而且无须设置试函数，不涉及计算收敛问题，故最适合求解非线性大变形问题。

拉格朗日元法采用有限差分方式求解，即去除泰勒级数展开中的高阶小项，然后使用差分方程代替微分方程的基本原理进行求解。如图 1-1 所示，1 点和 3 点在 0 点处的泰勒级数展开表达式为：

$$f_1 = f_0 + h\left(\frac{\partial f}{\partial x}\right)_0 + \frac{h^2}{2}\left(\frac{\partial^2 f}{\partial x^2}\right)_0 + \frac{h^3}{6}\left(\frac{\partial^3 f}{\partial x^3}\right)_0 + \frac{h^4}{24}\left(\frac{\partial^4 f}{\partial x^4}\right)_0 + \cdots \qquad (1-1)$$

$$f_3 = f_0 - h\left(\frac{\partial f}{\partial x}\right)_0 + \frac{h^2}{2}\left(\frac{\partial^2 f}{\partial x^2}\right)_0 - \frac{h^3}{6}\left(\frac{\partial^3 f}{\partial x^3}\right)_0 + \frac{h^4}{24}\left(\frac{\partial^4 f}{\partial x^4}\right)_0 - \cdots \qquad (1-2)$$

如去除三阶以上小项，则式(1-1)和式(1-2)可转化为：

$$f_1 = f_0 + h\left(\frac{\partial f}{\partial x}\right)_0 + \frac{h^2}{2}\left(\frac{\partial^2 f}{\partial x^2}\right)_0 \qquad (1-3)$$

$$f_3 = f_0 - h\left(\frac{\partial f}{\partial x}\right)_0 + \frac{h^2}{2}\left(\frac{\partial^2 f}{\partial x^2}\right)_0 \qquad (1-4)$$

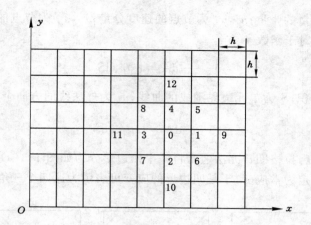

图 1-1　有限差分法计算原理图

由式(1-3)和式(1-4)可知：

$$\left(\frac{\partial f}{\partial x}\right)_0 = \frac{f_1 - f_3}{2h} \tag{1-5}$$

$$\left(\frac{\partial^2 f}{\partial x^2}\right)_0 = \frac{f_1 + f_3 - 2f_0}{h^2} \tag{1-6}$$

同理，在 y 方向存在以下表达式：

$$\left(\frac{\partial f}{\partial y}\right)_0 = \frac{f_2 - f_4}{2h} \tag{1-7}$$

$$\left(\frac{\partial^2 f}{\partial y^2}\right)_0 = \frac{f_2 + f_4 - 2f_0}{h^2} \tag{1-8}$$

拉格朗日元法的计算循环步骤如图 1-2 所示。假定某时刻各个节点的速度已知，则根据高斯定理可求得单元的应变率，进而可根据材料的本构方程得到各单元新的应力。

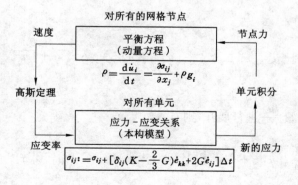

图 1-2　拉格朗日元法的计算循环步骤图

用增量形式，应变张量可表示为：

$$\Delta e_{i,j} = \frac{1}{2}\left(\frac{\partial \dot{u}_i}{\partial x_j} + \frac{\partial \dot{u}_j}{\partial x_i}\right)\Delta t \tag{1-9}$$

其中，$\Delta e_{i,j}$ 为应变增量的张量；$\dot{u}_i$，$\dot{u}_j$ 为节点的速度分量；x_i，x_j 为节点的坐标；Δt 为时步。

根据高斯定理，对于函数 f 有：

$$\int_A \frac{\partial f}{\partial x_i} \mathrm{d}A = \int_s f n_i \mathrm{d}S \tag{1-10}$$

式中，A 为单元的面积；S 为单元边界围成的曲线；n_i 为外法线的方向余弦。则：

$$\int_A \frac{\partial \dot{u}_i}{\partial x_j} \mathrm{d}A = \int_s \dot{u}_i n_j \mathrm{d}S \tag{1-11}$$

为提高求解精度，拉格朗日元法通常将一个四边形分为如图 1-3(a)、(b)所示的四个三角形，每个三角形假定为常应变，于是四边形的应变可表示为这四个三角形的平均应变。

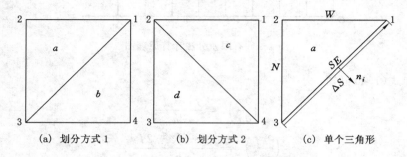

图 1-3　拉格朗日元法的常应变三角形单元

对于图 1-3(c)中的三角形 a 有：

$$\Delta S = \sqrt{[x_1^{(1)} - x_1^{(3)}]^2 + [x_2^{(1)} - x_2^{(3)}]^2} \tag{1-12}$$

$$n_i = \{[x_2^{(1)} - x_2^{(3)}]/\Delta S, [x_1^{(3)} - x_1^{(1)}]/\Delta S\} \tag{1-13}$$

取 $\dfrac{\partial \dot{u}_i}{\partial x_j}$ 在 A 中的平均值，并考虑到 A 的边界为一个三角形，则有：

$$\frac{\partial \dot{u}_i}{\partial x_j} = \frac{1}{A} \sum_{\text{各边}} \dot{u}_i \varepsilon_{jk} \Delta x_k$$

$$= \frac{1}{2} \frac{1}{A} \{[\dot{u}_i^{(1)}) + \dot{u}_i^{(2)}] \varepsilon_{jk} \Delta x_k^{(N)} + [\dot{u}_i^{(2)} + \dot{u}_i^{(3)}] \varepsilon_{jk} \Delta x_k^{(W)} + [\dot{u}_i^{(1)} + \dot{u}_i^{(3)}] \varepsilon_{jk} \Delta x_k^{(SE)}\}$$

$$\tag{1-14}$$

如对其中一个分量 $\dfrac{\partial \dot{u}_1}{\partial x_1}$ 进行展开，则有：

$$\frac{\partial \dot{u}_1}{\partial x_1} = \frac{1}{2} \frac{1}{A} \{[\dot{u}_1^{(1)} + \dot{u}_1^{(2)}][x_2^{(2)} - x_2^{(1)}] + [\dot{u}_1^{(2)} + \dot{u}_1^{(3)}][x_2^{(3)} - x_2^{(2)}] +$$

$$[\dot{u}_1^{(1)} + \dot{u}_1^{(3)}][x_2^{(1)} - x_2^{(3)}]\}$$

$$= \frac{1}{2} \frac{1}{A} \{\dot{u}_1^{(1)}[x_2^{(2)} - x_2^{(3)}] + \dot{u}_1^{(2)}[x_2^{(3)} - x_2^{(1)}] + \dot{u}_1^{(3)}[x_2^{(1)} - x_2^{(2)}]\} \tag{1-15}$$

采用同样的方法可以求解得到 $\dfrac{\partial \dot{u}_1}{\partial x_2}$，$\dfrac{\partial \dot{u}_2}{\partial x_1}$ 和 $\dfrac{\partial \dot{u}_2}{\partial x_2}$ 等值。将求解结果代入式(1-9)中就可以求得应变增量，再进一步根据材料的本构关系可得到应力增量为：

$$\sigma_{ij} := \sigma_{ij} + \left[\delta_{ij} \left(K - \frac{2}{3} G \right) \dot{e}_{kk} + 2 G \dot{e}_{ij} \right] \Delta t \tag{1-16}$$

式中，K 为剪切模量；G 为体积模量。

　　拉格朗日元法的不平衡力计算如图 1-4 所示。取节点 0 周围的单元对应力围线积分，即可得到作用在 0 上的不平衡力。图中 c_1、c_2、c_3、c_4 分别为 a、b、c、d 四个单元的中心，1、2、3、4 为相应边的中点，围线为 c_1-1-c_2-2-c_3-3-c_4-4-c_1，将其中的质量 m 组集到节点 0 上，至于作用在 0 上的不平衡力，因为所采用的单元为常应变单元，单元中的应力也为常应力，所以在求解不平衡力时，实际上采用的围线为 1-2-3-4-1。于是，不平衡力为：

$$F_i = \sigma_{ij}^a \varepsilon_{jk} \left[x_k^{(1)} - x_k^{(4)} \right] + \sigma_{ij}^b \varepsilon_{jk} \left[x_k^{(2)} - x_k^{(1)} \right] + \sigma_{ij}^c \varepsilon_{jk} \left[x_k^{(3)} - x_k^{(2)} \right] + \\ \sigma_{ij}^d \varepsilon_{jk} \left[x_k^{(4)} - x_k^{(3)} \right] \tag{1-17}$$

至此，各节点不平衡力都可以采用式(1-17)计算得到。

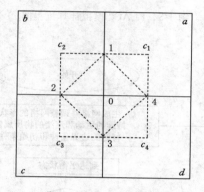

图 1-4　不平衡力的求解

1.3　FLAC³D计算分析流程与操作界面

1.3.1　FLAC³D的模拟计算流程

　　通常 FLAC³D的模拟计算流程可以分为前处理和后处理两部分，如图 1-5 所示。其中，前处理主要是采用编写命令的方式让程序完成对整个工程模型的计算。它由模型网格划分与建立、初始应力计算(本构模型选择及参数输入、边界条件设置、初始应力平衡)、工程活动模拟(开挖与支护)等过程组成。而后处理则主要是对前处理得到的计算结果进行文字描述分析，它包括云图显示和输出、网格节点数据提取与分析等。

　　当模拟方法采用不当或模型计算参数设置不合理时，模型的计算结果往往与实际工程偏差过大，此时应对计算模型进行调整。调整的范围既有可能包含网格划分至初始应力平衡阶段的模型网格或节点参数调整，也有可能包括外荷载与支护阶段的荷载和支护参数调整，其流程如图 1-6 所示。

1.3.2　FLAC³D 5.0 操作界面

　　FLAC³D 5.0 界面如图 1-7 所示。该界面主要包括以下几个窗栏口：菜单栏、数据文件栏、存档文件栏、模型显示窗口、命令输入窗口、模型显示内容设置窗口、模型观察参数设置

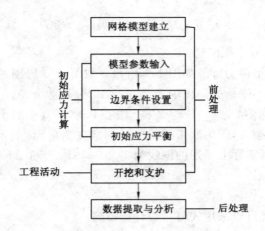

图 1-5　FLAC³ᴰ 模拟计算流程图

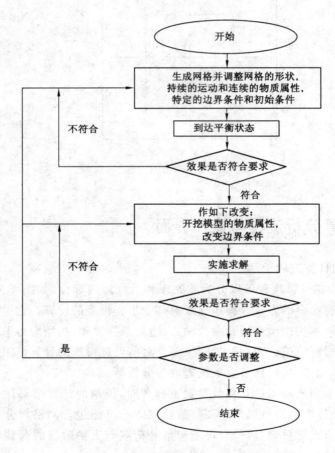

图 1-6　FLAC³ᴰ 计算模型的调整流程

窗口以及单元节点信息显示窗口。其中,菜单栏又可以分为文件菜单栏、编辑菜单栏、工具菜单栏、布局菜单栏、显示菜单栏、窗口菜单栏和帮助菜单栏 7 个子项,如图 1-8 所示。文件菜单栏主要用于 FLAC³ᴰ相关项目、命令、存档、网格和图片等文件的创建、保存及读取；编辑菜单栏主要用于命令文件文本的复制、粘贴、替换和执行等编辑操作；工具菜单栏的主要作用是对窗口和窗栏的工具按钮或参数进行显示、编辑和更新；布局菜单栏的作用是对 FLAC³ᴰ程序界面中的窗口和窗栏进行布局调整；显示菜单栏则主要用于多个显示窗口的自由切换；窗口菜单栏的作用是对主程序界面的一些窗口和窗栏进行显示或关闭；帮助菜单栏则可为 FLAC³ᴰ的使用提供一些帮助说明。

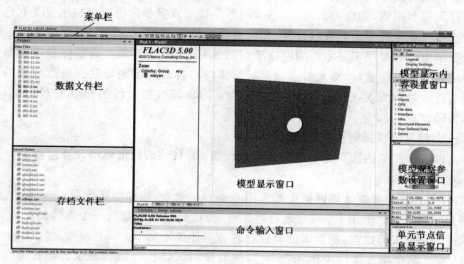

图 1-7　FLAC³ᴰ 5.0 界面

图 1-8　菜单栏子项分布图

　　数据文件栏主要显示当前项目下的所有数据文件,使用者可以点击其中的文件进行自由切换、编辑。存档文件栏主要显示当前项目下的所有存档文件,使用者可以点击其中的文件进行存档的读取和保存。模型显示窗口主要显示当前命令下的模型效果图,使用者可以用鼠标的左右键点击或拖动对显示模型进行放大、旋转、保存等操作。命令输入窗口主要用于输入需要执行或显示已经执行的 FLAC³ᴰ命令和结果。模型显示内容设置窗口主要用于设置计算模型的显示内容和相关参数,使用者可以通过点击相应的文本按钮对模型的显示内容进行调整和编辑,如应力云图、位移云图等。模型观察参数设置窗口主要是对已经显示的模型进行视觉角度方面的参数设置,如设置模型的观察位置、角度、放大倍数等。单元节点信息显示窗口主要用于显示模型网格节点的编号、坐标等参数。当鼠标悬浮于模型显示窗口中的模型上方位置时,单元节点信息显示窗口将自动显示距离鼠标最近位置的网格节点相关信息。总体来说,FLAC³ᴰ模拟流程以 txt、dat 等数据文件的命令编写为主,界面相关操作为辅。

1.3.3　一个简单的模拟例子

　　下面以一个简单的圆形隧道工程为例来说明 FLAC³ᴰ的数值模拟计算过程。

　　1. 建模和划分网格

　　FLAC³ᴰ程序中建立计算网格主要采用 generate 命令,该命令可生成点(point)、面(surface)和单元(zone)。采用 FLAC³ᴰ进行计算时,所建立的模型应是一个连续的整体,否则计算结果将出现较大的误差,甚至无法进行计算。具体如下所示:

　　(1) 先在命令输入窗口中输入"new",然后按回车键执行该行命令。该行命令表示重置系统,开始一个新的计算分析任务。

　　(2) 接着输入"generate zone radcylinder p0 0 0 0 p1 10 0 0 p2 0 1 0 p3 0 0 10 dim 2.5 2.5 2.5 2.5 size 10 1 15 20 fill group sd"并按回车键执行。该行命令表示建立一个以 4 个三维空间坐标为控制点的圆柱体外环绕放射状网格模型,其宽度为 10 m、高度为 10 m、厚度为 1 m、内空间尺寸为 2.5 m,网格划分数为径向 30(圆柱体内为 10、圆柱体外为 20)、环向 15、纵深方向 1,圆柱体内的网格归同一个组 sd。

　　(3) 再输入"plot zone colorby group"后按回车键执行。该行命令表示显示已经建立的模型,并按组名进行区别显示,如图 1-9 所示。

　　(4) 接着再输入"generate zone reflect norm —1 0 0 origin 0 0 0"后按回车键执行。该行命令表示对已建立好的所有模型网格进行镜像复制,镜像面为 YZ 左平面,该面法向向量为(—1,0,0),坐标通过点为(0,0,0)。

　　(5) 最后输入"generate zone reflect norm 0 0 —1 origin 0 0 0"后按回车键执行。该行命令表示对已建立好的所有模型网格进行镜像复制,镜像面为 XY 下平面,该面法向向量为(0,0,—1),坐标通过点为(0,0,0)。

　　最终建立得到的圆形隧道模型如图 1-10 所示。

　　2. 初始应力计算

　　(1) 本构模型及参数确定

　　FLAC³ᴰ为岩土工程问题的求解开发了多种特有的力学本构模型,采用 model 命令来指定,相关的本构模型参数则用 property 命令设置,当考虑密度影响时须设置重力加速度,用 set 命令表示。具体如下:

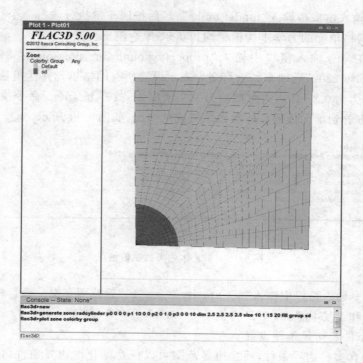

图 1-9　圆柱体外环绕放射状网格模型效果图

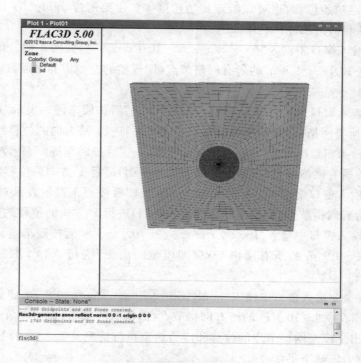

图 1-10　圆形隧道模型效果图

① 在命令输入窗口中输入"model mohr",然后按回车键执行该行命令。该行命令表示定义隧道所有网格单元的力学本构模型均为莫尔-库仑模型。

② 接着,在命令输入窗口中输入"property young 3e9 poisson 0.33 cohesion 0.2e6 friction 30 density 2200"后回车。该行命令表示设置所有网格单元弹性模量为 3 GPa、泊松比为 0.33、黏聚力为 0.2 MPa、内摩擦角为 30°、密度为 2 200 kg/m³。命令执行成功后,可在命令输入栏上方看到单元体的总体参数赋值成功情况,如图 1-11 所示。

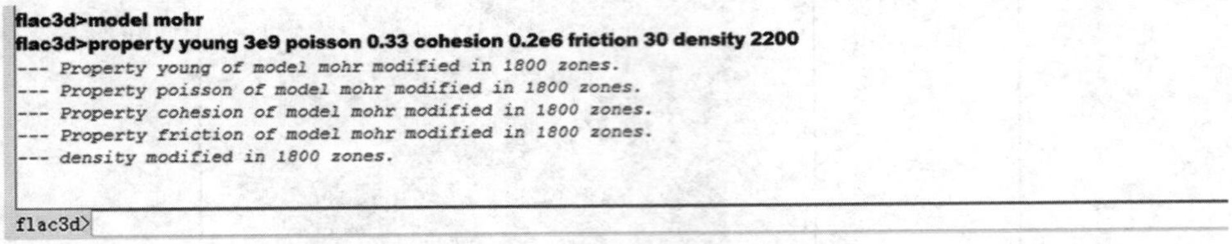

```
flac3d>model mohr
flac3d>property young 3e9 poisson 0.33 cohesion 0.2e6 friction 30 density 2200
--- Property young of model mohr modified in 1800 zones.
--- Property poisson of model mohr modified in 1800 zones.
--- Property cohesion of model mohr modified in 1800 zones.
--- Property friction of model mohr modified in 1800 zones.
--- density modified in 1800 zones.

flac3d>
```

图 1-11   单元体的参数赋值情况

③ 再在命令输入窗口中输入"set gravity 0 0 -10"后按回车键。该行命令表示模型重力加速度在 X 和 Y 方向为 0,在 Z 方向为 10 m/s²。

（2）边界条件及初始条件设置

FLAC³ᴰ包含多种边界条件,而且边界范围可以任意变化。边界条件可以是速度边界,也可以是应力边界;单元内部可以给定初始应力,也可以给定地下水位以下的计算有效应力;节点可以给定初始位移,也可以给定初始速度等。主要通过 apply、fix 以及 initial 命令来设置边界条件和初始条件。具体如下:

① 在命令输入窗口中输入"fix x range x -10.1 -9.9"后按回车键。该行命令表示对 X 坐标范围在-10.1~-9.9 m 的所有网格节点(即模型的左侧边界平面)进行 X 方向的位移约束。

② 在命令输入窗口中输入"fix x range x 9.9 10.1"后按回车键。表示对 X 坐标范围在 9.9~10.1 m 的所有网格节点(即模型的右侧边界平面)进行 X 方向的位移约束。

③ 在命令输入窗口中输入"fix y range y -0.1 0.1"后按回车键。表示对 Y 坐标范围在-0.1~0.1 m 的所有网格节点(即模型的前侧边界平面)进行 Y 方向的位移约束。

④ 在命令输入窗口中输入"fix y range y 0.9 1.1"后按回车键。表示对 Y 坐标范围在 0.9~1.1 m 的所有网格节点(即模型的后侧边界平面)进行 Y 方向的位移约束。

⑤ 在命令输入窗口中输入"fix x y z range z -10.1 -9.9"后按回车键。表示对 Z 坐标范围在-10.1~-9.9 m 的所有网格节点(即模型的底面)进行 X,Y,Z 三个方向的位移约束。

⑥ 最后,在命令输入窗口中输入"apply szz -2.0e6 range z 9.9 10.1"后按回车键。表示对 Z 坐标范围在 9.9~10.1 m 的所有网格节点(即模型的顶面)施加竖向应力 2.0 MPa。

图 1-12 给出了模型网格节点的位移和应力约束执行情况。

（3）初始应力求解至平衡

当给定模型材料参数、密度以及重力加速度,并对模型边界进行合理约束后,可用 solve 命令自动计算得到模型的初始三向连续应力场。具体如下:

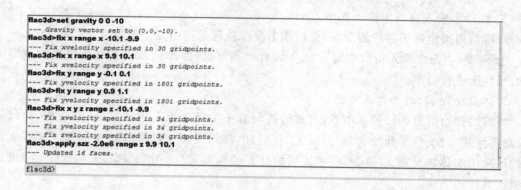

图 1-12　模型网格节点的位移和应力约束执行情况

① 在命令输入窗口中输入"solve"后按回车键。表示根据确定的边界条件和模型材料参数对已建立的模型进行初始应力场的平衡计算,当不平衡速率小于 10^{-5} 时,初始应力场就默认自动平衡,求解结束。但如果边界条件或模型参数设置有误,则计算不收敛,需重新进行初始应力场的平衡计算。

② 在命令输入窗口中输入"plot zcontour szz"后按回车键。模型显示窗口中将出现隧道模型的初始竖向应力场云图,如图 1-13 所示。

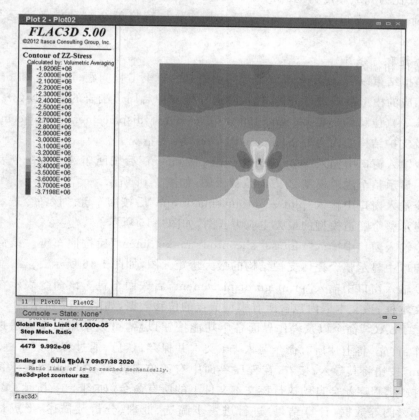

图 1-13　初始竖向应力平衡情况

③ 在命令输入窗口中输入"initial xdis 0 ydis 0 zdis 0 xvel 0 yvel 0 zvel 0"后按回车键。表示对模型初始位移场进行清零，确保后期的模型位移都是由岩土工程活动引起的。

④ 同理，在命令输入窗口中输入"initial state 0"后按回车键。表示对数值模拟模型的初始塑性区进行清零。

3. 工程活动模拟（开挖及支护）

当模型初始应力场计算平衡后，可进行任何岩土工程施工工序的模拟，如降水、超前管棚、超前注浆、岩土分步开挖、喷射混凝土、打锚杆、浇筑混凝土以及荷载施加等。这些支护结构可采用实体单元或 FLAC^{3D} 程序提供的特有结构单元（beam、cable、pile、shell 等）进行模拟。具体如下：

① 在命令输入窗口中输入"model null range group sd"后按回车键。该命令是将组名为 sd 的所有单元设置为空模型，表示对隧道内岩土体进行开挖工作。

② 在命令输入窗口中输入"sel shell id＝1 range x −3 3 z −3 3 y 0.1 0.9"后按回车键。表示在 $-3 \leqslant X \leqslant 3, -3 \leqslant Z \leqslant 3, 0.1 \leqslant Y \leqslant 0.9$ 这个空间内沿着已有模型表面建立一个壳体结构单元，用于模拟喷射混凝土或二次衬砌等支护结构。

③ 在命令输入窗口中输入"sel shell id＝1 property iso 30e9 0.2 thick 0.2"后按回车键。表示根据实际工程支护结构情况，设置壳体结构单元的材料参数，其弹性模量为 30 GPa、泊松比为 0.2、厚度为 0.2 m。

④ 在命令输入窗口中输入"solve"后按回车键。程序就会自动求解直至平衡，模拟结束。

4. 数据提取与分析

工程模拟结束以后，使用者可以结合需要研究的岩土工程问题，用 plot 和 print 等命令自行提取相应的模型数据进行分析，包括隧道开挖支护后周边围岩的应力场（szz、sxx、syy、smin、smax 等）、位移场（xdisplacement、ydisplacement、zdisplacement、displacement）、塑性区（state）及支护结构的内力分布（moment、force 等）等情况。

在命令输入窗口中输入"plot contour zdisplacement"后按回车键。该命令表示在模型显示窗口中显示整个隧道模型 Z 方向位移云图，如图 1-14 所示。

在命令输入窗口中输入"plot zcontour smaximum"后按回车键。该命令表示在模型显示窗口中显示整个隧道模型的最大主应力云图，如图 1-15 所示。

在命令输入窗口中输入"plot sel shcontour maxmoment"后按回车键。该命令表示在模型显示窗口中显示整个壳体支护结构的最大弯矩云图，如图 1-16 所示。

在命令输入窗口中输入"print gp displacement"后按回车键。该命令表示在程序界面新增一个文本框，该文本框内包含所有模型节点的位移数据，如图 1-17 所示。

当熟悉 FLAC^{3D} 命令以及操作界面各个功能按钮以后，可以采用以下方法进行数值模拟研究工作：首先，将上述所有命令写入 txt 文本并保存；然后，通过程序菜单栏"File"下的"Open Item"按钮将其导入；接着，在程序界面中右键单击文本，在弹出的提示窗口中点击"Execute"按钮，程序就会自动执行该文本文件下的所有命令，如图 1-18 所示；最后，对打印出的文本和云图等数据（计算结果）进行进一步筛选、处理、分析及描述，形成最终的研究报告。

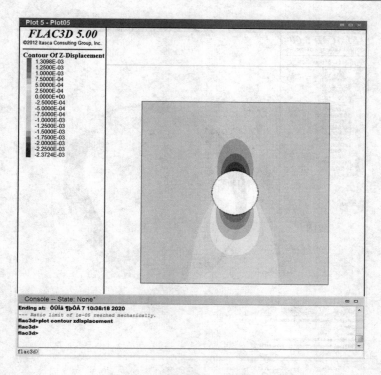

图 1-14　隧道周边围岩竖向位移云图

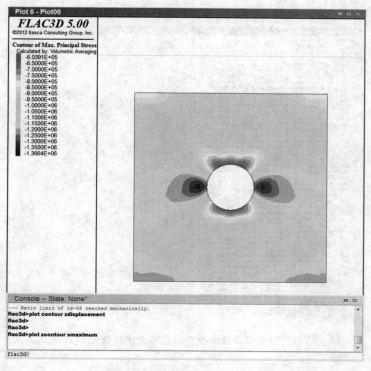

图 1-15　隧道周边围岩最大主应力云图

图 1-16　隧道支护结构的最大弯矩分布云图

```
List Gp displacement
Gridpoint Displacement ...
   id          X-Dis          Y-Dis          Z-Dis
 ------  ------------- ------------- -------------

     39 ( 4.337996e-05, 0.000000e+00,-4.499765e-04)
     40 ( 4.340773e-05, 0.000000e+00,-4.499819e-04)
     41 ( 3.712198e-05, 0.000000e+00,-5.792486e-04)
     42 ( 3.709456e-05, 0.000000e+00,-5.792537e-04)
     61 ( 1.511778e-05, 0.000000e+00,-7.120437e-04)
     62 ( 1.506058e-05, 0.000000e+00,-7.120566e-04)
     81 (-2.032623e-05, 0.000000e+00,-8.512664e-04)
     82 (-2.037501e-05, 0.000000e+00,-8.512784e-04)
    101 (-6.545442e-05, 0.000000e+00,-9.989747e-04)
    102 (-6.547097e-05, 0.000000e+00,-9.989745e-04)
    121 (-1.150083e-04, 0.000000e+00,-1.155722e-03)
    122 (-1.149859e-04, 0.000000e+00,-1.155699e-03)
    141 (-1.628877e-04, 0.000000e+00,-1.319996e-03)
    142 (-1.628572e-04, 0.000000e+00,-1.319963e-03)
    161 (-2.033042e-04, 0.000000e+00,-1.488418e-03)
    162 (-2.032897e-04, 0.000000e+00,-1.488398e-03)
    181 (-2.319015e-04, 0.000000e+00,-1.657321e-03)
    182 (-2.318860e-04, 0.000000e+00,-1.657302e-03)
    201 (-2.454373e-04, 0.000000e+00,-1.821550e-03)
    202 (-2.454245e-04, 0.000000e+00,-1.821536e-03)
    221 (-2.415273e-04, 0.000000e+00,-1.974727e-03)
    222 (-2.415194e-04, 0.000000e+00,-1.974721e-03)
    241 (-2.196475e-04, 0.000000e+00,-2.110232e-03)
    242 (-2.196421e-04, 0.000000e+00,-2.110228e-03)
    261 (-1.810577e-04, 0.000000e+00,-2.221878e-03)
    262 (-1.810553e-04, 0.000000e+00,-2.221882e-03)
    281 (-1.286739e-04, 0.000000e+00,-2.304665e-03)
    282 (-1.286749e-04, 0.000000e+00,-2.304682e-03)
    301 (-6.665619e-05, 0.000000e+00,-2.355360e-03)
    302 (-6.665827e-05, 0.000000e+00,-2.355379e-03)
    321 ( 2.444512e-07, 0.000000e+00,-2.372419e-03)
    322 ( 2.428984e-07, 0.000000e+00,-2.372429e-03)
    323 ( 1.096946e-04, 0.000000e+00,-4.536769e-04)
    324 ( 1.096824e-04, 0.000000e+00,-4.536390e-04)
    325 ( 1.004873e-04, 0.000000e+00,-5.531574e-04)
    326 ( 1.005088e-04, 0.000000e+00,-5.531289e-04)
    327 ( 1.319300e-04, 0.000000e+00,-4.542266e-04)
    328 ( 1.319329e-04, 0.000000e+00,-4.542165e-04)
    329 ( 1.215539e-04, 0.000000e+00,-5.313943e-04)
    330 ( 1.215597e-04, 0.000000e+00,-5.313731e-04)
    331 ( 1.378269e-04, 0.000000e+00,-4.534909e-04)
    332 ( 1.378320e-04, 0.000000e+00,-4.534803e-04)
    333 ( 1.273177e-04, 0.000000e+00,-5.160446e-04)
```

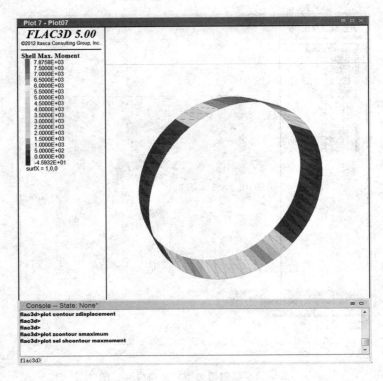

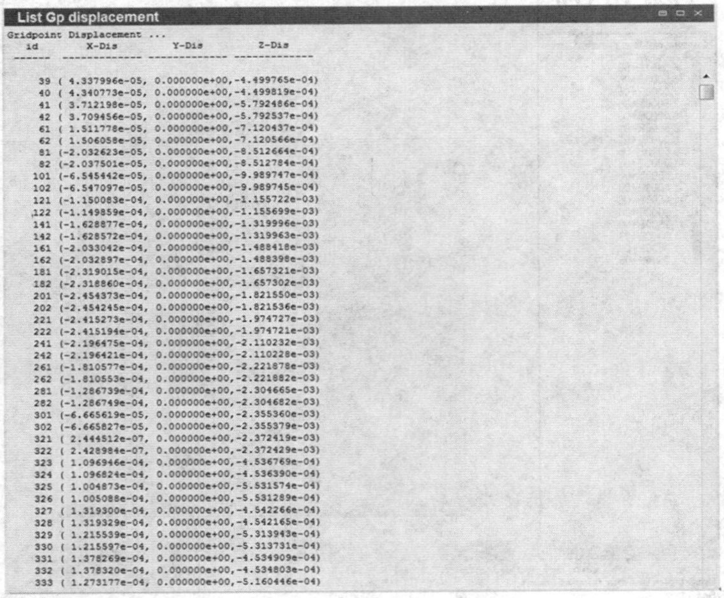

图 1-17　隧道模型所有节点位移数据

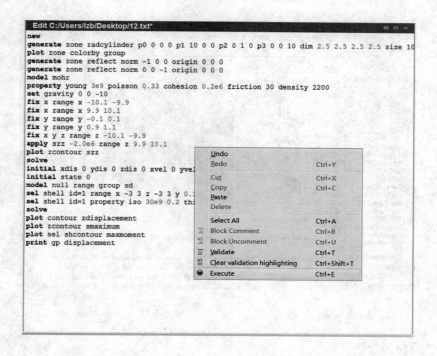

图 1-18 文本文件命令的右键单击执行示意图

1.4 FLAC³ᴰ学习建议

（1）了解 FLAC³ᴰ的优势、局限性以及适用范围

任何一种数值方法都有其优势、局限性以及适用范围，并不能解决所有的工程问题。因此，希望各位读者能够根据自己的工程研究问题，去选择合理的数值模拟方法，而非机械性地套用它。

（2）了解计算中每一条语句的含义

初学者由于对 FLAC³ᴰ软件了解不多，在计算时往往会直接套用软件手册或教科书中的例子，而对例子中某些语句的含义并不真正了解，这些"不明其意"的语句往往是造成计算结果不合理的原因。因此建议读者在使用 FLAC³ᴰ程序时，要对自己编写的命令文件中的每一条语句都有清晰的认识和了解，这就要求读者要多看相关的书籍，勤查手册，注重平时积累。

（3）充分利用帮助手册

FLAC³ᴰ 5.0 的帮助手册名称为"flac3dhelp"，位于主程序目录下，打开后如图 1-19 所示，它是最权威的软件说明书，应充分利用。尽管 FLAC³ᴰ的帮助手册编制顺序不一定适合中国读者的思维习惯，但应尽量养成查阅帮助手册的习惯，做到常翻常新。帮助手册中的例子大多都是为了说明某个特定的问题而设定的，因此在讲述该问题时往往会忽略与该问题无关的一些细节，比如参数选择等，因此读者在学习帮助手册时不要"迷信"某个特定的例子，也不要"纠缠"于某些无关的细节，而是要从这些例子中掌握分析问题的基本方法。

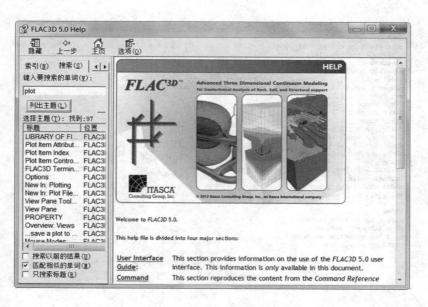

图 1-19　FLAC³ᴰ 5.0 帮助手册

（4）学会使用"?"

FLAC³ᴰ 的命令很多,在初学者看来,记住数量可观的各种命令及语句格式是一件很困难的事情,事实也的确如此。幸运的是,FLAC³ᴰ 在命令窗口中提供了"?"功能,无论在命令的什么位置都可以插入"?"字符,当执行此行命令后,系统就会在命令输入窗口中提示需要的关键字或变量。如图 1-20 所示。

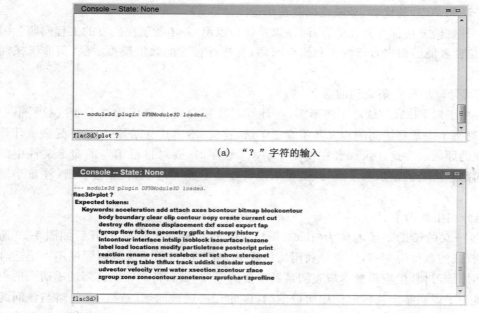

（a）　"?"字符的输入

（b）　"?"字符的执行结果

图 1-20　在命令输入窗口中使用"?"字符

（5）由简到繁、循序渐进

遵循"由简到繁、循序渐进"的学习方法,切忌盲目求大求全,期望一口气吃成胖子。学习时,可进行少量单元的简单数值试验来理解软件的特点和功能,积累一定的经验后再进行复杂的数值模拟试验。

（6）多做一些"数值试验"

FLAC³ᴰ程序功能强大、内容众多,在分析具体问题时,读者往往会遇到无法解决的新问题,这些问题在帮助手册或教科书中都很难找到答案,这时读者应该多做一些相关的小算例,开展数值试验,从而了解程序的功能,达到解决问题的目的。

（7）夯实知识基础

有时候,FLAC³ᴰ的计算结果和中间时步会表现出一些不合实际的情况,需要读者具有足够的专业和数学知识进行判断与解释。因此,加强专业知识、数学和力学的学习,夯实知识基础十分重要。

（8）相互交流、取长补短

FLAC³ᴰ命令、关键字和变量繁多,个人学习难免顾此失彼,因此加强交流,与他人共享学习经验是提高 FLAC³ᴰ应用水平的一个捷径。互联网的出现,为大家提供了一个讨论和共享的平台,读者可以在一些数值模拟论坛上相互交流、讨论,取长补短,共同提高。

思考题与习题

1. FLAC³ᴰ相比其他数值模拟软件有什么特点？
2. FLAC³ᴰ的基本计算原理包括哪些？
3. FLAC³ᴰ的模拟分析流程依次是什么？

第 2 章　FLAC³ᴰ简单模型的建立及应用

　　网格模型是数值模拟计算分析的前提条件,其与工程的相似度及复杂程度不仅决定了计算分析的时间,而且还直接影响到数值计算结果的正确性和可靠性。因此,网格模型的尺寸和单元划分是数值模拟计算的重点工作。FLAC³ᴰ拥有 13 种基本网格形状,可以利用这些基本网格形状快速生成各种复杂的三维网格模型。本章主要介绍这些基本网格形状的生成方法以及它们在实际建模中的简单应用情况。

　　本章学习要点:
　　(1) 不同基本网格形状的特点和适用范围。
　　(2) 基本网格形状的生成要素和方法。
　　(3) 基本网格形状的简单应用。

2.1　基本网格形状的特征

　　FLAC³ᴰ共有 13 种基本形状网格,分别是:块体网格(brick)、退化块体网格(dbrick)、普通楔形体网格(wedge)、均匀楔形体网格(uwedge)、四面体网格(tetrahedron)、棱锥体网格(pyramid)、柱体网格(cylinder)、柱形壳体网格(cshell)、圆柱体外环绕放射状网格(radcylinder)、块体外环绕放射状网格(radbrick)、平行六面体外环绕放射状网格(radtunnel)、柱形交叉外环绕放射状网格(cylint)和块体交叉外环绕放射状网格(tunint)。

　　1. 块体网格

　　块体网格是 FLAC³ᴰ网格库中最常用的网格类型,可以用块体网格生成各种复杂的六面体模型,如基坑、边坡、房屋建筑等。它由 8 个节点(P_0,P_1,$\cdots$,P_7)的三维坐标来控制形状和尺寸,但 $P_0 \sim P_7$ 各点坐标的定义应遵从右手坐标系法则,不能随意颠倒顺序,否则网格将无法生成。一般情况下,FLAC³ᴰ默认块体网格为长方体,即在只输 $P_0 \sim P_3$ 这 4 个节点坐标的情况下,FLAC³ᴰ会自动生成一个规则的长方体,因此,如果块体网格形状不规则,则需要输入所有 8 个节点的三维坐标。当块体网格形状和尺寸定义完成后,可由 size 和 ratio 参数分别来控制网格内单元的数目和大小,如图 2-1 所示,s_1,s_2,s_3 分别表示 $P_0 \rightarrow P_1$,$P_0 \rightarrow P_2$,$P_0 \rightarrow P_3$ 这 3 个方向的网格划分数量,r_1,r_2,r_3 则表示 $P_0 \rightarrow P_1$,$P_0 \rightarrow P_2$,$P_0 \rightarrow P_3$ 这 3 个方向相邻单元的比例大小。图 2-1(b)所示网格中,P_0 为坐标原点,P_1,P_2,P_3 分别为 X 轴、Y 轴和 Z 轴正方向节点,$s_1 = 10$,$s_2 = 2$,$s_3 = 5$,$r_1 = r_2 = r_3 = 1$。

　　2. 退化块体网格

　　退化块体网格是块体网格的一种退化形式,在工程建模上不常用,一般用来组合和构建形状比较复杂的模型,如图 2-2 所示。它比块体网格少了 1 个控制点,即由 7 个遵从右手坐标系法则的节点(P_0,P_1,$\cdots$,P_6)坐标来控制形状和尺寸;由 s_1,s_2,s_3 分别控制 $P_0 \rightarrow P_1$,

$P_0 \rightarrow P_2$，$P_0 \rightarrow P_3$ 这 3 个方向的网格划分数量；由 r_1，r_2，r_3 分别控制 $P_0 \rightarrow P_1$，$P_0 \rightarrow P_2$，$P_0 \rightarrow P_3$ 这 3 个方向相邻单元的比例大小。图 2-2(b)所示模型中，P_0 为坐标原点，P_1，P_2，P_3 分别为 X 轴、Y 轴和 Z 轴正方向节点，$s_1 = 10$，$s_2 = 2$，$s_3 = 5$，$r_1 = r_2 = r_3 = 1$。

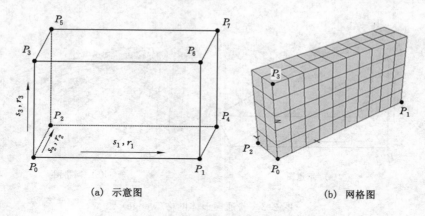

(a) 示意图　　　　　　　　　(b) 网格图

图 2-1　块体网格(brick)

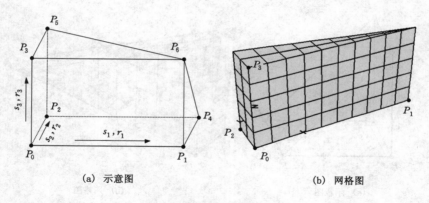

(a) 示意图　　　　　　　　　(b) 网格图

图 2-2　退化块体网格(dbrick)

3. 普通楔形体网格

普通楔形体网格是一种五面体网格，其中前后 2 个面为三角形，中间 3 个面为四边形，一般配合块体网格使用，用来构建具有明显棱角区域的数值模型，如图 2-3 所示。它由 6 个遵从右手坐标系法则的节点(P_0，P_1，$\cdots$，P_5)坐标来控制形状和尺寸；由 s_1，s_2，s_3 分别控制 $P_0 \rightarrow P_1$，$P_0 \rightarrow P_2$，$P_0 \rightarrow P_3$ 这 3 个方向的网格划分数量；由 r_1，r_2，r_3 分别控制 $P_0 \rightarrow P_1$，$P_0 \rightarrow P_2$，$P_0 \rightarrow P_3$ 这 3 个方向相邻单元的比例大小。图 2-3(b)所示模型中，P_0 为坐标原点，P_1，P_2，P_3 分别为 X 轴、Y 轴和 Z 轴正方向节点，$s_1 = 10$，$s_2 = 2$，$s_3 = 5$，$r_1 = r_2 = r_3 = 1$。

4. 均匀楔形体网格

均匀楔形体网格是普通楔形体网格的一种特殊形式，如图 2-4 所示。它同样由 6 个遵从右手坐标系法则的节点(P_0，P_1，$\cdots$，P_5)坐标来控制形状和尺寸；由 s_1，s_2，s_3 分别控制 $P_0 \rightarrow P_1$，$P_0 \rightarrow P_2$，$P_0 \rightarrow P_3$ 这 3 个方向的网格划分数量；由 r_1，r_2，r_3 分别控制 $P_0 \rightarrow P_1$，$P_0 \rightarrow P_2$，$P_0 \rightarrow P_3$ 这 3 个方向相邻单元的比例大小。需要说明的是，它的网格划分相对普

通楔形体网格更加均匀,不会出现许多个单元共用 1 个节点的情况,因此,s_1 和 s_3,r_1 和 r_3 必须成一定的正比例关系,否则会出现网格划分错误。图 2-4(b)所示模型中,P_0 为坐标原点,P_1,P_2,P_3 分别为 X 轴、Y 轴和 Z 轴正方向节点,$s_1=10$,$s_2=2$,$s_3=5$,$r_1=r_2=r_3=1$。

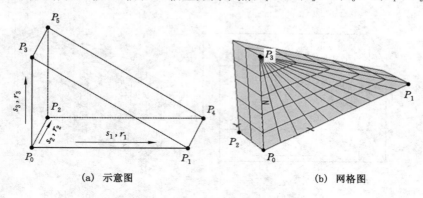

(a) 示意图   (b) 网格图

图 2-3　普通楔形体网格(wedge)

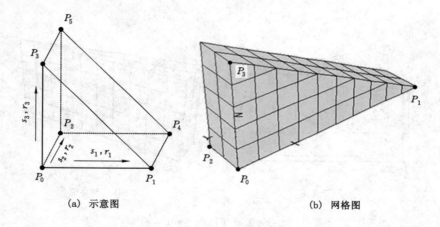

(a) 示意图   (b) 网格图

图 2-4　均匀楔形体网格(uwedge)

5.四面体网格

四面体网格由 1 个底面和 3 个侧面组成,如图 2-5 所示,在工程建模上不常用。它由 4 个遵从右手坐标系法则的节点(P_0,P_1,P_2,P_3)坐标来控制形状和尺寸;由 s_1,s_2,s_3 分别控制 $P_0 \rightarrow P_1$,$P_0 \rightarrow P_2$,$P_0 \rightarrow P_3$ 这 3 个方向的网格划分数量;由 r_1,r_2,r_3 分别控制 $P_0 \rightarrow P_1$,$P_0 \rightarrow P_2$,$P_0 \rightarrow P_3$ 这 3 个方向相邻单元的比例大小。图 2-5(b)所示模型中,P_0 为坐标原点,P_1,P_2,P_3 分别为 X 轴、Y 轴和 Z 轴正方向节点,$s_1=10$,$s_2=2$,$s_3=5$,$r_1=r_2=r_3=1$。

6.棱锥体网格

棱锥体网格由 1 个底面和 4 个侧面组成,如图 2-6 所示,在工程建模上也不常用。它由 5 个遵从右手坐标系法则的节点(P_0,P_1,$\cdots$,P_4)坐标来控制形状和尺寸;由 s_1,s_2,s_3 分别控制 $P_0 \rightarrow P_1$,$P_0 \rightarrow P_2$,$P_0 \rightarrow P_3$ 这 3 个方向的网格划分数量;由 r_1,r_2,r_3 分别控制 $P_0 \rightarrow P_1$,$P_0 \rightarrow P_2$,$P_0 \rightarrow P_3$ 这 3 个方向相邻单元的比例大小。图 2-6(b)所示模型中,P_0 为坐标原点,P_1,P_2,P_3 分别为 X 轴、Y 轴和 Z 轴正方向节点,$s_1=10$,$s_2=2$,$s_3=5$,$r_1=r_2=r_3=1$。

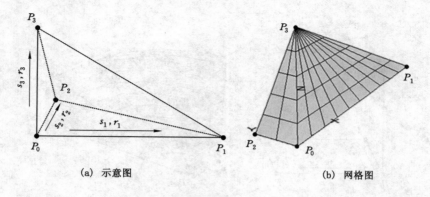

(a) 示意图　　　　　　　　　　(b) 网格图

图 2-5　四面体网格(tetrahedron)

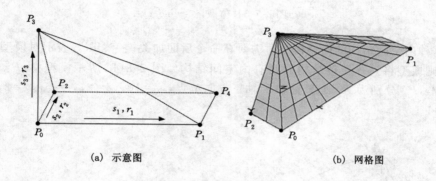

(a) 示意图　　　　　　　　　　(b) 网格图

图 2-6　棱锥体网格(pyramid)

7. 柱体网格

柱体网格也是 FLAC³ᴰ网格库中最常用的网格类型之一,如图 2-7 所示,可以用柱体网格生成圆柱状或圆台状的模型,如椭圆或圆形桩、拱形或圆形隧道、弧状基坑或圆形支撑等。它由 6 个遵从右手坐标系法则的节点(P_0,P_1,…,P_5)坐标来控制形状和尺寸,如模型较为规则,则 P_4,P_5 这 2 个节点坐标可不定义;由 s_1,s_2,s_3 分别控制 $P_0 \rightarrow P_1$,$P_0 \rightarrow P_2$,$P_1 \rightarrow P_3$ 这 3 个方向的网格划分数量;由 r_1,r_2,r_3 分别控制 $P_0 \rightarrow P_1$,$P_0 \rightarrow P_2$,$P_1 \rightarrow P_3$ 这 3 个方向相邻单元的比例大小。图 2-7(b)所示模型中,P_0 为坐标原点,P_1,P_2,P_3 分别为 X 轴、Y 轴和 Z 轴正方向节点,$s_1 = 10$,$s_2 = 2$,$s_3 = 5$,$r_1 = r_2 = r_3 = 1$。

8. 柱形壳体网格

柱形壳体网格是柱体网格的一种拓展形式,如图 2-8 所示。可以用柱形壳体网格生成具有外包壳体形状的圆台模型,如具有衬砌结构的拱形隧道、具有围护结构的圆形基坑、钢管混凝土柱等。它由 10 个遵从右手坐标系法则的节点($P_0 \sim P_5$ 加 $P_8 \sim P_{11}$)坐标,或 6 个节点($P_0 \sim P_5$)坐标加 4 个内空间尺寸 $d_1 \sim d_4$(用 dimension 参数控制)来控制形状和尺寸,如模型较为规则,则 P_4,P_5 这 2 个节点坐标可不定义;由 s_1,s_2,s_3,s_4 分别控制 $P_8 \rightarrow P_1$,$P_0 \rightarrow P_2$,$P_1 \rightarrow P_3$,$P_0 \rightarrow P_8$ 这 4 个方向的网格划分数量;由 r_1,r_2,r_3,r_4 分别控制 $P_8 \rightarrow P_1$,$P_0 \rightarrow P_2$,$P_1 \rightarrow P_3$,$P_0 \rightarrow P_8$ 这 4 个方向相邻单元的比例大小。另外,需要说明的是,生

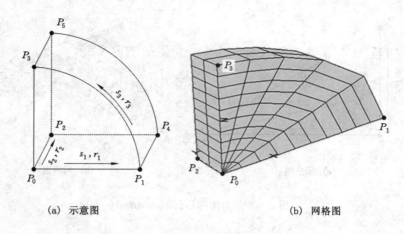

(a) 示意图   (b) 网格图

图 2-7　柱体网格（cylinder）

成具有这种内空间结构的网格模型时需要在命令后面加关键字"fill"，表示对模型内部进行填充，否则模型将只有外包结构而没有内空间结构。图 2-8(b) 所示模型中，P_0 为坐标原点，P_1，P_2，P_3 分别为 X 轴、Y 轴和 Z 轴正方向节点，$s_1=10$，$s_2=2$，$s_3=5$，$s_4=2$，$r_1=r_2=r_3=r_4=1$。

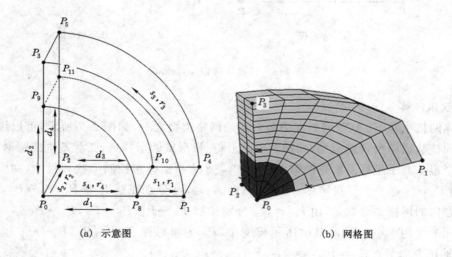

(a) 示意图   (b) 网格图

图 2-8　柱形壳体网格（cshell）

9. 圆柱体外环绕放射状网格

　　圆柱体外环绕放射状网格也是柱体网格的一种拓展形式（如图 2-9 所示），在工程建模上较为常用，一般可用其内部圆形网格模拟圆形结构（如桩体、隧道等），用其外围块体网格模拟圆形结构周围岩土体。它由 12 个遵从右手坐标系法则的节点（$P_0 \sim P_{11}$）坐标或 8 个节点（$P_0 \sim P_7$）坐标加上 4 个内空间尺寸 $d_1 \sim d_4$ 来控制形状和尺寸，如模型较为规则，则 $P_4 \sim P_7$ 这几个节点坐标可不定义；由 s_1，s_2，s_3，s_4 分别控制 $P_0 \to P_8$，$P_0 \to P_2$，$P_8 \to P_9$，

$P_8 \rightarrow P_1$ 这 4 个方向的网格划分数量;由 r_1, r_2, r_3, r_4 分别控制 $P_0 \rightarrow P_8, P_0 \rightarrow P_2, P_8 \rightarrow P_9$,
$P_8 \rightarrow P_1$ 这 4 个方向相邻单元的比例大小;由关键字"fill"确定模型内部圆形网格是否生成。
图 2-9(b)所示模型中,P_0 为坐标原点,P_1, P_2, P_3 分别为 X 轴、Y 轴和 Z 轴正方向节点,
$s_1 = 10, s_2 = 2, s_3 = 5, s_4 = 6, r_1 = r_2 = r_3 = r_4 = 1$。

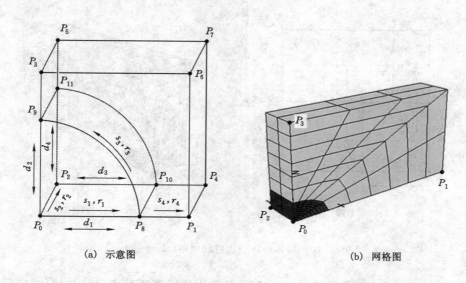

(a) 示意图　　　　　　　　　　　　　(b) 网格图

图 2-9　圆柱体外环绕放射状网格(radcylinder)

10. 块体外环绕放射状网格

块体外环绕放射状网格是一种相对复杂的基本网格,可以认为它由多个不规则块体网格构建而成,可用于矩形隧道及矩形基坑的建模,如图 2-10 所示。它由 15 个遵从右手坐标系法则的节点($P_0 \sim P_{14}$)坐标或 8 个节点($P_0 \sim P_7$)坐标加上 3 个内空间尺寸 $d_1 \sim d_3$ 来控制形状和尺寸,如模型较为规则,则 $P_4 \sim P_7, P_{11} \sim P_{14}$ 这几个节点坐标可不定义;由 s_1, s_2, s_3, s_4 分别控制 $P_0 \rightarrow P_8, P_0 \rightarrow P_9, P_0 \rightarrow P_{10}, P_8 \rightarrow P_1$ 这 4 个方向的网格划分数量;由 r_1, r_2, r_3, r_4 分别控制 $P_0 \rightarrow P_8, P_0 \rightarrow P_9, P_0 \rightarrow P_{10}, P_8 \rightarrow P_1$ 这 4 个方向相邻单元的比例大小;由关键字"fill"确定模型内部矩形网格是否生成。需要说明的是,P_8 必须在点 P_0 和 P_1 之间,P_9 必须在点 P_0 和 P_2 之间,P_{10} 必须在点 P_0 和 P_3 之间,否则模型生成将出现错误。图 2-10(b)所示模型中,P_0 为坐标原点,P_1, P_2, P_3 分别为 X 轴、Y 轴和 Z 轴正方向节点,$s_1 = 10, s_2 = 2, s_3 = 5, s_4 = 6, r_1 = r_2 = r_3 = r_4 = 1$。

11. 平行六面体外环绕放射状网格

平行六面体外环绕放射状网格是块体网格的一种拓展形式,与块体外环绕放射状网格功能相近,也可认为由多个不规则块体网格构建而成,如图 2-11 所示。它由 14 个遵从右手坐标系法则的节点($P_0 \sim P_{13}$)坐标或 8 个节点($P_0 \sim P_7$)坐标加上 4 个内空间尺寸 $d_1 \sim d_4$ 来控制形状和尺寸,如模型较为规则,则 $P_4 \sim P_7$ 这几个节点坐标可不定义;由 s_1, s_2, s_3, s_4 分别控制 $P_0 \rightarrow P_8, P_0 \rightarrow P_2, P_0 \rightarrow P_9, P_8 \rightarrow P_1$ 这 4 个方向的网格划分数量;由 r_1, r_2, r_3, r_4 分别控制 $P_0 \rightarrow P_8, P_0 \rightarrow P_2, P_0 \rightarrow P_9, P_8 \rightarrow P_1$ 这 4 个方向相邻单元的比例大小;由关键字

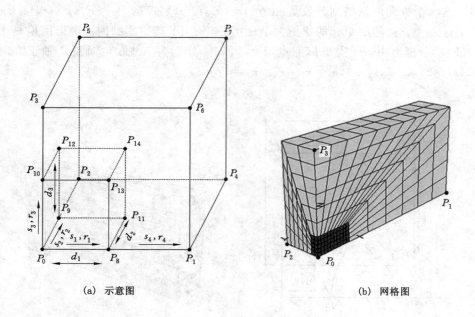

(a) 示意图　　　　　　　　　(b) 网格图

图 2-10　块体外环绕放射状网格（radbrick）

"fill"确定模型内部矩形网格是否生成。平行六面体外环绕放射状网格与块体外环绕放射状网格的不同之处在于,前者内部空间往 P_2 方向会延伸至平面 $P_2 P_4 P_5 P_7$ 位置处,而后者则不能。图 2-11(b)所示模型中,P_0 为坐标原点,P_1,P_2,P_3 分别为 X 轴、Y 轴和 Z 轴正方向节点,$s_1=10$,$s_2=2$,$s_3=5$,$s_4=6$,$r_1=r_2=r_3=r_4=1$。

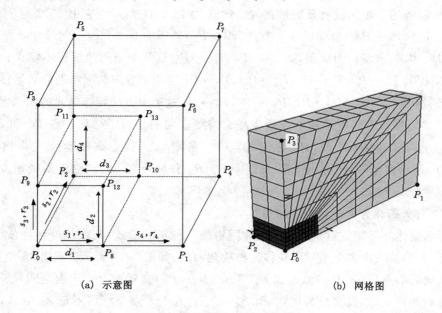

(a) 示意图　　　　　　　　　(b) 网格图

图 2-11　平行六面体外环绕放射状网格（radtunnel）

12. 柱形交叉外环绕放射状网格

柱形交叉外环绕放射状网格是圆柱体外环绕放射状网格的一种拓展形式,网格形状较为复杂,如图 2-12 所示,主要用于两条圆形或拱形隧道交叉处的建模。它由 14 个遵从右手坐标系法则的节点($P_0 \sim P_{13}$)坐标或 8 个节点($P_0 \sim P_7$)坐标加上 7 个内空间尺寸 $d_1 \sim d_7$ 来控制形状和尺寸,如模型较为规则,则 $P_4 \sim P_7$ 这几个节点坐标可不定义;由 $s_1, s_2, s_3,$ s_4, s_5 分别控制 $P_0 \rightarrow P_1, P_0 \rightarrow P_2, P_{10} \rightarrow P_{11}, P_9 \rightarrow P_3, P_0 \rightarrow P_8$ 这 5 个方向的网格划分数量;由 r_1, r_2, r_3, r_4, r_5 分别控制 $P_0 \rightarrow P_1, P_0 \rightarrow P_2, P_{10} \rightarrow P_{11}, P_9 \rightarrow P_3, P_0 \rightarrow P_8$ 这 5 个方向相邻单元的比例大小;由关键字"fill"确定模型内部交叉网格是否生成。图 2-12(b)所示模型中,P_0 为坐标原点,$P_1, P_2(P_5), P_3$ 分别为 X 轴、Y 轴和 Z 轴正方向节点,$s_1 = 10, s_2 = 12, s_3 = 8, s_4 = 5, s_5 = 6, r_1 = r_2 = r_3 = r_4 = r_5 = 1$。

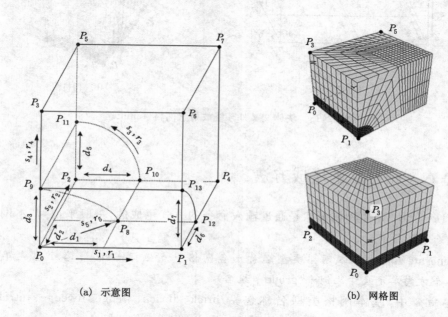

(a) 示意图　　　　　　　　　(b) 网格图

图 2-12　柱形交叉外环绕放射状网格(cylint)

13. 块体交叉外环绕放射状网格

如图 2-13 所示,块体交叉外环绕放射状网格是平行六面体外环绕放射状网格的一种拓展形式,可认为由多个块体网格构建而成,其形状通常较复杂,工程上不常用。它由 17 个遵从右手坐标系法则的节点($P_0 \sim P_{16}$)坐标或 8 个节点($P_0 \sim P_7$)坐标加上 7 个内空间尺寸 $d_1 \sim d_7$ 来控制形状和尺寸,如模型较为规则,则 $P_4 \sim P_7$ 这几个节点坐标可不定义;由 $s_1,$ s_2, s_3, s_4, s_5 分别控制 $P_0 \rightarrow P_1, P_0 \rightarrow P_2, P_{12} \rightarrow P_{13}, P_8 \rightarrow P_{10}, P_9 \rightarrow P_3$ 这 5 个方向的网格划分数量;由 r_1, r_2, r_3, r_4, r_5 分别控制 $P_0 \rightarrow P_1, P_0 \rightarrow P_2, P_{12} \rightarrow P_{13}, P_8 \rightarrow P_{10}, P_9 \rightarrow P_3$ 这 5 个方向相邻单元的比例大小;由关键字"fill"确定模型内部交叉网格是否生成。图 2-13(b)所示模型中,P_0 为坐标原点,$P_1, P_2(P_5), P_3$ 分别为 X 轴、Y 轴和 Z 轴正方向节点,$s_1 = 10,$ $s_2 = 12, s_3 = 8, s_4 = 5, s_5 = 6, r_1 = r_2 = r_3 = r_4 = r_5 = 1$。

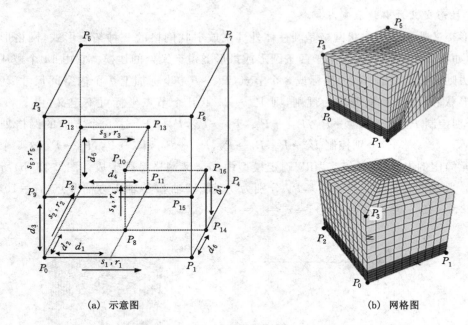

(a) 示意图　　　　　　　　　　　　　　(b) 网格图

图 2-13　块体交叉外环绕放射状网格（tunint）

2.2　基本网格形状的生成方法

在 FLAC[3D]中，基本网格形状是通过输入命令的方式生成的，一般来说，基本网格的形状生成命令有以下几种。

1. **generate zone**＋基本网格类型名称＋各网格节点坐标＋**size**＋各个方向单元数＋**ratio**＋各个方向单元尺寸比例＋（**group**＋组名）

上述命令中，基本网格类型名称包括 brick、dbrick、wedge、uwedge、tetrahedron、pyramid、cylinder、cshell、radcylinder、radbrick、radtunnel、cylint 和 tunint。

各网格节点坐标则需要输入与基本网格类型相匹配的各个节点坐标，可以采用下列两种输入方式：

（1）p0 x0 y0 z0 p1 x1 y1 z1 p2 x2 y2 z2 p3 x3 y3 z3…p16 x16 y16 z16

该命令中，p0,p1,…,p16 为节点号标识，不可删除，具体输入几个节点号需要与基本网格类型相一致，如 brick 需输入 p0,p1,…,p7 这 8 个节点号和节点坐标，而 tunint 则需输入 p0,p1,…,p16 这 17 个节点号和节点坐标；x0,x1,…,x16,y0,y1,…,y16,z0,z1,…,z16 分别为各个节点号对应的实际三维 X,Y,Z 坐标值。

（2）p0 x0 y0 z0 p1 add dx1 dy1 dz1 p2 add dx2 dy2 dz2…p16 add dx16 dy16 dz16

该命令中，x0,y0,z0 为 P_0 点的三维坐标值，dx1,dx2,…,dx16,dy1,dy2,…,dy16,dz1,dz2,…,dz16 为其他各个节点相对于 P_0 点的三维坐标增长值。

各个方向单元数输入命令为 s1 s2 s3 s4 s5，具体输入数目需要与基本网格类型相适应，如 brick 只需要输入 3 个方向的单元划分参数 s1 s2 s3，而 tunint 则需要输入 5 个方向的单元划分参数 s1 s2 s3 s4 s5。

各个方向单元尺寸比例输入命令为 r1 r2 r3 r4 r5,具体输入数目与单元划分参数(s1 s2 s3 s4 s5)相对应。

组名的作用是为该行命令所定义的网格节点和单元进行人工赋名,用于区分不同位置网格代表的实际意义,组名的名字可以根据自己的需要随意定义。

【例 2-1】　定义一个名称为 cft、起点坐标为(10,5,1)、边长分别为 6 m、5 m、10 m,单元数分别为 12、10、5,单元尺寸比例分别为 0.9、1、1.1 的长方体模型。

new;开始新的建模分析,不加易使后建立单元与已有单元重叠

命令 1:generate zone brick p0 10 5 1 p1 16 5 1 p2 10 10 1 p3 10 5 11 &
　　　　　　　　　　　size 12 10 5 ratio 0.9 1 1.1 group cft

命令 2:generate zone brick p0 10 5 1 p1 add 6 0 0 p2 add 0 5 0 p3 add 0 0 10 &
　　　　　　　　　　　size 12 10 5 ratio 0.9 1 1.1 group cft

plot zone colorby group;显示已建立的模型

注:" & "字符表示将上下两行文本连成一整条语句,防止程序分行执行命令而出现错误。上述两种建模命令都可以生成满足要求的 brick 块体网格,如图 2-14 所示,建模时可根据自己的输入习惯二选一。此外,由于该长方体形状较为规则,程序会根据 $P_0 \sim P_3$ 的节点三维坐标反算得到 $P_4 \sim P_7$ 的节点坐标,因此,命令编写时可不输入 $P_4 \sim P_7$ 的节点坐标。

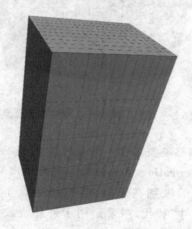

图 2-14　名称为 cft 的长方体模型

【例 2-2】　根据图 2-15 所示各节点号的坐标情况,建立相同形状大小的模型,网格划分数量设置为 1 个单元,各方向尺寸不超过 2 m,相邻单元尺寸比例设置为 1。

建模命令:

new

generate zone radcylinder p0 0 0 0 p1 −50 0 0 p2 0 10 0 p3 0 0 −50 p4 −63 10 0 &
　　　　　　　　　　　p5 0 10 −50 p6 −50 0 −50 p7 −63 10 −50 p8 −6 0 0 &
　　　　　　　　　　　p9 0 0 −12 p10 −10 10 0 p11 0 10 −13 group wmx fill &
　　　　　　　　　　　group nmx

plot zone colorby group

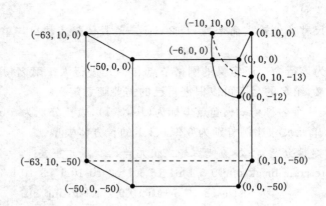

图 2-15　不规则圆柱体外环绕网格

执行命令后，FLAC³ᴰ生成的模型如图 2-16 所示。

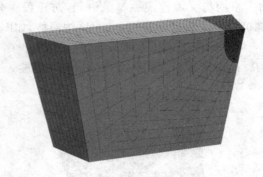

图 2-16　不规则圆柱体外环绕网格的模型效果图

2. **generate zone**＋基本网格类型名称＋部分网格节点坐标＋**dimension**＋各方向内空间尺寸＋**size**＋各个方向单元数＋**ratio**＋各个方向单元尺寸比例＋（**group**＋组名）

这个命令与第 1 个命令的区别在于将"各网格节点坐标"用"部分网格节点坐标＋dimension＋各方向内空间尺寸"替代，主要适用于外环绕放射状网格建立当中，如 cshell、radcylinder、radbrick、radtunnel、cylint 和 tunint。

各方向内空间尺寸输入命令为 d1 d2 d3 d4 d5 d6 d7，具体输入数目需要与基本网格类型相对应，如 chell 网格只有 d1～d4 这 4 个内空间尺寸参数，而 tunint 则有 d1～d7 共 7 个内空间尺寸参数。

例如，图 2-15 所示的模型建立命令可用下列命令代替：

generate zone radcylinder p0 0 0 0 p1 －50 0 0 p2 0 10 0 p3 0 0 －50 p4 －63 10 0 &
　　　　　　　　　　　　p5 0 10 －50 p6 －50 0 －50 p7 －63 10 －50 dimension &
　　　　　　　　　　　　6 12 10 13 group wmx fill group nmx

【例 2-3】　定义一个起点坐标为$(0,0,0)$，边长分别为 6 m、5 m、10 m，内空间尺寸 d_1～d_7 分别为 1 m、2 m、3 m、2 m、3 m、1 m、2 m，单元划分数分别为 10、12、16、5、6，相邻单元尺寸比例都为 1 的柱形交叉外环绕放射状网格模型。

建模命令：

new

gen zone cylint p0 0 0 0 p1 6 0 0 p2 0 5 0 p3 0 0 10 dimension 1 2 3 2 3 1 2 &

　　　　　　　size 10 12 16 5 6 ratio 1 1 1 1 1 group wmx fill group nmx

plot zone colorby group

当上述命令执行成功后，程序生成的模型效果如图 2-17 所示。

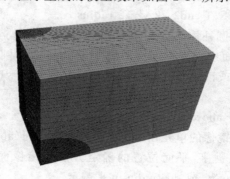

图 2-17　柱形交叉外环绕放射状网格模型效果图

3. generate zone＋镜像或复制命令＋（range＋镜像或复制范围）

这个命令主要是对已建好的模型进行有选择的镜像或者复制，减少建模工作量。

（1）镜像命令

镜像命令表示方法有以下两种：

① **reflect norm** vx vy vz **origin** ox oy oz。

命令中，reflect 是镜像命令前缀关键字，其后 norm vx vy vz origin ox oy oz 表示镜像面的位置；norm 为镜像面的法向向量前缀关键字，vx vy vz 表示镜像面的法向向量；origin 为镜像面通过点前缀关键字，ox oy oz 表示镜像面通过的任意一点的坐标值。

② **reflect dd** tv **dip** iv。

命令中，dd 为镜像面的倾向前缀关键字，tv 为镜像面的倾向角度，以正 Y 轴方向为参照标准，顺时针方向为正；dip 为镜像面的倾角前缀关键字，iv 为镜像面的倾角角度，以 XY 平面为参照标准，负 Z 轴方向为正。

（2）复制命令

复制命令表示如下：

copy cx cy cz

命令中，copy 为复制命令前缀关键字，cx cy cz 表示以最初的 P_0 点为原点，分别在 3 个方向偏移 cx cy cz 距离，复制已建好的实体模型。

（3）镜像或复制范围

镜像或复制范围默认为已存在的所有网格单元和节点，如需要对部分模型进行镜像或复制，则需要定义镜像或复制范围，镜像或复制范围定义常用的命令有以下几种：

① **X** x1 x2 **Y** y1 y2 **Z** z1 z2。

这个命令表示镜像或复制范围为满足 X 坐标在 x1 与 x2 之间、Y 坐标在 y1 与 y2 之间、Z 坐标在 z1 与 z2 之间这 3 个条件的所有网格节点和单元。如果不输入某个方向的范围,则默认在该方向上的所有单元均满足要求。

② **group** grname(**not**)。

这个命令要求前面模型已进行组名的分配,此时,复制或镜像的范围是组名为 grname 的所有单元节点。如加上 not,则表示复制或镜像的范围是组名非 grname 的所有单元节点。

③ **id** id1 id2。

这个命令表示复制或镜像的范围为单元编号在 id1 和 id2 之间的所有单元。

④ **cylinder end1** x1 y1 z1 **end2** x2 y2 z2 **radius** rd。

命令中,cylinder 表示圆柱体前缀关键字,end1 表示圆柱体起始端面中心坐标前缀关键字,end2 表示圆柱体终端面中心坐标前缀关键字,radius 表示圆柱体横截面的半径前缀关键字。组合起来表示复制或镜像的范围为底面中心坐标为 x1 y1 z1,顶面中心坐标为 x2 y2 z2,半径为 rd 的圆柱体。

⑤ **plane**+平面位置+**above/below**。

这个命令表示复制或镜像的单元在所定义平面上半空间(above)或下半空间(below)范围内,plane 为平面前缀关键字,平面位置的确定方法与镜像面的确定方法相同,即采用 norm vx vy vz origin ox oy oz 或 dd tv dip iv 来表示。

【例 2-4】 对"gen zone radcy p0 0 0 0 p1 10 0 0 p2 0 10 0 p3 0 0 9 dim 5 5 5 5 size 5 1 12 & 5 fill group 1"命令生成的单元模型进行镜像,镜像面为 YZ 平面。

new

命令 1:gen zone reflect norm -1 0 0 origin 0 0 0

命令 2:gen zone reflect dd 90 dip 90

plot zone colorby group

当任意使用其中一个镜像命令,执行成功后模型的变化如图 2-18 所示。

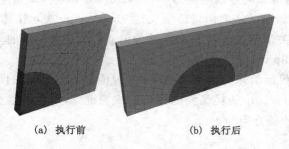

(a) 执行前   (b) 执行后

图 2-18　镜像命令执行前后模型的变化

【例 2-5】 对"gen zone brick p0 0 0 0 p1 10 0 0 p2 0 10 0 p3 0 0 10 size 10 10 10"命令生成的单元模型进行复制,复制范围为 $0 < X < 5$ 且 $0 < Y < 5$ 且 $0 < Z < 5$,复制位置偏移量 cx cy cz 为 15 0 0。

new

命令 1:gen zone copy 15 0 0 range x 0 5 y 0 5 z 0 5

命令 2:gen zone copy 15 0 0 range plane norm -1 0 0 origin 5 0 0 &

above plane norm 0 1 0 origin 0 5 0 below plane norm 0 0 1 origin 0 0 5 below

plot zone colorby group

当任意使用其中一个复制命令，执行成功后模型的变化如图 2-19 所示。

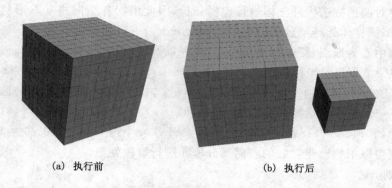

（a）执行前　　　　　　　　　　　（b）执行后

图 2-19　复制命令执行前后模型的变化

2.3　基本网格形状在工程建模中的简单应用

【例 2-6】　已知一条区间盾构隧道局部长 50 m、半径为 3.0 m、最大埋深为 10.2 m、走向坡度为 5°，试根据这些数据建立这一段区间盾构隧道的模型。

（1）建模分析

① 确定模型尺寸。

由于隧道半径为 3.0 m，根据圣维南原理，隧道开挖会对周边 3～5 倍半径的土体变形产生影响，因此，整个隧道模型左右两侧以及下侧尺寸应至少为 9～15 m，为保证模型精度，在计算时间允许的情况下，建议取 15 m；模型上侧尺寸则根据实际隧道坡度以及埋深情况，取到地表位置；模型纵向尺寸根据隧道长度取值为 50 m，如图 2-20 所示。

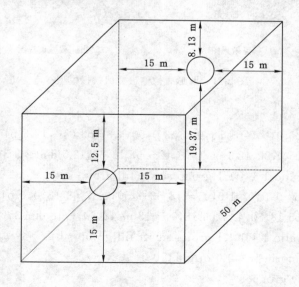

图 2-20　圆形隧道模型尺寸

② 确定网格基本形状以及各节点的坐标。

由于需要对圆形隧道内外土体进行建模分析,因此根据各个网格基本形状的特点以及适用条件,选择圆柱体外环绕放射状网格(radcylinder)进行网格节点构建。如选定最大埋深断面处隧道中心为原点,则根据模型尺寸、埋深以及坡度情况,可以确定圆形隧道模型右上部分 $P_0 \sim P_7$ 节点三维坐标分别为(0,0,0)、(18,0,0)、(0,50,4.37)、(0,0,12.5)、(18,50,4.37)、(0,50,12.5)、(18,0,12.5)、(18,50,12.5),4 个内空间尺寸则都为 3 m;圆形隧道模型右下部分 $P_0 \sim P_7$ 节点三维坐标分别为(0,0,0)、(0,0,−18)、(0,50,4.37)、(18,0,0)、(0,50,−18)、(18,50,4.37)、(18,0,−18)、(18,50,−18),4 个内空间尺寸也都为 3 m。圆形隧道左侧部分则可以根据已建立好的右侧部分单元进行镜像处理。

③ 网格划分。

网格划分数量一般根据计算精度以及计算时间进行综合确定,没有具体要求,建议网格划分后,整个模型单元数量控制在 10 万个以内。相邻单元比例一般设置为 1,但由于土体网格距离隧道越远,其对隧道开挖影响就越小,因此,距离隧道越远的网格可以令其单元尺寸越大,即设置圆柱体外环绕放射状网格的第 4 个相邻单元比例参数 r_4 大于 1。

(2) 隧道建模

根据以上分析结果,建立模型如图 2-21 所示,具体建模命令如下:

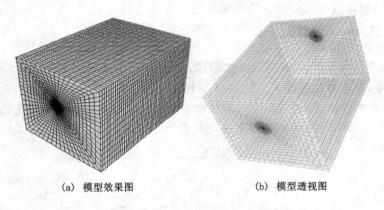

(a) 模型效果图　　　　　　　　(b) 模型透视图

图 2-21　圆形盾构隧道数值模拟模型

```
new
gen zone radcy p0 0,0,0 p1 18,0,0 p2 0,50,4.37 p3 0,0,12.5 p4 18,50,4.37 &
                p5 0,50,12.5 p6 18,0,12.5 p7 18,50,12.5 dim 3 3 3 3 size 3 50 16 12 &
                ratio 1 1 1 1.1 group sdwtt fill group sdtt
gen zone radcy p0 0,0,0 p1 0,0,−18 p2 0,50,4.37 p3 18,0,0 p4 0,50,−18 &
                p5 18,50,4.37 p6 18,0,−18 p7 18,50,−18 dim 3 3 3 3 size 3 50 16 12 &
                ratio 1 1 1 1.1 group sdwtt fill group sdtt
gen zone reflect norm −1 0 0 origin 0 0 0
plot zone colorby group
plot zone colorby group transparency 70;显示模型并设置模型透明度为 70%
save suidao_mx.sav;将已建立的模型保存到名称为"suidao_mx"的 sav 文档中
```

【例 2-7】　已知一个矩形建筑基坑,其底部埋深 10 m、宽度为 20 m、长度为 30 m,采用放坡形式进行开挖,放坡角度为 45°,试根据这些数据建立该基坑开挖数值模拟模型。

（1）建模分析

① 确定模型尺寸。

由于基坑底部深 10 m、宽度为 20 m、长度为 30 m,采用 45°放坡的形式开挖,因此可以计算得到基坑在地表面的宽度和长度应为 40 m 和 50 m。另外,再根据圣维南原理,基坑开挖会对周边 3~5 倍开挖深度的土体变形产生影响,据此可取基坑模型总宽度为 100 m、总长度为 110 m、总深度为 40 m,如图 2-22 所示。

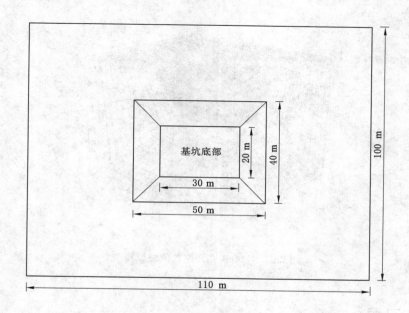

图 2-22　基坑模型尺寸(俯视图)

② 确定网格基本形状以及各节点的坐标。

根据模型对称性以及各个网格基本形状的特点,可采用块体外环绕放射状网格(rad-brick)构建 1/4 基坑开挖模型后再进行镜像操作。如以基坑在地表面处的几何中心为原点,则可以确定基坑模型右上部分(1/4 基坑开挖模型)P_0~P_{14} 节点的三维坐标分别为(0,0,0)、(55,0,0)、(0,40,0)、(0,0,50)、(55,40,0)、(0,40,50)、(55,0,50)、(55,40,50)、(25,0,0)、(0,10,0)、(0,0,20)、(15,10,0)、(0,10,10)、(25,0,20)、(15,10,10)。这里要注意的是,由于内空间尺寸不规则,不能采用输入 8 个节点 P_0~P_7 坐标加 3 个内空间尺寸 d_1~d_3 的方式进行模型构建。

③ 网格划分。

对模型 4 个方向的网格尺寸和比例进行划分和控制,确保整个模型单元数量在 10 万个以内,并尽量让越靠近基坑的土体单元尺寸越小。

（2）隧道建模

根据以上分析结果,建立基坑开挖模型如图 2-23 所示,具体建模命令为:

new

gen zone radbrick p0 0 0 0 p1 55 0 0 p2 0 40 0 p3 0 0 50 p4 55 40 0 p5 0 40 50 &
                  p6 55 0 50 p7 55 40 50 p8 25 0 0 p9 0 10 0 p10 0 0 20 p11 15 10 0 &
                  p12 0 10 10 p13 25 0 20 p14 15 10 10 size 20 10 15 16 ratio 1 1 1 1.05 &
                  group tuti fill group jikeng

gen zone reflect norm －1 0 0 origin 0 0 0

gen zone reflect norm 0 0 －1 origin 0 0 0

plot zone colorby group

save jikeng_mx.sav

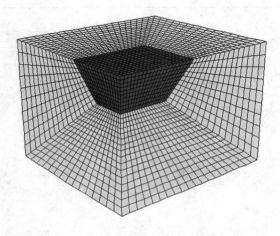

图 2-23　1/4 基坑开挖数值模拟模型

思考题与习题

1. 如图 2-15 所示的网格模型是否可以采用 4 个节点($P_0 \sim P_3$)坐标加 4 个内空间尺寸参数 $d_1 \sim d_4$ 构建得到,如果可以,生成该模型的命令是什么?如果不行,该怎么修改才能利用 $d_1 \sim d_4$ 这几个参数?

2. 如果不采用镜像的方法,图 2-22 所示模型右下部分应该怎么构建?

3. 请分别建立一个尺寸大小为 $X \times Y \times Z = 10\ \text{m} \times 10\ \text{m} \times 10\ \text{m}$,划分网格数量为 20、5、10、(8),相邻单元比率为 1.1、0.9、1、(1),内嵌圆柱尺寸宽高分别为 4 m 和 2 m 的 wedge、brick、cylinder 以及 radcylinder 基本网格模型。

4. 已知一段喇叭形区间隧道长 10 m,其直径从进口段 6 m 扩大至出口段 8 m,如假定其圆心标高始终保持不变,并且圆心至地表的距离始终为 12 m,试根据这些数据建立喇叭形隧道模型。

5. 根据以下数据建立基坑开挖数值模型:某地下室基坑开挖深度为 3.5 m、长度为 8 m、宽度为 6 m,由于周边土体较硬且地下水位较低,拟采用直立壁的方式进行基坑开挖。

第 3 章　FLAC³ᴰ复杂模型的建立与应用

由于实际工程自身结构条件、地质条件、周边环境条件以及施工条件等往往十分复杂，采用单一基本网格形状形成的模型很难满足计算的要求，因此，一般情况下都需要采用多种基本网格形状进行组合构建，或者对一些基本网格形状进行特殊处理，才能建立得到与实际工程特点相符合的网格模型。建模过程中往往会用到数十条建模命令和数百个三维坐标控制点，如某行命令或某个节点坐标输入错误，则整个模型建立就会出现错误，而且检查起来十分麻烦。为解决这个问题，FLAC³ᴰ提供了一套内置 fish 程序语言，可以将一些具有规律性的建模命令和控制点坐标用几行命令或几个参数表示，大大提高了使用者的建模效率。本章将重点介绍 FLAC³ᴰ内置的 fish 语言编写规则、多种基本网格形状的组合构建方法、特殊位置网格节点的坐标变换方法以及它们在实际工程建模中的应用。

本章学习要点：

（1）fish 程序语言的编写规则、常用语句以及函数和变量的调用方法。

（2）多种网格形状构建复杂模型的方法及注意事项。

（3）特殊网格节点的坐标变化方法及其简单应用。

3.1　fish 语言

3.1.1　fish 语言简介及编写规则

fish 语言是 FLAC³ᴰ软件内置的特色语言（类似于 C 语言），它具有自身的函数和变量调用方法，也具有自身语句编写的规则，如循环语句、条件语句及命令语句等。读者需要了解 fish 基本编写规则，并从简单语句到复杂语句、从单行语句到多行语句进行多次反复练习、检查，才能根据自己的需要编写出属于自己的函数，实现预期的功能。在学习 fish 语言之前，应注意以下几点：

（1）函数名定义必须以"def＋函数名"的语句开头，以"end"语句结束，调用函数时，直接在命令行中输入"@＋相应的函数名"，具体命令如下：

new

def hs_cs;定义一个函数名称为"hs_cs"的函数

　hsz＝1;令变量"hsz"的值等于 1，如果之前不存在这个变量，则自动定义。

end;函数定义结束

@hs_cs;调用"hs_cs"函数

print @hsz；显示变量"hsz"的值

（2）变量和函数命名不能以数字开头，不能含有中文和如下的字符。

．，＊／＋－＾＝＜＞＃（）［］＠；'"

（3）变量和函数名不能与 FLAC^{3D} 中的保留关键字相冲突（具体保留关键字可查看 FLAC^{3D} 帮助文件），否则会导致函数不能正常运行。因此，在定义新变量和函数时建议不要采用过于简单的单词。

（4）变量和函数定义之后就会在全局中发挥作用，如果在后面调用就相当于重新赋值。因此，需要定义一个不同功能的变量或函数时，尽量避免使用之前已有的变量名或函数名，否则会导致赋值覆盖并造成检查困难。

（5）fish 语言中共存在 5 种算术运算符和 6 种关系运算符。5 种算术运算符分别是：＋（加）、－（减）、＊（乘）、/（除）、^（幂次方），6 种关系运算符分别是：＞（大于）、＜（小于）、＞＝（大于等于）、＜＝（小于等于）、＝（等于）、♯（不等于）。需要注意的是，fish 变量在进行除法运算时，整型的计算结果为整型，浮点型的计算结果为浮点型。因此，为避免计算错误，建议将需要参与计算的数字都用带小数点的方式来表示。如调用以下命令，我们可以得到 shu1 ≈5.33，shu2＝5。

```
new
def shujuceshi
    shu1＝16.0/3
    shu2＝16/3
end
@shujuceshi
print @shu1 @shu2
```

（6）可以用"print @＋函数和变量"来查看函数和变量的值；可以用"history @＋函数和变量"来记录函数和变量的变化情况；可以用"set @＋变量名＋具体数值"来对相应变量进行重新赋值。如调用下述命令，则两次 bianliangzhi 的值分别为 3 和 5。

```
new
def bl_fz
    bianliangzhi＝bianliangfuzhi/2
end
set @bianliangfuzhi＝6
@bl_fz
print @bianliangzhi
set @bianliangfuzhi＝10
@bl_fz
print @bianliangzhi
```

3.1.2　fish 常用语句

fish 程序常用的语句除上述函数定义语句外，还包括数组定义语句、选择语句、条件语句、循环语句、命令语句及退出语句等。

（1）数组定义语句

array 数组名称(n1,n2,n3,…)

例如，array jdsj1(10)表示定义一个名称为"jdsj1"的一维数组，其变量参数为 10 个；array jdsj2(10,10)表示定义一个名称为"jdsj2"的二维数组，其一维和二维变量参数均为 10

个,总变量参数则等于 10×10＝100 个;array jdsj3(10,10,10)表示定义一个名称为"jdsj3"的三维数组,其一维、二维和三维变量参数均为 10,总变量参数则等于 10×10×10＝1 000个。

当需要对数组进行赋值时,直接令数组中的一个具体编号项等于某个值即可;而提取数组数据时,则需定义一个变量参数,令其等于数组中的一个具体编号项。例如:

```
new
def shuzuyanshi
    array ewsz(2,2);定义一个二维数组 ewsz,其子项共包含 2×2＝4 个
    ewsz(1,1)＝2;对数组编号为(1,1)的子项进行赋值
    ewsz(2,2)＝4;对数组编号为(2,2)的子项进行赋值
    szysz1＝ewsz(1,1);提取数组子项编号为(1,1)的值
    szysz2＝ewsz(1,2);提取数组子项编号为(1,2)的值
end
@shuzuyanshi
print @szysz1 @szysz2
```

上述命令执行成功后,szysz1＝2,而 szysz2 由于 ewsz(1,2)没有赋值,默认为 0。

(2) 选择语句

选择语句的作用主要是根据不同的表达式值,执行不同的 fish 语句,具体命令为:

```
case of 表达式
case v1
……表达式值等于 v1 时的语句
case v2
……表达式值等于 v2 时的语句
endcase
```

例如下列函数命令,执行后,显示 y 的值就等于 2。

```
new
def xzyjcs
    x＝shuruzhi;赋 x 参数值等于 shuruzhi 这个参数的值
    caseof x;对表达式 x 进行选择判断
        y＝10;默认 y＝10
    case 1;如果 x 值＝1
        y＝2;对 y 参数进行赋值等于 2
    case 2;如果 x 值＝2
        y＝4;对 y 参数进行赋值等于 4
    endcase;结束选择语句
end
set @shuruzhi＝1;赋 shuruzhi 参数值等于 1
@xzyjcs
print @y
```

（3）条件语句

条件语句的作用是根据具体的输入条件，看其是否满足表达式要求而执行相应的 fish 语句，具体命令为：

if 条件表达式 then

……满足条件表达式时的语句

（**else**）

……不满足条件表达式时的语句

endif

例如下列函数命令，执行后，显示 y 和 zv 的值就分别等于 5 和 10。

```
new
def tjyjcs
  x＝shuruzhi
  if x＞＝0 then;判断 x 值是否满足大于等于 0 这个条件
    y＝10;满足条件时 y 等于 10
  else;否则
    y＝5;不满足条件时 y 等于 5
  endif;结束第一个条件语句
  zv＝0;默认参数 zv 等于 0
  if y＝5 then;如果 y 值满足条件等于 5
    zv＝10;zv 参数重新赋值为 10
  endif;结束第 2 个条件语句
end
set @shuruzhi＝－1;
@tjyjcs
print @y @zv
```

（4）循环语句

循环语句的作用是对满足条件的变量数值和式子执行重复的 fish 语句，具体命令为：

loop 变量名（变量数值下限，变量数值上限）

……满足条件表达式时的语句

endloop

或者

loop while 条件表达式

……满足条件表达式时的语句

endloop

第一个循环命令中，变量名是自己定义的一个参数名，该变量数值会在循环过程中自动从数值下限开始，每循环 1 次，数值大小＋1，直至其数值大小大于数值上限时，结束循环；第二个循环命令表示条件表达式成立时，该循环会一直自动进行，直至最终条件表达式不再成立为止。使用该命令时，切记要在后面的 fish 语句中对条件表达式中的参数进行重新赋值，否则程序会进入死循环状态。

例如,执行下列循环语句后,参数 zzshuzhi 和 xhcs 的值分别为 55 和 45。

```
new
def xhyjcs
    shuzhi=0;令参数 shuzhi 等于 0
    loop aa(1,10);定义第一个循环语句,循环变量名为 aa,其数值在 1 到 10 之间变化
        shuzhi=shuzhi+aa;对变量 aa 的值进行循环求和
    endloop;结束第一个循环语句
    zzshuzhi=shuzhi;将 shuzhi 的值赋值给新参数 zzshuzhi
    xhcs=0;令参数 xhcs=0
    loop while shuzhi>10;定义第二个循环语句,当 shuzhi 大于 10 时就执行
        shuzhi=shuzhi-1;每循环 1 次,shuzhi 大小就减 1
        xhcs=xhcs+1;每循环 1 次,xhcs 就加 1
    endloop;结束第二个循环语句
end
@xhyjcs
print @zzshuzhi @xhcs
```

（5）命令语句

由于 FLAC³ᴰ 的 fish 语言和建模分析命令是相互独立的,因此当需要在 fish 语言中执行 FLAC³ᴰ 的建模分析命令时,应使用命令语句。命令语句形式为:

command

　　……FLAC³ᴰ建模分析命令

endcommand

例如执行下列 fish 命令语句后,FLAC³ᴰ 会自动建立 1 个块体网格模型。

```
new
def mlyjcs
    command;开始命令语句
        gen zone brick size 10 10 10;建立 1 个网格划分数量为 10×10×10 的块体网格
plot zone colorby group;显示已建立好的网格模型
    endcommand;结束命令语句
end
@mlyjcs
```

（6）退出语句

退出语句的主要作用是将目前 fish 语言的执行状态从函数中无条件跳出,不再执行其后的 fish 语句。具体命令为:

exit

例如执行下列 fish 命令语句后,参数 aa 的值是 1 而不是 10。

```
new
def tcyjcs
    aa=1;定义参数 aa 值等于 1
```

exit;退出语句

aa=10;定义参数 aa 值等于 10

end

@tcyjcs

print @aa

3.1.3 fish 内置函数及常用变量

（1）fish 内置函数

fish 内置函数主要是一些常用的数学运算函数，具体如表 3-1 所示。

表 3-1 fish 内置函数

函数名	说明	函数名	说明
abs(a)	a 的绝对值	sin(a)	a 的正弦(a 是弧度)
asin(a)	a 的反正弦值(结果为弧度)	acos(a)	a 的反余弦值(结果为弧度)
atan(a)	a 的反正切值(结果为弧度)	atan2(a,b)	a/b 的反正切值(结果为弧度)
cos(a)	a 的余弦(a 是弧度)	exp(a)	自然常数 e 的 a 次幂
tan(a)	a 的正切(a 是弧度)	ln(a)	a 的自然对数
log(a)	a 的十进制对数	round(a)	将 a 进行四舍五入
max(a,b)	返回 a,b 的最大值	min(a,b)	返回 a,b 的最小值
not(a)	a 的逻辑反	or(a,b)	a,b 的逻辑或
and(a,b)	a,b 两数位的逻辑与	float(a)	将 a 转换为浮点数
string(a)	将 a 转换为字符类型	int(a)	将 a 转换为整型数
sgn(a)	a 的符号(如果<0,则返回−1;否则,返回 1)	out(s)	将 s 中包含的消息打印到屏幕上,变量 s 必须是 string 类型
sqrt(a)	a 的平方根	urand	在 0.0～1.0 之间生成的随机数
grand	从标准正态分布中得出的随机数,−1.0～1.0	type(e)	数据类型,1=整型,2=浮点,3=字串,4=指针,5=数组
degrad(a)	将度转换为弧度	pi	π

（2）fish 内置节点变量

fish 内置节点变量主要针对模型网格节点，其常用的变量名如表 3-2 所示。

表 3-2 fish 内置节点变量

变量名	说明	变量名	说明
gp_near(x,y,z)	最靠近(x,y,z)坐标的节点内存地址,不包含 null 单元	gp_nearall(x,y,z)	最靠近(x,y,z)坐标的节点内存地址,包含 null 单元
gp_find (id)	节点编号为 id 的内存地址	gp_id(p_gp)	节点的 id 号
gp_next(p_gp)	下一个节点的内存地址	gp_pp(p_gp)	节点的孔隙压力
gp_temp(p_gp)	节点的温度	gp_xdsip(p_gp)	节点的 x 方向位移

表 3-2(续)

变量名	说明	变量名	说明
gp_ydsip(p_gp)	节点的 y 方向位移	gp_zdsip(p_gp)	节点的 z 方向位移
gp_xpos(p_gp)	节点的 x 方向坐标	gp_ypos(p_gp)	节点的 y 方向坐标
gp_zpos(p_gp)	节点的 z 方向坐标	gp_xvel(p_gp)	节点的 x 方向速度
gp_yvel(p_gp)	节点的 y 方向速度	gp_zvel(p_gp)	节点的 z 方向速度
gp_xfapp(p_gp)	节点的 x 方向施加力	gp_yfapp(p_gp)	节点的 y 方向施加力
gp_zfapp(p_gp)	节点的 z 方向施加力	gp_head	首个节点内存地址
gp_isgroup(p_gp,str)	如果 p_gp 属于组名 str,则返回为 1,否则为 0	gp_sat(p_gp)	节点饱和度

(3) fish 内置实体单元变量

fish 内置实体单元变量主要针对模型网格单元,其常用的变量名很多,如表 3-3 所示。

表 3-3 fish 内置实体单元变量

变量名	说明	变量名	说明
z_near(x,y,z)	最靠近(x,y,z)坐标的单元内存地址,不包含 null 单元	z_nearall(x,y,z)	最靠近(x,y,z)坐标的单元内存地址,包含 null 单元
z_find(id)	单元编号为 id 的内存地址	zone_head	首个单元内存地址
z_density(p_z)	单元密度	z_fsi(p_z,arr)	将单元拉应变量存在数组 arr 中
z_fsr(p_z,arr)	将单元拉应变率储存在数组 arr 中	z_gp(p_z,igp)	单元第 igp 个节点号的内存地址
z_id(p_z)	单元 id 号	z_model(p_z)	单元力学本构模型(字符串)
z_next(p_z)	下一个单元内存地址	z_pp(p_z)	单元孔隙压力
z_prop(p_z,str)	单元材料参数值,参数名等于 str	z_sig1(p_z)	单元第 1 主应力
z_sig2(p_z)	单元第 2 主应力	z_sig3(p_z)	单元第 3 主应力
z_ssi(p_z)	单元剪应变	z_ssr(p_z)	单元剪应变率
z_state(p_z,ind)	单元塑性状态参数值,ind 为 0,1	z_volume(p_z)	单元体积
z_vsi(p_z)	单元体积应变量	z_vsr(p_z)	单元体积应变率
z_xcen(p_z)	单元重心 x 方向坐标	z_ycen(p_z)	单元重心 y 方向坐标
z_zcen(p_z)	单元重心 z 方向坐标	z_sxx(p_z)	单元 xx 方向应力
z_sxy(p_z)	单元 xy 方向应力	z_sxz(p_z)	单元 xz 方向应力
z_syy(p_z)	单元 yy 方向应力	z_syz(p_z)	单元 yz 方向应力
z_szz(p_z)	单元 zz 方向应力	z_flmodel(p_z)	单元流体模型
z_flprop(p_z,str)	单元流体参数 str 的值	z_flx(p_z)	单元 x 方向的流量
z_fly(p_z)	单元 y 方向的流量	z_flz(p_z)	单元 z 方向的流量
z_isgroup(p_z,str)	如果 p_z 属于组名 str,则返回为 1,否则为 0		

(4) fish 内置接触面单元变量

FLAC[3D]中接触面单元由许多个接触面构件以及构件与构件之间的连接节点组成,因此,接触面单元 fish 变量名包括节点和构件两类,具体如表 3-4 所示。

表 3-4　内置接触面单元变量

变量名	说明	变量名	说明
i_find(id)	找到指定 id 号接触面内存地址	i_id(p_i)	内存地址为 p_i 的接触面 id 号
i_head	首个接触面单元的内存地址	i_next(p_i)	下一个接触面单元内存地址
i_elem_head(p_i)	接触面首个构件内存地址	i_node_head(p_i)	接触面首个节点内存地址
ie_area(p_ie)	接触面构件面积	ie_zhost(p_ie)	连接接触面构件单元体地址
ie_id(p_ie)	接触面构件的 cid 号	ie_next(p_ie)	下一个接触面构件内存地址
ie_vert(p_ie,dof)	连接接触面构件的网格节点的内存地址,dof 为 1,2,3,表示三角形构件的 3 个顶点	ie_fhost(p_ie)	连接接触面构件的实体单元面 id 号,返回值为 1~6
in_area(p_in)	内存地址为 p_in 的接触面节点的特征区域面积	in_disp(p_in,dof)	接触面节点的位移,dof 为 1,2,3,表示 x,y,z 三个方向
in_fhost(p_in)	连接接触面节点的实体单元面 id 号,返回值为 1,2,3,4,5,6	in_pos(p_in,dof)	接触面节点坐标,dof 为 1,2,3,表示 x,y,z 三个方向
in_hweight(p_in, int)	接触面节点权系数	in_id(p_in)	接触面节点 id 号
in_next(p_in)	下一个接触面节点	in_nstr(p_in)	接触面节点法向应力
in_vel(p_in,dof)	接触面节点的位移速率,dof 为 1,2,3,表示 x,y,z 三个方向	in_ftarget(p_in)	接触面节点所接触的实体单元面 id 号,返回值为 1~6
in_prop(p_in,string)	接触面节点的参数值,参数名等于 string	in_sdisp(p_in,dof)	接触面节点的切向位移,dof 为 1,2,3,表示 x,y,z 三个方向
in_sstr(p_in,dof)	接触面节点的剪切应力,dof 为 1,2,3,表示 x,y,z 三个方向	in_nstr(p_in,dof)	接触面节点的法向应力,dof 为 1,2,3,表示 x,y,z 三个方向
in_zhost(p_in)	连接接触面节点的实体单元内存地址	in_ztarget(p_in)	接触面节点所接触的实体单元内存地址
in_pen(p_in)	接触面节点的渗透性		

（5）fish 内置结构单元变量

在 FLAC[3D]中,结构单元包括梁结构单元、锚杆结构单元、桩结构单元、壳结构单元、土工格栅结构单元、衬砌结构单元和面结构单元等,不同的结构单元既有自身特有的 fish 变量名,也有共同使用的 fish 变量名,具体如表 3-5 所示。

表 3-5　fish 内置结构单元变量

单元类型	变量名	说明
通用单元	s_head	首个结构单元的内存地址
	lk_head	首个结构单元节点连接的内存地址
	nd_head	首个结构单元节点的内存地址
	lk_find(id)	找到指定 id 号的节点连接的内存地址
	nd_find(id)	找到指定 id 号的节点的内存地址
	nd_near(x,y,z)	找到最靠近坐标(x,y,z)的节点的内存地址
	nd_next(n_p)	下一个节点内存地址
	n_id(n_p)	内存地址为 n_p 的结构单元节点的 id 号
	s_find(cid)	找到指定 cid 号的结构单元的内存地址
	s_near(x,y,z)	找到最靠近坐标(x,y,z)的结构单元的内存地址
	s_cid(s_p)	内存地址为 s_p 的结构单元的 cid 号
	s_delete(s_p)	删除内存地址为 s_p 的结构单元
	s_id(s_p)	内存地址为 s_p 的结构单元的 id 号
	s_next(s_p)	下一个结构单元内存地址
	s_node(s_p,n)	结构单元第 n 个节点的内存地址
	s_numnd(s_p)	结构单元所包含的节点数
	s_type(s_p)	该结构单元所属的结构单元类型
	s_dens(s_p)	结构单元密度
	s_pos(s_p,dr)	结构单元在 dr 方向上的坐标位置,dr 为 1,2,3,表示 x,y,z 三个方向
	s_thexp(s_p)	结构单元热膨胀系数
结构单元节点	nd_pos(n_p,cr,dr)	节点在 dr 方向上的坐标,cr 为 1,2,表示当前或参考位置,dr 为 1,2,3,表示 x,y,z3 个方向
	nd_rdisp(n_p,gl,dr)	节点在 dr 方向上的位移,gl 为 1,2,表示全局和局部坐标系统,dr 为 1,2,3,4,5,6,表示 x,y,z,xr,yr,zr 六个方向
	nd_rfob(n_p,gl,dr)	节点在 dr 方向上的不平衡力,gl 为 1,2,表示全局和局部坐标系统,dr 为 1,2,3,4,5,6,表示 x,y,z,xr,yr,zr 六个方向
	nd_rvel(n_p,gl,dr)	节点在 dr 方向上的位移速率,gl 为 1,2,表示全局和局部坐标系统,dr 为 1,2,3,4,5,6,表示 x,y,z,xr,yr,zr 六个方向
梁结构单元	sb_length(sb_p)	内存地址为 sb_p 的梁构件的长度
	sb_volume(sb_p)	内存地址为 sb_p 的梁构件的体积
	sb_force(sb_p,np,dr)	梁构件第 np 端第 dr 个方向的力,np 为 1,2,表示梁构件的左右两端,dr 为 1,2,3,表示 x,y,z 三个方向
	sb_mom(sb_p,np,dr)	梁构件第 np 端第 dr 个方向的力矩,np 为 1,2,表示梁构件的左右两端,dr 为 1,2,3,表示 x,y,z 三个方向
	sb_nforce(sb_p,np,dr)	梁构件第 np 端第 dr 个方向的节点力,np 为 1,2,表示梁构件的左右两端,dr 为 1,2,3,表示 x,y,z 三个方向

表 3-5(续)

单元类型	变量名	说明
锚杆结构单元	sc_length(sc_p)	内存地址为 sc_p 的锚杆构件的长度
	sc_volume(sc_p)	内存地址为 sc_p 的锚杆构件的体积
	sc_force(sc_p)	锚杆构件的平均轴力
	sc_nforce(sc_p,np,dr)	锚杆构件第 np 端第 dr 个方向的节点力,np 为 1,2,表示锚杆构件的左右两端,dr 为 1,2,3,4,5,6,表示 x,y,z,xr,yr,zr 六个方向
	sc_stress(sc_p)	锚杆构件的平均轴向应力
	sc_yield(sc_p,yd)	锚杆构件的拉压屈服状态,yd 为 0,1,表示拉、压,返回值为 0,1,2,表示从未、正在和曾经屈服
	sc_grconf(sc_p,np)	锚杆构件第 np 端黏结剂的约束应力,np 为 1,2,表示锚杆构件左右两端
	sc_grdisp(sc_p,np)	锚杆构件第 np 端黏结剂的位移,np 为 1,2,表示锚杆构件的左右两端
	sc_grslip(sc_p,np)	锚杆构件第 np 端黏结剂的滑动状态,np 为 1,2,表示锚杆构件左右两端
	sc_grstr(sc_p,np)	锚杆构件第 np 端黏结剂的应力,np 为 1,2,表示锚杆构件的左右两端
桩结构单元	sp_length(sp_p)	内存地址为 sp_p 的桩构件的长度
	sp_volume(sp_p)	内存地址为 sp_p 的桩构件的体积
	sp_force(sp_p,np,dr)	桩构件第 np 端第 dr 个方向的力,np 为 1,2,表示桩构件左右两端,dr 为 1,2,3,表示 x,y,z 三个方向
	sp_mom(sp_p,np,dr)	桩构件第 np 端第 dr 个方向的力矩,np 为 1,2,表示桩构件左右两端,dr 为 1,2,3,表示 x,y,z 三个方向
	sp_nforce(sp_p,np,dr)	桩构件第 np 端第 dr 个方向的节点力,dr 为 1,2,3,4,5,6,表示 x,y,z,xr,yr,zr 六方向
	sp_rconf(sp_p,np)	桩构件第 np 端的约束应力,np 为 1,2,表示桩构件左右两端
	sp_rdisp(sp_p,cs,np)	桩构件第 np 端耦合弹簧的位移,cs 为 1,2,表示法向和切向耦合弹簧,np 为 1,2,表示桩构件左右两端
	sp_rgap(sp_p,np,cf)	桩构件第 np 端法向耦合弹簧的裂缝分量,cf 为 1,2,3,4,表示局部坐标的 +y、-y、+z、-z 方向
	sp_rstr(sp_p,cs,np)	桩构件第 np 端法向或切向耦合弹簧的应力,cs 为 1,2,表示法向和切向耦合弹簧,np 为 1,2,表示桩构件左右两端
	sp_ryield(sp_p,cs,np)	桩构件第 np 端法向或切向耦合弹簧的屈服状态,返回值为 0,1,2,表示从未、正在和曾经屈服
壳结构单元	ss_area(ss_p)	内存地址为 ss_p 的壳构件面积
	ss_etype(ss_p)	壳构件有限单元类型,返回值为 1,2,3,4,5,表示 dkt-cst,dsk_csth,dkt,cst,csth
	ss_volume(ss_p)	壳构件体积
	ss_nforce(sp_p,np,dr)	壳构件在第 np 端第 dr 个方向的节点力,np 为 1,2,3,表示三角形壳构件的 3 个顶端,dr 为 1,2,3,4,5,6,表示 x,y,z,xr,yr,zr 六个方向

表 3-5(续)

单元类型	变量名	说明
土工格栅 结构单元	sg_area(sg_p)	内存地址为 sg_p 的土工格栅构件面积
	sg_etype(sg_p)	土工格栅构件有限单元类型,返回值为 1,2,3,4,5,表示 dkt-cst,dsk_csth,dkt, cst,csth
	sg_volume(sg_p)	土工格栅构件体积
	sg_nforce(sg_p,np,dr)	土工格栅构件在第 np 端第 dr 个方向的节点力,np 为 1,2,3,表示三角形构件的 3 个顶端;dr 为 1,2,3,4,5,6,表示 x,y,z,xr,yr,zr 六个方向
	sg_conf(sg_p,np)	土工格栅构件在第 np 端的约束应力,np 为 1,2,3,表示三角形构件的 3 个顶端
	sg_rdisp(sg_p,np)	土工格栅构件在第 np 端耦合弹簧的位移,np 为 1,2,3,表示三角形构件的 3 个 顶端
	sg_rstr(sg_p,np)	土工格栅构件在第 np 端耦合弹簧的应力,np 为 1,2,3,表示三角形构件的 3 个 顶端
	sg_ryield(sg_p,np)	土工格栅构件在第 np 端耦合弹簧的屈服状态,np 为 1,2,3,表示三角形构件的 3 个顶端,返回值为 0,1,2,表示从未、正在和曾经屈服
衬砌结构 单元	sl_area(sl_p)	内存地址为 sl_p 的衬砌构件面积
	sl_etype(sl_p)	衬砌构件有限单元类型,返回值为 1,2,3,4,5,表示 dkt-cst,dsk_csth,dkt,cst,csth
	sl_volume(sl_p)	衬砌构件体积
	sl_nforce(sl_p,np,dr)	衬砌构件在第 np 端第 dr 个方向的节点力,np 为 1,2,3,表示三角形构件的 3 个顶 端;dr 为 1,2,3,4,5,6,表示 x,y,z,xr,yr,zr 六个方向
	sl_rdisp(sl_p,cs,np)	衬砌构件在第 np 端耦合弹簧的位移,cs 为 1,2,表示法向和切向耦合弹簧,np 为 1,2,3,表示三角形构件的 3 个顶端
	sl_rstr(sl_p,cs,np)	衬砌构件在第 np 端耦合弹簧的应力,cs 为 1,2,表示法向和切向耦合弹簧,np 为 1,2,3,表示三角形构件的 3 个顶端
	sl_ryield(sl_p,np)	衬砌构件在第 np 端切向耦合弹簧的屈服状态,np 为 1,2,3,表示三角形构件的 3 个顶端,返回值为 0,1,2,表示从未、正在和曾经屈服
面结构单 元(壳、土 工格栅 和衬砌)	sst_depfac(s_p)	面结构单元的深度因子,深度等于 t/2,其中 t 为壳体厚度。F=+1/−1 对应外/ 内壳层表面,F=0 对应壳层中表面
	sst_pstr(s_p,lc,dn)	面结构单元在 lc 位置的主应力,lc 为 0,1,2,3,表示质心、节点 1、节点 2 和节点 3 这 4 个位置;dn 为 1,2,3,表示第 1、第 2 和第 3 主应力
	sst_str(s_p,lc,dn)	面结构单元在 lc 位置的应力,lc 为 0,1,2,3,表示质心、节点 1、节点 2 和节点 3 这 4 个位置;dn 为 1,2,3,4,5,6,表示 sxx,syy,szz,sxy,syz 和 sxz
	sst_sres(s_p,lc,dn)	面结构单元在 lc 位置的合成应力,lc 为 0,1,2,3,表示质心、节点 1、节点 2 和节点 3 这 4 个位置;dn 为 1,2,3,4,5,6,7,8,表示 mx,my,mxy,nx,ny,nxy,qx 和 qy

3.2 多种基本网格构建复杂模型

3.2.1 复杂模型拆解分析

由于实际工程模型通常较复杂,很难通过一种基本网格形状就实现建模的目的,因此,首先需根据实际工程中的一些特殊位置点对工程模型进行拆解划分,得到多个独立的小块单元模型;然后,再使用基本网格对各个小块模型进行建模;最后,将各个小块模型连接起来,实现复杂工程模型的构建。如图 3-1(a)所示巷道模型可以根据巷道半圆拱与底部直墙的交界面位置,将其拆解为上下两部分,上半部分可以使用 radcylinder 基本网格建立之后镜像得到,下半部分则可以使用 radtunnel 基本网格建立之后镜像得到。而图 3-1(b)所示基坑模型则可以根据基坑每步开挖以及连续墙的尺寸位置拆解为多个六面体独立小块,然后每块再采用 brick 块体网格建立。

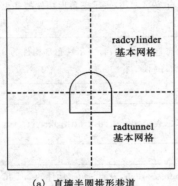

brick 单元	第 1 步开挖土体	
brick 单元	第 2 步开挖土体	
brick 单元	第 3 步开挖土体	
brick 单元	地下连续墙	
brick 单元		

(a) 直墙半圆拱形巷道   (b) 基坑

图 3-1　工程模型的拆解划分

在各个独立小块建模过程中需要注意的是,相邻独立小块在交界面位置的网格节点和单元的位置与数量必须都保持一致或者成正整数倍(一般为 2~4 倍)关系。因此,须保持各个小块控制点($P_0 \sim P_{15}$)坐标的连续性,并合理划分它们的网格数量。以图 3-1(a)为例,如假定巷道半圆拱的圆心为原点,通过以下命令建立右上部分 radcylinder 模型后,右下部分 radtunnel 模型在两者交界面处的控制点坐标($P_0, P_2, P_3, P_5, P_9, P_{11}$)就必须与右上部分 radcylinder 模型控制点坐标($P_0, P_2, P_1, P_4, P_8, P_{10}$)相同;同时其在交界面处的网格划分数量和相邻单元尺寸比例也必须与右上部分 radcylinder 模型成正整数倍关系,如条件允许,最好保持一致。具体建模命令和效果(图 3-2)如下所示:

```
new
gen zone radcy p0 0 0 0 p1 10 0 0 p2 0 1 0 p3 0 0 10 dim 1.5 1.5 1.5 1.5 &
        size 5 2 12 15 ratio 1 1 1 1.1 group weiyan fill group hangdao
gen zone radtun p0 0 0 0 p1 0 0 −10 p2 0 1 0 p3 10 0 0 dim 1.5 1.5 1.5 1.5 &
        size 5 2 5 15 ratio 1 1 1 1.1 group weiyan fill group hangdao
gen zone reflect norm −1 0 0 origin 0 0 0
```

plot zone colorby group

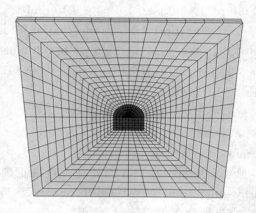

图 3-2　直墙半圆拱形巷道数值模型(上下网格数量划分保持一致)

上述命令中,之所以让巷道右下部分和右上部分模型在两者交界面处的控制点坐标保持相同,原因在于 FLAC³ᴰ的"generate zone"命令会自动检查相邻边界上的控制点坐标相差是否在 $1×10^{-7}$ m 范围内,如果是,则相邻两小块模型控制点就会融合成一个节点。此时,数值模型在计算过程中,相邻两小块模型的应力和位移等就能通过共用节点进行无差别传递,保证计算结果的准确性。当然,这也意味着当相邻两小块模型交界面位置网格节点和单元成正整数倍关系时,必然有一些节点不会被两者所共用,容易出现应力、位移及温度等的集中现象。为解决这个问题,我们应在当前或者所有小块模型建立完成后,先使用"generate merge+容差范围"命令将相邻单元控制点坐标在容差范围内的各节点进行融合(注意容差范围应小于最小单元尺寸,否则计算会出错);然后再使用"attach face"命令将交界面处相邻两块模型(两块模型单元体数量必须成正整数倍关系)黏结成一个整体。如图3-1(a)所示模型,当上下两部分模型单元数量设置不相同时,建模命令和模型效果(图 3-3)大体如下:

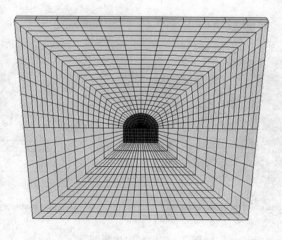

图 3-3　直墙半圆拱形巷道数值模型(上下网格数量划分不一致)

new

gen zone radcy p0 0 0 0 p1 10 0 0 p2 0 1 0 p3 0 0 10 dim 1.5 1.5 1.5 1.5 &

          size 6 2 12 20 ratio 1 1 1 1 group weiyan fill group hangdao

gen zone radtun p0 0 0 0 p1 0 0 −10 p2 0 1 0 p3 10 0 0 dim 1.5 1.5 1.5 1.5 &

          size 5 1 12 10 ratio 1 1 1 1 group weiyan fill group hangdao

gen zone reflect norm −1 0 0 origin 0 0 0

gen merge 1e−3;间距小于 1 mm 的节点自动融合

attach face;对所有交界面单元进行黏结

plot zone colorby group

此外,为方便检查各独立小块模型在交界面处是否连接正确,FLAC³ᴰ提供了内边界检查命令"plot zone colorby group trans 70"和"plot boundary"。当相邻两小块模型控制点坐标以及网格划分数量在交界面位置不一致时,使用"plot zone colorby group trans 70"和"plot boundary"将会发现整个模型内部的明显交界面位置,此时我们就要确认这两块模型节点坐标和网格划分是否正确或者成正整数倍关系。如下述命令生成的模型(图 3-4),通过内边界检查命令可以发现,第 1 行和第 2 行命令生成的两块模型,由于其交界面处节点坐标和网格划分数量都保持一致,我们很难从边界显示模型中看出两者是组合构建而成的;而第 2 行命令和第 3 行命令生成的两块模型,虽然其交界面处节点坐标一致,但因网格划分数量不同,此时,即使采用"attach face"命令,我们也可以发现两者明显的交界面位置。因此,在整个复杂模型建立完成后,要习惯使用内边界检查命令来检查所建的模型是否正确。

建模命令:

new

gen zone brick p0 0 0 0 p1 5 0 0 p2 0 1 0 p3 0 0 1 size 5 5 5

gen zone brick p0 0 0 −1 p1 5 0 −1 p2 0 1 −1 p3 0 0 0 size 5 5 5

gen zone brick p0 0 0 −2 p1 5 0 −2 p2 0 1 −2 p3 0 0 −1 size 10 10 10

attach face

plot zone colorby group trans 70

plot boundary

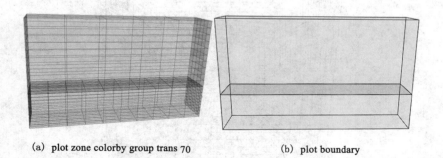

(a) **plot zone colorby group trans 70**   (b) **plot boundary**

图 3-4 模型内边界显示

3.2.2　使用基本网格形状构建复杂模型

【例 3-1】　一条山岭隧道埋深为 320 m、净宽度为 11.2 m、净高度为 9.8 m、混凝土衬砌厚度为 0.5 m，其断面大体如图 3-5 所示，试建立其开挖模拟模型。

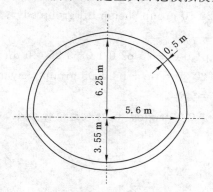

图 3-5　山岭隧道断面示意图

建模分析：由于隧道埋深较大，不可能将模型直接建立至地表，因此根据隧道尺寸确定模型宽度为 50 m、高度为 45 m（初始应力计算时，将模型上方至地表未建立的岩土体等代成自重荷载作用于模型顶面）。根据山岭隧道模型特点将整个模型拆解，分为 8 块建立，如图 3-6 所示，其中第 1 和第 3 块模型采用 cshell 基本网格，第 2 和第 4 块采用 radcylinder 基本网格，第 5 至第 8 块采用镜像方式。注意第 1 和第 3 块模型建立时要加"fill"关键字，而第 2 和第 4 块则不加"fill"关键字。

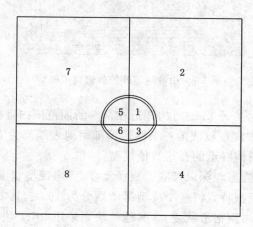

图 3-6　山岭隧道模型拆解示意图

建模命令：
```
new
gen zone cshell p0 0 0 0 p1 6.1 0 0 p2 0 1 0 p3 0 0 6.75 dim 5.6 6.25 5.6 6.25 &
            size 2 2 20 10 group chenqi fill group sdyt;建立第 1 块模型，注意加 &
            fill 关键字建立隧道内岩体
gen zone radcy p0 0 0 0 p1 25 0 0 p2 0 1 0 p3 0 0 25 dim 6.1 6.75 6.1 6.75 &
```

size 10 2 20 30 ratio 1 1 1 1.05 group weiyan;建立第 2 块模型,不加 &

fill 关键字,否则隧道岩体和衬砌将再被建 1 次

gen zone cshell p0 0 0 0 p1 0 0 −4.05 p2 0 1 0 p3 6.1 0 0 dim 3.55 5.6 3.55 5.6 &

size 2 2 20 10 group chenqi fill group sdyt;建立第 3 块模型,注意加 &

fill 关键字

gen zone radcy p0 0 0 0 p1 0 0 −20 p2 0 1 0 p3 25 0 0 dim 4.05 6.1 4.05 6.1 &

size 10 2 20 30 ratio 1 1 1 1.05 group weiyan;建立第 2 块模型,注意 &

不加 fill 关键字

gen zone reflect norm −1 0 0 origin 0 0 0;通过镜像命令,建立第 5 至第 8 块模型

save slsdmx.sav

plot zone colorby group

建模效果如图 3-7 所示。

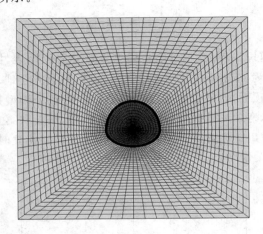

图 3-7   山岭隧道开挖数值模拟模型

【例 3-2】   两条直径为 5.5 m 的盾构隧道在某一断面范围内近接施工,净间距为水平向 2.0 m、竖直向 1.0 m,其中埋深较浅的一条隧道顶部距地表距离为 8.0 m,如图 3-8 所示,试建立该断面下两条圆形盾构隧道的开挖数值模型。

建模分析:首先根据隧道埋深以及隧道直径尺寸,确定模型宽度为 36 m、高度为 31 m;然后根据两条圆形隧道模型特点将整个模型拆解划分为 16 块,其中第 1、2、5、6、11、12、15、16 块采用 radcylinder 基本网格形状建立,其他各块则采用 brick 块体网格建立,如图 3-9 所示。各小块模型依次建立过程中要注意保持与相邻块的匹配连接。

建模命令:

new

gen zone radcy p0 −3.75 0 3.25 p1 −3.75 0 14 p2 −3.75 1 3.25 p3 −18 0 3.25 &

dim 2.75 2.75 2.75 2.75 size 5 1 30 10 fill group zsd;建立第 1 块模型

gen zone radcy p0 −3.75 0 3.25 p1 −18 0 3.25 p2 −3.75 1 3.25 p3 −3.75 0 0 &

dim 2.75 2.75 2.75 2.75 size 5 1 30 10 fill group zsd;建立第 2 块模型

gen zone brick p0 −18 0 −3.25 p1 −3.75 0 −3.25 p2 −18 1 −3.25 p3 −18 0 0 &

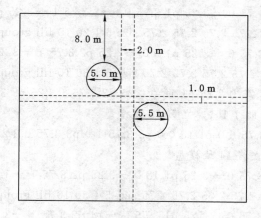

图 3-8　双圆盾构隧道断面示意图

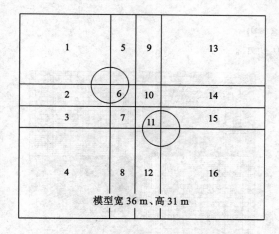

图 3-9　两条近接盾构隧道的模型拆解示意图

　　　　　size 15 1 10；建立第 3 块模型

gen zone brick p0 −18 0 −14 p1 −3.75 0 −14 p2 −18 1 −14 p3 −18 0 −3.25 &

　　　　　size 15 1 15；建立第 4 块模型

gen zone radcy p0 −3.75 0 3.25 p1 0 0 3.25 p2 −3.75 1 3.25 p3 −3.75 0 14 &

　　　　　dim 2.75 2.75 2.75 2.75 size 5 1 30 10 fill group zsd；建立第 5 块模型

gen zone radcy p0 −3.75 0 3.25 p1 −3.75 0 0 p2 −3.75 1 3.25 p3 0 0 3.25 &

　　　　　dim 2.75 2.75 2.75 2.75 size 5 1 20 10 fill group zsd；建立第 6 块模型

gen zone brick p0 −3.75 0 −3.25 p1 0 0 −3.25 p2 −3.75 1 −3.25 p3 −3.75 0 0 &

　　　　　size 10 1 10；建立第 7 块模型

gen zone brick p0 −3.75 0 −14 p1 0 0 −14 p2 −3.75 1 −14 p3 −3.75 0 −3.25 &

　　　　　size 10 1 15；建立第 8 块模型

gen zone brick p0 0 0 3.25 p1 3.75 0 3.25 p2 0 1 3.25 p3 0 0 14 size 10 1 15；建立第 9 块模型

gen zone brick p0 0 0 0 p1 3.75 0 0 p2 0 1 0 p3 0 0 3.25 size 10 1 10；建立第 10 块模型

```
gen zone radcy p0 3.75 0 −3.25 p1 3.75 0 0 p2 3.75 1 −3.25 p3 0 0 −3.25 &
            dim 2.75 2.75 2.75 2.75 size 5 1 20 10 fill group ysd;建立第 11 块模型
gen zone radcy p0 3.75 0 −3.25 p1 0 0 −3.25 p2 3.75 1 −3.25 p3 3.75 0 −14 &
            dim 2.75 2.75 2.75 2.75 size 5 1 30 10 fill group ysd;建立第 12 块模型
gen zone brick p0 3.75 0 3.25 p1 18 0 3.25 p2 3.75 1 3.25 p3 3.75 0 14 &
            size 15 1 15;建立第 13 块模型
gen zone brick p0 3.75 0 0 p1 18 0 0 p2 3.75 1 0 p3 3.75 0 3.25 size 15 1 10
            ;建立第 14 块模型
gen zone radcy p0 3.75 0 −3.25 p1 18 0 −3.25 p2 3.75 1 −3.25 p3 3.75 0 0 &
            dim 2.75 2.75 2.75 2.75 size 5 1 30 10 fill group ysd;建立第 15 块模型
gen zone radcy p0 3.75 0 −3.25 p1 3.75 0 −14 p2 3.75 1 −3.25 p3 18 0 −3.25 &
            dim 2.75 2.75 2.75 2.75 size 5 1 30 10 fill group ysd;建立第 16 块模型
save sysdmx.sav
plot zone colorby group
```

建模效果如图 3-10 所示。

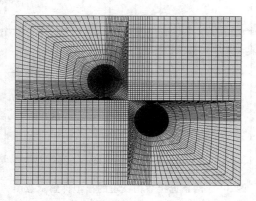

图 3-10　两条近接盾构隧道的数值模拟模型

【例 3-3】　某地铁基坑开挖宽度 25.8 m、深度 14.2 m,围护结构为厚度 1.2 m、深度为 28 m 的地下连续墙。基坑开挖过程中,拟由上至下共设置 3 道直径为 0.6 m 的钢管支撑,分别位于地表下 0.5 m、5.5 m 及 10.5 m 的位置,钢管水平间距约为 4 m。试根据该工程设计情况建立基坑数值模拟开挖模型。

建模分析:首先,根据基坑支撑设置位置,可以知道该基坑由上至下共分 4 步开挖,每步均开挖至当前支撑底部以下 0.3～0.5 m。因此,可认为基坑第 1 步开挖至地表下 1.2 m,第 2 步开挖至地表下 6.2 m,第 3 步开挖至地表下 11.2 m,第 4 步开挖至基底。然后,根据基坑开挖深度和圣维南原理,取基坑模型宽度为 128.2 m(即在围护结构外侧取土体分析范围为 50 m),取基坑模型厚度为一个支撑水平间距 4 m,取基坑模型高度为 50 m(基坑底部以下土体分析范围取 35.8 m)。最后,根据基坑每步土体开挖位置和围护结构设置位置,将整个基坑模型进行拆解划分并都用 brick 块体网格构建,如图 3-11 所示。需要指出的是,由于模拟钢管支撑架设可采用 beam 结构单元进行(具体模拟过程见第 5 章),因此,建模过程中可不将钢管支撑位置作为模型划分控制点。另外,注意后建立小块模型的网格划分数量应与前面已建立的相邻小块模型保持一致。

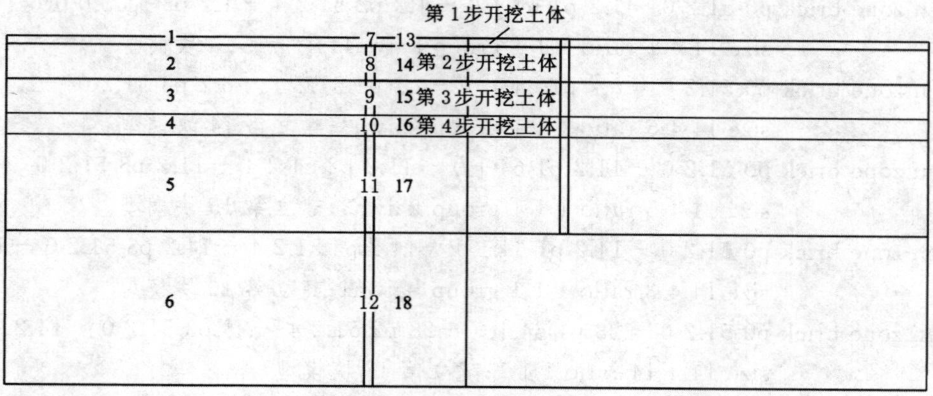

图 3-11　基坑开挖模型拆解示意图

建模命令:

new

gen zone brick p0 0 0 −1.2 p1 50 0 −1.2 p2 0 4 −1.2 p3 0 0 0 size 30 4 1 &

　　　　ratio 0.95 1 1;建立第 1 块模型

gen zone brick p0 0 0 −6.2 p1 50 0 −6.2 p2 0 4 −6.2 p3 0 0 −1.2 size 30 4 5 &

　　　　ratio 0.95 1 1;建立第 2 块模型

gen zone brick p0 0 0 −11.2 p1 50 0 −11.2 p2 0 4 −11.2 p3 0 0 −6.2 size 30 4 5 &

　　　　ratio 0.95 1 1;建立第 3 块模型

gen zone brick p0 0 0 −14.2 p1 50 0 −14.2 p2 0 4 −14.2 p3 0 0 −11.2 size 30 4 3 &

　　　　ratio 0.95 1 1;建立第 4 块模型

gen zone brick p0 0 0 −28 p1 50 0 −28 p2 0 4 −28 p3 0 0 −14.2 size 30 4 14 &

　　　　ratio 0.95 1 1;建立第 5 块模型

gen zone brick p0 0 0 −50 p1 50 0 −50 p2 0 4 −50 p3 0 0 −28 size 30 4 15 &

　　　　ratio 0.95 1 0.95;建立第 6 块模型

gen zone brick p0 50 0 −1.2 p1 51.2 0 −1.2 p2 50 4 −1.2 p3 50 0 0 size 2 4 1 &

　　　　ratio 1 1 1 group whjg;建立第 7 块模型

gen zone brick p0 50 0 −6.2 p1 51.2 0 −6.2 p2 50 4 −6.2 p3 50 0 −1.2 size 2 4 5 &

　　　　ratio 1 1 1 group whjg;建立第 8 块模型

gen zone brick p0 50 0 −11.2 p1 51.2 0 −11.2 p2 50 4 −11.2 p3 50 0 −6.2 &

　　　　size 2 4 5 ratio 1 1 1 group whjg;建立第 9 块模型

gen zone brick p0 50 0 −14.2 p1 51.2 0 −14.2 p2 50 4 −14.2 p3 50 0 −11.2 &

　　　　size 2 4 3 ratio 1 1 1 group whjg;建立第 10 块模型

gen zone brick p0 50 0 −28 p1 51.2 0 −28 p2 50 4 −28 p3 50 0 −14.2 size 2 4 14 &

　　　　ratio 1 1 1 group whjg;建立第 11 块模型

```
gen zone brick p0 50 0 −50 p1 51.2 0 −50 p2 50 4 −50 p3 50 0 −28 size 1 4 15 &
         ratio 1 1 0.95;建立第 12 块模型
gen zone brick p0 51.2 0 −1.2 p1 64.1 0 −1.2 p2 51.2 4 −1.2 p3 51.2 0 0 &
         size 14 4 1 ratio 1 1 1 group kaiwa1;建立第 13 块模型
gen zone brick p0 51.2 0 −6.2 p1 64.1 0 −6.2 p2 51.2 4 −6.2 p3 51.2 0 −1.2 &
         size 14 4 5 ratio 1 1 1 group kaiwa2;建立第 14 块模型
gen zone brick p0 51.2 0 −11.2 p1 64.1 0 −11.2 p2 51.2 4 −11.2 p3 51.2 0 −6.2 &
         size 14 4 5 ratio 1 1 1 group kaiwa3;建立第 15 块模型
gen zone brick p0 51.2 0 −14.2 p1 64.1 0 −14.2 p2 51.2 4 −14.2 p3 51.2 0 −11.2 &
         size 14 4 3 ratio 1 1 1 group kaiwa4;建立第 16 块模型
gen zone brick p0 51.2 0 −28 p1 64.1 0 −28 p2 51.2 4 −28 p3 51.2 0 −14.2 &
         size 14 4 14 ratio 1 1 1;建立第 17 块模型
gen zone brick p0 51.2 0 −50 p1 64.1 0 −50 p2 51.2 4 −50 p3 51.2 0 −28 &
         size 14 4 15 ratio 1 1 0.95;建立第 18 块模型
gen zone reflect norm 1 0 0 origin 64.1 0 0;通过镜像建立另一半模型
save jikengmoxing.sav
plot zone colorby group
```

由上述命令可以看出，相邻两块 brick 块体单元节点坐标输入具有一定的规律性，因此，可以采用 fish 语言对上述命令进行一定的参数化编程，以达到方便检查和修改的目的，具体参数化建模命令如下：

```
new
def canshu;定义一个函数,确定基坑关键位置的坐标值
    array xwz(10) zwz(15);定义组数,用于存储关键节点位置的 X、Z 坐标数值
    xwz(1)=0;X 方向起点坐标
    xwz(2)=50;围护结构外侧 X 坐标
    xwz(3)=51.2;围护结构内侧 X 坐标
    xwz(4)=64.1;围护结构中心 X 坐标


    zwz(1)=0;地表位置 Z 坐标
    zwz(2)=−1.2;第 1 步开挖土体底部 Z 坐标
    zwz(3)=−6.2;第 2 步开挖土体底部 Z 坐标
    zwz(4)=−11.2;第 3 步开挖土体底部 Z 坐标
    zwz(5)=−14.2;第 4 步开挖土体底部 Z 坐标
    zwz(6)=−28;围护结构底部 Z 坐标
    zwz(7)=−50;模型底部 Z 坐标
end
@canshu;调用基坑关键坐标值函数


def jikengjianmo;定义基坑建模函数
```

```
loop aa(1,3);使用循环命令,修改 brick 单元节点的 X 坐标值
 loop bb(1,6);使用循环命令,修改 brick 单元节点的 Z 坐标值
   p0_x=xwz(aa);使用已定义 xwz 数组确定当前 brick 单元 p0 节点 X 坐标值
   p0_y=0;当前 brick 单元 p0 节点 Y 坐标值
   p0_z=zwz(bb+1);使用已定义 zwz 数组确定当前 brick 单元 p0 节点 Z 坐标值

   p1_x=xwz(aa+1);使用已定义 xwz 数组确定当前 brick 单元 p1 节点 X 坐标值
   p1_y=0;当前 brick 单元 p1 节点 Y 坐标值
   p1_z=p0_z;确定当前 brick 单元 p1 节点 Z 坐标值

   p2_x=p0_x;确定当前 brick 单元 p2 节点 X 坐标值
   p2_y=4;当前 brick 单元 p2 节点 Y 坐标值
   p2_z=p0_z;确定当前 brick 单元 p2 节点 Z 坐标值

   p3_x=p0_x;确定当前 brick 单元 p3 节点 X 坐标值
   p3_y=p0_y;确定当前 brick 单元 p3 节点 Y 坐标值
   p3_z=zwz(bb);使用已定义 zwz 数组确定当前 brick 单元 p3 节点 Z 坐标值

   sizex=1;默认 brick 单元 X 方向网格划分数等于 1
   sizey=4;默认 brick 单元 Y 方向网格划分数等于 4
   sizez=1;默认 brick 单元 Z 方向网格划分数等于 1

   rx=1;默认 brick 单元 X 方向相邻单元尺寸比例等于 1
   ry=1;默认 brick 单元 Y 方向相邻单元尺寸比例等于 1
   rz=1;默认 brick 单元 Z 方向相邻单元尺寸比例等于 1


   if aa=1 then;如果当前 brick 单元 X 坐标在 xwz(1)—xwz(2)之间,则设置 X 方向单元 &
数为 30 个
   ;相邻单元 X 方向尺寸比例为 0.95
     sizex=30
     rx=0.95
     endif
   if aa=2 then;如果当前 brick 单元 X 坐标在 xwz(2)—xwz(3)之间,则设置 X 方 &
向单元数为 2 个
       sizex=2
     endif
   if aa=3 then;如果当前 brick 单元 X 坐标在 xwz(3)—xwz(4)之间,则设置 X 方 &
向单元数为 14 个
       sizex=14
```

```
          endif
          if bb=1 then;如果当前 brick 单元 Z 坐标在 zwz(1)—zwz(2)之间,则设置 Z 方 &
向单元数为 1 个
              sizez=1
          endif
          if bb=2 then;如果当前 brick 单元 Z 坐标在 zwz(2)—zwz(3)之间,则设置 Z 方 &
向单元数为 5 个
              sizez=5
          endif
          if bb=3 then;如果当前 brick 单元 Z 坐标在 zwz(3)—zwz(4)之间,则设置 Z 方 &
向单元数为 5 个
              sizez=5
          endif
          if bb=4 then;如果当前 brick 单元 Z 坐标在 zwz(4)—zwz(5)之间,则设置 Z 方 &
向单元数为 3 个
              sizez=3
          endif
          if bb=5 then;如果当前 brick 单元 Z 坐标在 zwz(5)—zwz(6)之间,则设置 Z 方 &
向单元数为 14 个
              sizez=14
          endif
          if bb=6 then;如果当前 brick 单元 Z 坐标在 zwz(6)—zwz(7)之间,则设置 Z 方 &
                    向单元数为 15 个
              ;相邻单元 Z 方向尺寸比例为 0.95
              sizez=15
              rz=0.95
          endif
          command;使用命令语句建立 brick 单元
              gen zone brick p0 @p0_x @p0_y @p0_z p1 @p1_x @p1_y @p1_z p2 &
                    @p2_x @p2_y @p2_z p3 @p3_x @p3_y @p3_z size &
                    @sizex @sizey @sizez ratio @rx @ry @rz
          endcommand
      endloop
    endloop
  end
  @jikengjianmo;调用建模函数

  group kaiwa1 range x 51.2 64.1 z -1.2 0;将属于基坑第 1 步开挖范围内的模型单 &
元命名为 kaiwa1
```

group kaiwa2 range x 51.2 64.1 z −6.2 −1.2；将属于基坑第 2 步开挖范围内的模型 &
单元命名为 kaiwa2

group kaiwa3 range x 51.2 64.1 z −11.2 −6.2；将属于基坑第 3 步开挖范围内的模 &
型单元命名为 kaiwa3

group kaiwa4 range x 51.2 64.1 z −14.2 −11.2；将属于基坑第 4 步开挖范围内的模 &
型单元命名为 kaiwa4

group whjg range x 50 51.2 z −28 0；将围护结构范围内的模型单元命名为 whjg

gen zone reflect norm 1 0 0 origin 64.1 0 0；通过镜像命令建立另一半模型

save jikengmoxing.sav；将已建立好的基坑模型保存到 jikengmoxing.sav 文档中

plot zone colorby group

建模效果如图 3-12 所示。

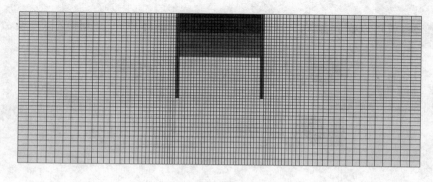

图 3-12　基坑开挖数值模拟模型

3.3　节点坐标变换构建复杂模型

3.3.1　节点坐标变换原理

　　当模型由于一些控制点位置比较特殊（如图 3-13 所示双圆盾构隧道开挖模型中的 A 点和 B 点），采用多种基本网格不容易组合构建时（如图 3-13 所示模型构建的难点在于，没有任意一种基本网格能够生成包含 AD 弧面形状并由 O、C、E、F 这 4 个节点控制的六面体单元），可以使用 fish 语言对基本网格形状中的一些节点坐标进行变换来生成。具体步骤可以概述为：遍历所有网格节点，找到需要进行坐标变换的节点，确定该节点变换后的坐标，对该节点的坐标进行修改。变换过程中应注意与周围相邻节点的连接，防止节点坐标变换后造成网格畸形。

　　这里以 brick 单元为例，介绍如何通过节点坐标变换生成包含弧面 AD 的六面体单元 $OCEF$，读者可以参考学习。假定 $CD=AC=3$ m，$DE=15$ m，$OC=2$ m，则 $AO=2.232$ m，$AF=15.768$ m。

　　(1) 使用 brick 基本网格，以 O 点为原点，以 A、C、D、E、F 为 5 个控制节点，建立六面体单元，如图 3-14(a) 所示。

　　(2) 通过 fish 命令，遍历所有单元节点，以弧 AD 为参考线，对所有单元节点 Z 方向的

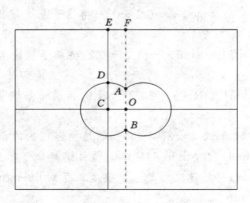

图 3-13　双圆盾构隧道开挖模型

坐标进行变换,就可以得到如图 3-14(b)所示形状的六面体单元。具体坐标变换命令如下:

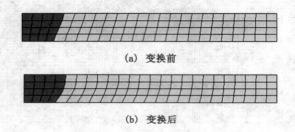

(a) 变换前

(b) 变换后

图 3-14　坐标变换前后六面体网格的形状

```
new
gen zone brick p0 −2 0 0 p1 0 0 0 p2 −2 1 0 p3 −2 0 3 p4 0 1 0 p5 −2 1 3 &
            p6 0 0 2.232 p7 0 1 2.232 size 4 2 4 group 1;建立块体网格 OADC
gen zone brick p0 −2 0 3 p1 0 0 2.232 p2 −2 1 3 p3 −2 0 18 p4 0 1 2.232 p5 −2 &
            1 18 p6 0 0 18 p7 0 1 18 size 4 2 20 group 2;建立块体网格 ADEF
```

```
def zbbhhs;建立坐标变换函数
  x0=−2.0;左边界 X 坐标
  x1=0;右边界 Y 坐标
  z3=3.0;D 点 Z 坐标
  z6=2.232;A 点 Z 坐标
  zd=18;E、F 点 Z 坐标
  p_gp=gp_head;导入第一个节点的内存地址
  loop while p_gp # null;进行循环,遍历所有节点
    k1=(gp_xpos(p_gp)−x0)/(x1−x0);确定当前节点在整个模型 X 方向的位置
    zzb=z3−(z3−z6)*k1;根据当前节点 X 坐标位置确定该坐标下 AD 线上网格 &
点的原有 Z 坐标值
```

bhzb＝sqrt(3 * 3－(gp_xpos(p_gp)－x0) * (gp_xpos(p_gp)－x0));根据 X 坐 &
标位置确定变换后的 Z 坐标值

k2＝gp_zpos(p_gp)/zzb;确定当前节点在当前模型 Z 方向上的位置

if k2＜＝1 then;根据 k2 值确定当前节点在线 AD 下方

gp_zpos(p_gp)＝k2 * bhzb;根据 k2 值,按比例变换节点的 X 坐标值

endif

if k2＞1 then;根据 k2 值确定当前节点在线 AD 上方

gp_zpos(p_gp)＝zd－(zd－gp_zpos(p_gp))/(zd－zzb) * (zd－bhzb);按比 &
例修改节点的 Z 坐标值

endif

p_gp＝gp_next(p_gp);转入下一个节点内存地址

endloop;结束循环

end

@zbbhhs;调入坐标变换函数

plot zone colorby group

配合 radcylinder 网格建立命令和镜像命令,可以生成双圆盾构隧道开挖数值模拟模型,如图 3-15 所示。

gen zone radcy p0 －2 0 0 p1 －2 0 18 p2 －2 10 0 p3 －2 0 0 0 dim 3 3 3 3 size 4 2 16 20 &
　　　　group 2 fill group 1;建立 radcylinder 基本网格

gen zone reflect norm 0 0 －1 origin 0 0 0;将所有单元沿下方镜像

gen zone reflect norm 1 0 0 origin 0 0 0;将所有单元沿右侧镜像

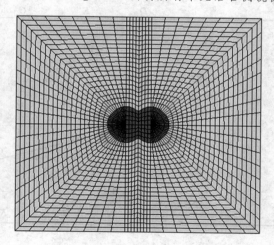

图 3-15　双圆盾构开挖数值模拟模型

3.3.2　使用节点坐标变换建立复杂工程模型

【例 3-4】　某山岭隧道为单洞 4 车道隧道,埋深 80 m,设计跨度约为 18 m、高度约为 13 m,衬砌厚度为 0.5 m,隧道断面形状采用四心圆组合而成,如图 3-16 所示,试采用节点坐标变换的方式建立该隧道开挖模型。

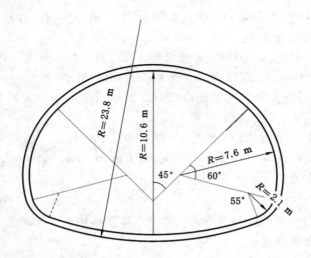

图 3-16　四心圆隧道断面形状

建模分析：首先，根据隧道断面尺寸，取模型宽度为 100 m、模型高度为 80 m。然后，取模型一半进行分析，并根据隧道四心圆的圆心位置和角度，算出各个关键点（$A \sim N$）的坐标，将隧道右侧模型分成 8 小块进行建立，其中，第 1、3、5、7 块模型采用 cshell 基本网格进行建立，第 2、4、6、8 块模型采用 radcylinder 基本网格进行建立，如图 3-17 所示。由于四心圆的圆心位置不一致，因此需要在第 1、3、5、7 块模型建立好之后，对这 4 块模型的节点进行坐标变换，将这 4 个圆的圆心统一到一个点上，进而保证相邻模型连接的一致性。

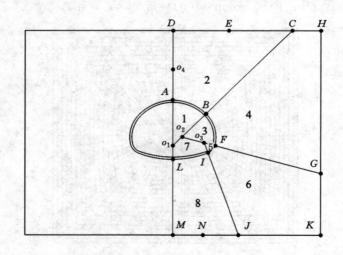

图 3-17　四心圆隧道模型拆解划分示意图

建模命令：

new

def dysdcs；定义隧道参数（根据对称性，取一半进行分析）

　　sgjd＝45；上拱角度

sgbj＝10.6；上拱半径

cgjd＝60；侧拱角度

cgbj＝7.6；侧拱半径

xgjd＝55；小拱角度

xgbj＝2.1；小拱半径

dgjd＝180－sgjd－cgjd－xgjd；底拱角度

sgyx_x＝0；上拱圆心 O1 点 X 坐标

sgyx_z＝0；上拱圆心 O1 点 Z 坐标

cgyx_x＝(sgbj－cgbj) * cos((90－sgjd)/180.0 * 3.141592654)；侧拱圆心 O2 点 X 坐标

cgyx_z＝(sgbj－cgbj) * sin((90－sgjd)/180.0 * 3.141592654)；侧拱圆心 O2 点 Z 坐标

xgyx_x＝cgyx_x＋(cgbj－xgbj) * cos((sgjd＋cgjd－90)/180.0 * 3.141592654)；小拱圆心 O3 点 X 坐标

xgyx_z＝cgyx_z－(cgbj－xgbj) * sin((sgjd＋cgjd－90)/180.0 * 3.141592654)；小拱 & 圆心 O3 点 Z 坐标

dgyx_x＝0；底拱圆心 O4 点 X 坐标

dgbj＝xgyx_x/sin((180－sgjd－cgjd－xgjd)/180.0 * 3.141592654)＋xgbj；底拱半径

dgyx_z＝xgyx_z＋(dgbj－xgbj) * cos(dgjd/180.0 * 3.141592654)；底拱圆心 O4 点 Z 坐标

cqhd＝0.5；衬砌厚度

sg_dd_x＝0；A 点 X 坐标

sg_dd_z＝sgbj＋cqhd；A 点 Z 坐标

sg_cg_x＝cos(sgjd/180.0 * 3.141592654) * (cqhd＋sgbj)；B 点 X 坐标

sg_cg_z＝sin(sgjd/180.0 * 3.141592654) * (cqhd＋sgbj)；B 点 Z 坐标

cg_xg_x＝cgyx_x＋cos((sgjd＋cgjd－90)/180.0 * 3.141592654) * (cqhd＋cgbj)；F 点 X 坐标

cg_xg_z＝cgyx_z－sin((sgjd＋cgjd－90)/180.0 * 3.141592654) * (cqhd＋cgbj)；F 点 Z 坐标

xg_dg_x＝xgyx_x＋cos((sgjd＋cgjd＋xgjd－90)/180.0 * 3.141592654) * (cqhd＋xgbj)；I 点 X 坐标

xg_dg_z＝xgyx_z－sin((sgjd＋cgjd＋xgjd－90)/180.0 * 3.141592654) * (cqhd＋xgbj)；I 点 Z 坐标

dg_dd_x＝0；L 点 X 坐标

dg_dd_z＝dgyx_z－dgbj－cqhd；L 点 Z 坐标

sgcqbj＝sgbj＋cqhd；上拱半径＋衬砌厚度

cgcqbj＝cgbj＋cqhd；侧拱半径＋衬砌厚度

xgcqbj＝xgbj＋cqhd；小拱半径＋衬砌厚度

dgcqbj＝dgbj＋cqhd；底拱半径＋衬砌厚度

sg_p3_x＝0；D 点 X 坐标

sg_p3_z＝40；D 点 Z 坐标

sg_p1_x＝tan((90－sgjd)/180.0 * 3.141592654) * sg_p3_z；C 点 X 坐标

sg_p1_z＝sg_p3_z；C 点 Z 坐标

sg_p6_x＝(sg_p3_x＋sg_p1_x)/2.0；E 点 X 坐标

sg_p6_z＝sg_p3_z;E 点 Z 坐标

cg_p1_x＝50;G 点 X 坐标

cg_p1_z＝cgyx_z－(cg_p1_x－cgyx_x)＊tan((sgjd＋cgjd－90)/180.0＊3.141592654)

;G 点 Z 坐标

cg_p6_x＝cg_p1_x;H 点 X 坐标

cg_p6_z＝sg_p3_z;H 点 Z 坐标

xg_p1_x＝tan(dgjd/180.0＊3.141592654)＊(xgyx_z＋40)＋xgyx_x;J 点 X 坐标

xg_p1_z＝－1＊sg_p1_z;J 点 Z 坐标

xg_p6_x＝cg_p1_x;K 点 X 坐标

xg_p6_z＝xg_p1_z;K 点 Z 坐标

dg_p1_x＝sg_p3_x;M 点 X 坐标

dg_p1_z＝xg_p1_z;M 点 Z 坐标

dg_p6_x＝(dg_p1_x＋xg_p1_x)/2.0;N 点 X 坐标

dg_p6_z＝xg_p1_z;N 点 Z 坐标

end

@dysdcs;隧道参数调入

;以 O1 点为圆心,以 A、B 点为控制点建立第 1 块模型

gen zone cshell p0 @sgyx_x 0 @sgyx_z p1 @sg_cg_x 0 @sg_cg_z p2 @sgyx_x 1 @sgyx_z &

        p3 @sg_dd_x 0 @sg_dd_z dim @sgbj @sgbj @sgbj @sgbj group chenqi &

        fill group sgsdtt size 2 2 20 20

;以 O1 点为圆心,以 A、B、C、D、E 点为控制点建立第 2 块模型

gen zone radcy p0 @sgyx_x 0 @sgyx_z p1 @sg_p1_x 0 @sg_p1_z p2 @sgyx_x 1 &

        @sgyx_z p3 @sg_p3_x 0 @sg_p3_z p4 @sg_p1_x 1 @sg_p1_z p5 &

        @sg_p3_x 1 @sg_p3_z p6 @sg_p6_x 0 @sg_p6_z p7 @sg_p6_x 1 &

        @sg_p6_z dim @sgcqbj @sgcqbj @sgcqbj @sgcqbj size 5 2 20 30 &

        ratio 1 1 1 1.05 group weiyan

;以 O2 点为圆心,以 B、F 点为控制点建立第 3 块模型

gen zone cshell p0 @cgyx_x 0 @cgyx_z p1 @cg_xg_x 0 @cg_xg_z p2 @cgyx_x 1 &

        @cgyx_z p3 @sg_cg_x 0 @sg_cg_z dim @cgbj @cgbj @cgbj &

        @cgbj group chenqi fill group cgsdtt size 2 2 20 20

;以 O2 点为圆心,以 B、F、C、H、G 点为控制点建立第 4 块模型

gen zone radcy p0 @cgyx_x 0 @cgyx_z p1 @cg_p1_x 0 @cg_p1_z p2 @cgyx_x 1 &

        @cgyx_z p3 @sg_p1_x 0 @sg_p1_z p4 @cg_p1_x 1 @cg_p1_z p5 &

        @sg_p1_x 1 @sg_p1_z p6 @cg_p6_x 0 @cg_p6_z p7 @cg_p6_x 1 &

        @cg_p6_z dim @cgcqbj @cgcqbj @cgcqbj @cgcqbj size 5 2 20 30 &

        ratio 1 1 1 1.05 group weiyan

;以 O3 点为圆心,以 F、I 点为控制点建立第 5 块模型

gen zone cshell p0 @xgyx_x 0 @xgyx_z p1 @xg_dg_x 0 @xg_dg_z p2 @xgyx_x 1 &

```
        @xgyx_z p3 @cg_xg_x 0 @cg_xg_z dim @xgbj @xgbj @xgbj &
        @xgbj group chenqi fill group xgsdtt size 2 2 20 20
```
;以 O3 点为圆心,以 F、I、G、J、K 点为控制点建立第 6 块模型
```
gen zone radcy p0 @xgyx_x 0 @xgyx_z p1 @xg_p1_x 0 @xg_p1_z p2 @xgyx_x 1 &
        @xgyx_z p3 @cg_p1_x 0 @cg_p1_z p4 @xg_p1_x 1 @xg_p1_z p5 &
        @cg_p1_x 1 @cg_p1_z p6 @xg_p6_x 0 @xg_p6_z p7 @xg_p6_x 1 &
        @xg_p6_z dim @xgcqbj @xgcqbj @xgcqbj @xgcqbj size 5 2 20 30 &
        ratio 1 1 1 1.05 group weiyan
```
;以 O4 点为圆心,以 I、L 点为控制点建立第 7 块模型
```
gen zone cshell p0 @dgyx_x 0 @dgyx_z p1 @dg_dd_x 0 @dg_dd_z p2 @dgyx_x 1 &
        @dgyx_z p3 @xg_dg_x 0 @xg_dg_z dim @dgbj @dgbj @dgbj &
        @dgbj group chenqi fill group dgsdtt size 2 2 20 20
```
;以 O4 点为圆心,以 L、I、J、M、N 点为控制点建立第 8 块模型
```
gen zone radcy p0 @dgyx_x 0 @dgyx_z p1 @dg_p1_x 0 @dg_p1_z p2 @dgyx_x 1 &
        @dgyx_z p3 @xg_p1_x 0 @xg_p1_z p4 @dg_p1_x 1 @dg_p1_z p5 &
        @xg_p1_x 1 @xg_p1_z p6 @dg_p6_x 0 @dg_p6_z p7 @dg_p6_x 1 &
        @dg_p6_z dim @dgcqbj @dgcqbj @dgcqbj @dgcqbj size 5 2 20 30 &
        ratio 1 1 1 1.05 group weiyan
```

```
def sdjdzbbh;建立隧道内土体坐标变换函数
    p_gp=gp_head;找到第一个节点内存地址
    bhyxzb_x=0;4 个圆心最终要变换至的 X 坐标
    bhyxzb_z=4.0;4 个圆心最终要变换至的 Z 坐标
  loop while p_gp#null;遍历所有节点
    ingr=0;定义一个参数,判断节点是否在隧道内,默认不在
    if gp_isgroup(p_gp,'sgsdtt')=1 then;如果隧道节点在 sgsdtt 这个组名内
      csyxzb_x=sgyx_x;输入初始圆心 X 坐标等于上拱圆心 X 坐标
      csyxzb_z=sgyx_z;输入初始圆心 Z 坐标等于上拱圆心 Z 坐标
      csbj=sgbj;输入初始圆半径为上拱半径
      ingr=1;确定节点在隧道范围内
    endif
    if gp_isgroup(p_gp,'cgsdtt')=1 then;如果隧道节点在 cgsdtt 这个组名内
      csyxzb_x=cgyx_x;输入初始圆心 X 坐标等于侧拱圆心 X 坐标
      csyxzb_z=cgyx_z;输入初始圆心 Z 坐标等于侧拱圆心 Z 坐标
      csbj=cgbj;输入初始圆半径为侧拱半径
      ingr=1;确定节点在隧道范围内
    endif
    if gp_isgroup(p_gp,'xgsdtt')=1 then;如果隧道节点在 xgsdtt 这个组名内
      csyxzb_x=xgyx_x;输入初始圆心 X 坐标等于小拱圆心 X 坐标
```

```
        csyxzb_z＝xgyx_z；输入初始圆心 Z 坐标等于小拱圆心 Z 坐标
        csbj＝xgbj；输入初始圆半径为小拱半径
        ingr＝1；确定节点在隧道范围内
    endif
    if gp_isgroup(p_gp,'dgsdtt')＝1 then；如果隧道节点在 dgsdtt 这个组名内
        csyxzb_x＝dgyx_x；输入初始圆心 X 坐标等于底拱圆心 X 坐标
        csyxzb_z＝dgyx_z；输入初始圆心 Z 坐标等于底拱圆心 Z 坐标
        csbj＝dgbj；输入初始圆半径为底拱半径
        ingr＝1；确定节点在隧道范围内
    endif
    dxvl＝gp_xpos(p_gp)－csyxzb_x；当前节点距初始圆心水平方向的距离
    dzvl＝gp_zpos(p_gp)－csyxzb_z；当前节点距初始圆心竖直方向的距离
    kvl＝sqrt(dxvl * dxvl＋dzvl * dzvl)/csbj；判断节点在初始扇形的位置
    if ingr＝1 then；如果当前节点在隧道范围内，进行节点坐标变换
        gp_xpos(p_gp)＝(1－kvl) * (bhyxzb_x－csyxzb_x)＋gp_xpos(p_gp)；变换节 &
点的 X 坐标
        gp_zpos(p_gp)＝(1－kvl) * (bhyxzb_z－csyxzb_z)＋gp_zpos(p_gp)；变换节 &
点的 Z 坐标
    endif
    p_gp＝gp_next(p_gp)；转入下一个节点内存地址
  endloop
end
@sdjdzbbh；调入隧道内土体坐标变换函数
```

```
gen merge 1e－4；坐标变换完成后，对距离在 0.1 mm 以内的节点进行融合
gen zone reflect norm －1 0 0 origin 0 0 0；根据对称性，进行镜像建立另一半模型
save dysdmx.sav；将建立的模型存入 sav 文档中
plot zone colorby group；显示模型
```

建模效果：根据隧道轮廓线 4 个圆的圆心、角度和半径建立得到的第 1、3、5、7 块网格模型如图 3-18(a)所示，可以看出，这几块相邻模型网格在交界面上明显不匹配。当对这 4 块模型的网格节点进行坐标变换，将这 4 个圆的圆心统一变换为同一点后，隧道内的网格连接和匹配比较一致，如图 3-18(b)所示。

【例 3-5】 某地铁基坑近接一条盾构隧道施工，该盾构隧道直径为 8 m，在基坑开挖分析范围内呈曲线状分布，曲线半径为 250 m，坡度为 5°，埋深在 7.13～11.5 m 之间，如图 3-19 所示。在建基坑宽度为 15.7 m、深度为 15.5 m，两侧为宽 1.5 m、深 30 m 的地下连续墙围护结构，基坑由上至下共分 4 步进行开挖，每步开挖深度范围分别为 2.5 m、4.0 m、5.0 m 和 4.0 m。试用 fish 语言建立基坑开挖模型，分析基坑开挖对已建隧道的影响。

建模分析：首先根据基坑和隧道的尺寸、位置等参数确定模型的宽度、高度以及长度。接着，在隧道与基坑之间选择一个垂直面为分隔面，将模型分为左侧隧道模型和右侧基坑模型两

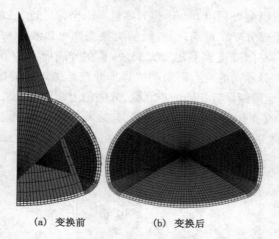

(a) 变换前　　　(b) 变换后

图 3-18　坐标变换前后四心圆隧道内部网格的形状变化

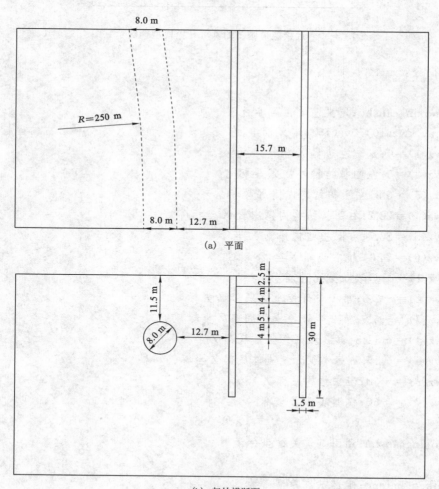

(a) 平面

(b) 起始横断面

图 3-19　近接隧道施工的基坑断面布置图

部分。其中,左侧隧道模型可利用 fish 语言对隧道圆心坐标进行参数化设置,将左侧隧道模型再分为上、下、左、右 4 部分建立得到;而右侧基坑模型则可以参考例 3-3 建立得到,如图 3-20 所示。需要注意的是,左侧隧道模型建立完成后,其在分隔面上的节点由上至下是均匀排列的;而右侧基坑模型在分隔面的节点则受基坑每步开挖范围以及围护结构尺寸影响呈非均匀分布,因此,即使分隔面两侧设置相同的单元数,分隔面上两侧节点也难以匹配一致,故需对右侧基坑模型在分隔面的节点竖向坐标进行变换,使之与左侧隧道节点保持一致。

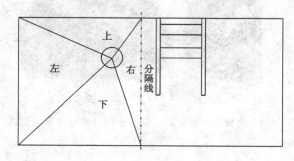

图 3-20 近接隧道施工的基坑开挖模型拆解示意图

建模命令:
new
def moxingcanshu;定义基坑位置参数
  array xwz(10) zwz(15);定义数组,存储基坑关键位置 X 方向和 Z 方向坐标数值
  xwz(1)=0;基坑左边界 X 坐标
  xwz(2)=5;左围护结构外侧 X 坐标
  xwz(3)=6.5;左围护结构内侧 X 坐标
  xwz(4)=22.2;右围护结构内侧中心 X 坐标
  xwz(5)=23.7;右围护结构外侧 X 坐标
  xwz(6)=74;基坑右边界 X 坐标
  zwz(1)=0;地表位置 Z 坐标
  zwz(2)=-2.5;第 1 步开挖土体底部 Z 坐标
  zwz(3)=-6.5;第 2 步开挖土体底部 Z 坐标
  zwz(4)=-11.5;第 3 步开挖土体底部 Z 坐标
  zwz(5)=-15.5;第 4 步开挖土体底部 Z 坐标
  zwz(6)=-30;围护结构底部 Z 坐标
  zwz(7)=-60;模型底部 Z 坐标
end
@moxingcanshu;调用基坑关键坐标函数

def jikengjianmo;定义基坑建模函数
  loop aa(1,5);使用循环命令,修改 brick 单元节点的 X 坐标值
    loop bb(1,6);使用循环命令,修改 brick 单元节点的 Z 坐标值

p0_x=xwz(aa);使用已定义 xwz 数组确定当前 brick 单元 p0 节点 X 坐标值

p0_y=0;当前 brick 单元 p0 节点 Y 坐标值

p0_z=zwz(bb+1);使用已定义 zwz 数组确定当前 brick 单元 p0 节点 Z 坐标值

p1_x=xwz(aa+1);使用已定义 xwz 数组确定当前 brick 单元 p1 节点 X 坐标值

p1_y=0;当前 brick 单元 p1 节点 Y 坐标值

p1_z=p0_z;确定当前 brick 单元 p1 节点 Z 坐标值

p2_x=p0_x;确定当前 brick 单元 p2 节点 X 坐标值

p2_y=50;当前 brick 单元 p2 节点 Y 坐标值

p2_z=p0_z;确定当前 brick 单元 p2 节点 Z 坐标值

p3_x=p0_x;确定当前 brick 单元 p3 节点 X 坐标值

p3_y=p0_y;确定当前 brick 单元 p3 节点 Y 坐标值

p3_z=zwz(bb);使用已定义 zwz 数组确定当前 brick 单元 p3 节点 Z 坐标值

sizex=1;默认 brick 单元 X 方向网格划分数等于 1

sizey=25;默认 brick 单元 Y 方向网格划分数等于 25

sizez=1;默认 brick 单元 Z 方向网格划分数等于 1

rx=1;默认 brick 单元 X 方向相邻单元尺寸比例等于 1

ry=1;默认 brick 单元 Y 方向相邻单元尺寸比例等于 1

rz=1;默认 brick 单元 Z 方向相邻单元尺寸比例等于 1

if aa=1 then;如果当前 brick 单元 X 坐标在 xwz(1)—xwz(2)之间,则设置 &
X 方向单元数为 3 个

　　sizex=3

　　endif

if aa=2 then;如果当前 brick 单元 X 坐标在 xwz(2)—xwz(3)之间,则设置 &
X 方向单元数为 2 个

　　sizex=2

　　endif

if aa=3 then;如果当前 brick 单元 X 坐标在 xwz(3)—xwz(4)之间,则设置 &
X 方向单元数为 10 个

　　sizex=10

　　endif

if aa=4 then;如果当前 brick 单元 X 坐标在 xwz(4)—xwz(5)之间,则设置 &
X 方向单元数为 2 个

　　sizex=2

　　endif

if aa=5 then;如果当前 brick 单元 X 坐标在 xwz(5)—xwz(6)之间,则设置 &
X 方向单元数为 20 个

　　sizex=20

　　rx=1.05;设置相邻单元 X 向尺寸比例为 1.05

endif

```
        if bb＝1 then;如果当前 brick 单元 Z 坐标在 zwz(1)—zwz(2)之间,则设置 &
Z 方向单元数为 2 个
            sizez＝2
        endif
        if bb＝2 then;如果当前 brick 单元 Z 坐标在 zwz(2)—zwz(3)之间,则设置 &
Z 方向单元数为 3 个
            sizez＝3
        endif
        if bb＝3 then;如果当前 brick 单元 Z 坐标在 zwz(3)—zwz(4)之间,则设置 &
Z 方向单元数为 4 个
            sizez＝4
        endif
        if bb＝4 then;如果当前 brick 单元 Z 坐标在 zwz(4)—zwz(5)之间,则设置 &
Z 方向单元数为 3 个
            sizez＝3
        endif
        if bb＝5 then;如果当前 brick 单元 Z 坐标在 zwz(5)—zwz(6)之间,则设置 &
Z 方向单元数为 10 个
            sizez＝10
        endif
        if bb＝6 then;如果当前 brick 单元 Z 坐标在 zwz(6)—zwz(7)之间,则设置 &
Z 方向单元数为 20 个
            sizez＝20
        endif
        command;使用命令语句建立 brick 单元
            gen zone brick p0 @p0_x @p0_y @p0_z p1 @p1_x @p1_y @p1_z p2 &
                    @p2_x @p2_y @p2_z p3 @p3_x @p3_y @p3_z size &
                    @sizex @sizey @sizez ratio @rx @ry @rz
        endcommand
        endloop
    endloop
end
@jikengjianmo;调用基坑建模函数


group kaiwa1 range x 6.5 22.5 z －2.5 0;将属于基坑第 1 步开挖范围内的模型单元 &
命名为 kaiwa1
group kaiwa2 range x 6.5 22.5 z －6.5 －2.5;将属于基坑第 2 步开挖范围内的模型 &
单元命名为 kaiwa2
group kaiwa3 range x 6.5 22.5 z －11.5 －6.5;将属于基坑第 3 步开挖范围内的模型 &
```

单元命名为 kaiwa3

group kaiwa4 range x 6.5 22.5 z −15.5 −11.5;将属于基坑第 4 步开挖范围内的模 &
型单元命名为 kaiwa4

group whjg range x 5 6.5 z −30 0;将围护结构范围内的模型单元命名为 whjg

group whjg range x 22.2 23.7 z −30 0;将围护结构范围内的模型单元命名为 whjg

;对基坑左边界节点进行 Z 方向坐标变换,使各个节点在 Z 方向上均匀分布

```
def jkbjzbbh;定义坐标变换函数
    p_gp=gp_head;找到第一个单元节点
      jydycc=60/42.0;根据基坑模型高度,将模型等分为 42 个单元尺寸
    loop while p_gp≠null;遍历所有节点
      if gp_xpos(p_gp)=0 then;确定节点在基坑左边界位置
        zzb=gp_zpos(p_gp);导入当前节点坐标
        ;节点 Z 坐标在−2.5～0 范围内的 Z 坐标变换算法
        if zzb>=−2.5 then
          if zzb<0 then
            bhzb=(0−zzb)/2.5 * 2 * jydycc
            gp_zpos(p_gp)=−bhzb
        endif
        endif
        ;节点 Z 坐标在−6.5～−2.5 范围内的 Z 坐标变换算法
        if zzb>=−6.5 then
          if zzb<−2.5 then
            bhzb=(−2.5−zzb)/4.0 * jydycc * 3+2 * jydycc
            gp_zpos(p_gp)=−bhzb
          endif
        endif
        ;节点 Z 坐标在−11.5～−6.5 范围内的 Z 坐标变换算法
        if zzb>=−11.5 then
          if zzb<−6.5 then
            bhzb=(−6.5−zzb)/5.0 * jydycc * 4+5 * jydycc
            gp_zpos(p_gp)=−bhzb
          endif
        endif
        ;节点 Z 坐标在−15.5～−11.5 范围内的 Z 坐标变换算法
        if zzb>=−15.5 then
          if zzb<−11.5 then
            bhzb=(−11.5−zzb)/4.0 * jydycc * 3+9 * jydycc
            gp_zpos(p_gp)=−bhzb
```

```
        endif
      endif
    ;节点 Z 坐标在-30～-15.5 范围内的 Z 坐标变换算法
    if zzb>=-30 then
      if zzb<-15.5 then
        bhzb=(-15.5-zzb)/14.5 * jydycc * 10+12 * jydycc
        gp_zpos(p_gp)=-bhzb
      endif
    endif
    ;节点 Z 坐标在-60～-30 范围内的 Z 坐标变换算法
    if zzb>=-60 then
      if zzb<-30 then
        bhzb=(-30-zzb)/30.0 * jydycc * 20+22 * jydycc
        gp_zpos(p_gp)=-bhzb
      endif
    endif
   endif
   p_gp=gp_next(p_gp)
  endloop
end
@jkbjzbbh;调用坐标变换参数


def suidaojianmo;定义隧道模型建立函数
  loop aa(1,25);根据基坑 Y 方向单元划分进行循环
    p0_x=-11.7+sqrt(250 * 250-(aa-1) * 2 * (aa-1) * 2)-250;确定隧道 radcy &
模型 p0 点的 X 坐标
    p0_y=0+aa * 2-2;确定隧道 radcy 模型 p0 点的 Y 坐标
    p0_z=-11.5+(aa-1) * 2 * tan(5.0/180.0 * 3.14159265);确定隧道 radcy 模 &
型 p0 点的 Z 坐标
    p2_x=-11.7+sqrt(250 * 250-aa * 2 * aa * 2)-250;确定隧道 radcy 模型 p2 &
点的 X 坐标
    p2_y=aa * 2;确定隧道 radcy 模型 p2 点的 Y 坐标
    p2_z=-11.5+aa * 2 * tan(5.0/180.0 * 3.14159265);确定隧道 radcy 模型 p2 &
点的 Z 坐标
    d1_x=-50;确定上部分隧道 radcy 模型 p3 点的 X 坐标
    d1_z=0;确定上部分隧道 radcy 模型 p3 点的 Z 坐标
    d2_x=0;确定上部分隧道 radcy 模型 p1 点的 X 坐标
    d2_z=0;确定上部分隧道 radcy 模型 p1 点的 Z 坐标
    d12_x=(d1_x+d2_x)/2.0;确定上部分隧道 radcy 模型 p6 点的 X 坐标
```

　　　　d12_z＝(d1_z＋d2_z)/2.0;确定上部分隧道 radcy 模型 p6 点的 Z 坐标

　　　　d3_x＝0;确定右部分隧道 radcy 模型 p1 点的 X 坐标

　　　　d3_z＝-60;确定右部分隧道 radcy 模型 p1 点的 Z 坐标

　　　　d23_x＝(d3_x＋d2_x)/2.0;确定右部分隧道 radcy 模型 p6 点的 X 坐标

　　　　d23_z＝(d3_z＋d2_z)/2.0;确定右部分隧道 radcy 模型 p6 点的 Z 坐标

　　　　d4_x＝-50;确定下部分隧道 radcy 模型 p1 点的 X 坐标

　　　　d4_z＝-60;确定下部分隧道 radcy 模型 p1 点的 Z 坐标

　　　　d34_x＝(d3_x＋d4_x)/2.0;确定下部分隧道 radcy 模型 p6 点的 X 坐标

　　　　d34_z＝(d3_z＋d4_z)/2.0;确定下部分隧道 radcy 模型 p6 点的 Z 坐标

　　　　d14_x＝(d1_x＋d4_x)/2.0;确定左部分隧道 radcy 模型 p6 点的 X 坐标

　　　　d14_z＝(d1_z＋d4_z)/2.0;确定左部分隧道 radcy 模型 p6 点的 Z 坐标

　　　command

```
gen zone radcy p0 @p0_x @p0_y @p0_z p1 @d2_x @p0_y @d2_z p2 @p2_x &
          @p2_y @p2_z p3 @d1_x @p0_y @d1_z p4 @d2_x @p2_y &
          @d2_z p5 @d1_x @p2_y @d1_z p6 @d12_x @p0_y @d12_z &
          p7 @d12_x @p2_y @d12_z dim 4 4 4 4 size 4 1 20 20 fill group &
          suidao;建立上部分隧道 radcy 模型


gen zone radcy p0 @p0_x @p0_y @p0_z p1 @d3_x @p0_y @d3_z p2 @p2_x &
          @p2_y @p2_z p3 @d2_x @p0_y @d2_z p4 @d3_x @p2_y &
          @d3_z p5 @d2_x @p2_y @d2_z p6 @d23_x @p0_y @d23_z &
          p7 @d23_x @p2_y @d23_z dim 4 4 4 4 size 4 1 42 20 fill group &
          suidao;建立右部分隧道 radcy 模型
gen zone radcy p0 @p0_x @p0_y @p0_z p1 @d4_x @p0_y @d4_z p2 @p2_x &
          @p2_y @p2_z p3 @d3_x @p0_y @d3_z p4 @d4_x @p2_y &
          @d4_z p5 @d3_x @p2_y @d3_z p6 @d34_x @p0_y @d34_z &
          p7 @d34_x @p2_y @d34_z dim 4 4 4 4 size 4 1 30 20 fill group &
          suidao;建立下部分隧道 radcy 模型
gen zone radcy p0 @p0_x @p0_y @p0_z p1 @d1_x @p0_y @d1_z p2 @p2_x &
          @p2_y @p2_z p3 @d4_x @p0_y @d4_z p4 @d1_x @p2_y &
          @d1_z p5 @d4_x @p2_y @d4_z p6 @d14_x @p0_y @d14_z &
          p7 @d14_x @p2_y @d14_z dim 4 4 4 4 size 4 1 30 20 fill group &
          suidao;建立左部分隧道 radcy 模型
endcommand
  endloop
end
@suidaojianmo;调入隧道模型建立函数
save jjjkmx.sav
plot zone colorby group
```

建模效果如图 3-21 所示。

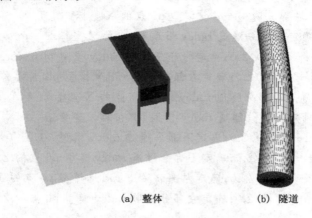

(a) 整体　　　　　(b) 隧道

图 3-21　近接隧道施工的基坑开挖数值模拟模型

思考题与习题

1. FLAC[3D]中 fish 语言常用的语句都有哪些？各有什么作用？

2. 采用多种基本网格构建复杂模型应注意哪些问题？

3. 对已建立模型网格节点进行坐标变换的步骤是什么？

4. 如图 3-10 所示的两条近接盾构隧道模型，是否可以采用镜像的方法建立得到，如果可以，该怎么实现？

5. 假如图 3-17 所示的四心圆隧道模型上方 4 m 处存在一个直径为 2.5 m 的空腔溶洞，那么如何建立溶洞与四心圆隧道并存的数值模型？

6. 假如图 3-19 所示模型中，还存在一条盾构隧道与现有隧道并行（两条隧道在同一断面上净间距保持不变，同时埋深与直径也相同），并位于现有隧道左侧 4 m 处，那么此时在分隔线左侧的隧道模型该如何建立？

7. 某隧道采用三台阶法进行开挖施工，如图 3-22 所示，请试着根据该隧道尺寸建立隧道开挖数值模拟模型。

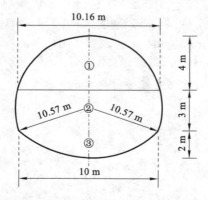

图 3-22　隧道三台阶施工示意图

第 4 章　FLAC³ᴰ初始条件设置与应力场生成

工程活动开始以前,工程位置已经存在岩土体,且这些岩土体具有一定的属性,包括分布特征、应力、位移、温度等,而这些属性往往决定了该工程的开挖与支护方法、施工的复杂与安全程度。因此,采用数值方法模拟人类工程活动前,还需要对已建立的模型进行一定初始条件的设置,包括工程区域的工程地质和水文地质条件、岩土体本身的力学特性、周边环境的特点以及变化情况等。本章主要介绍 FLAC³ᴰ软件的边界条件设置方法、岩土体的本构模型选择以及初始应力场的生成方法等。

本章学习要点:

(1) 边界条件的种类与设置。

(2) 岩土体本构模型的种类以及相关参数设置。

(3) 模型初始应力场的生成方法。

4.1　初始边界条件的设置

一般来说,模型的边界可以分为自然边界和人工边界两类。自然边界指实际工程状态下模型本身应该存在的边界面,如地面、基坑开挖面、隧道开挖面等,这类边界一般在工程模型建立时就需考虑并设置好;而人工边界指的是将一定工程范围从无限大的岩土体中分离出来后,工程模型四周存在的临空面。为使模型中岩土体属性与实际工程一致,就需要对这些边界施加一定的约束条件,如位移、应力、温度等,这些约束条件的具体内容和施加方法就是初始边界条件设置。

初始边界条件的常用设置命令有以下 2 种。

1. apply＋边界条件参数＋参数值＋(range＋边界范围)

该命令表示对模型一定边界范围内的节点、单元或表面施加相应的力学、流体和热学边界条件,包括应力、位移和温度等。常用的边界条件参数包括:

(1) nvelocity(节点局部坐标系下法向速度分量);

(2) svelocity(节点局部坐标系下切向速度分量);

(3) xforce(节点 X 方向作用力);

(4) xreaction(节点 X 方向反作用力);

(5) xvelocity(节点 X 方向速率);

(6) yforce(节点 Y 方向作用力);

(7) yreaction(节点 Y 方向反作用力);

(8) yvelocity(节点 Y 方向速率);

(9) zforce(节点 Z 方向作用力);

(10) zreaction(节点 Z 方向反作用力);

(11) zvelocity(节点 Z 方向速率);

(12) pwell(节点流速);

(13) psource(节点热源);

(14) xbodyforce(单元 X 方向体力);

(15) ybodyforce(单元 Y 方向体力);

(16) zbodyforce(单元 Z 方向体力);

(17) vwell(单元流体容积率);

(18) vsource(单元体积热源);

(19) dstress(面局部坐标系下倾向分力);

(20) nstress(面局部坐标系下法向分力);

(21) sstress(面局部坐标系下走向分力);

(22) sxx(面上 XX 方向应力);

(23) syy(面上 YY 方向应力);

(24) szz(面上 ZZ 方向应力);

(25) sxy(面上 XY 方向应力);

(26) sxz(面上 XZ 方向应力);

(27) syz(面上 YZ 方向应力);

(28) discharge(面上法向流速);

(29) leakage v1 v2(面上渗漏参数,v1 为孔隙水压力,v2 为渗漏系数);

(30) convection v1 v2(面上对流参数,v1 为对流发生温度,v2 为对流交换系数)。

当边界面上参数的数值随时间发生改变时,可以采用下述命令:

apply＋边界条件参数＋参数值＋**history**＋@＋变化函数名＋(**range**＋边界范围)

例如:

def bjbhhs;建立变化函数

bjbhhs＝step * 0.001;确定函数值随求解步数的变化规律

end

apply nstress －1e6 history @bjbhhs range x＝0;从 1.0 MPa 开始,根据变化函数逐 &
步改变边界面法向应力

当边界面上参数的数值随空间发生改变时,可以采用下述命令:

apply＋边界条件参数＋参数值＋**grad**＋X,Y,Z 的梯度变化＋(**range**＋边界范围)

例如:

apply nstress －1e6 grad 1e3 1e4 1e5 range x＝0;表示法向应力在坐标为(0,0,0)的 &
位置为初始值 1 MPa,随着 X,Y,Z 坐标值每增大 1 m,其值分别增长 1 kPa、10 kPa 和 100 kPa

当需要解除施加的边界条件时,使用下述命令:

apply＋**remove**＋边界条件参数＋(**range**＋边界范围)

2. **fix**＋固定参数＋参数值＋(**range**＋边界范围)

该命令表示对指定边界方位内的节点施加固定的速率、孔隙压力或温度。常用的固定
参数有:

（1）xvel（固定节点 X 方向速率,默认值为 0）

（2）yvel（固定节点 Y 方向速率,默认值为 0）

（3）zvel（固定节点 Z 方向速率,默认值为 0）

（4）pp（固定节点孔隙压力）

（5）temperature（固定节点温度）

例如:

fix x range x=100;表示对 X=100 这个面上的所有节点施加 X 方向上的位移约束

fix pp 10e3 range z=0;表示对 Z=0 这个面上的所有节点施加孔隙水压力 10 kPa

当需要移除 fix 命令所设置的约束条件时,使用下述命令:

free＋固定参数＋（range＋边界范围）

【例 4-1】　对图 4-1 所示的模型施加相应的应力边界条件。

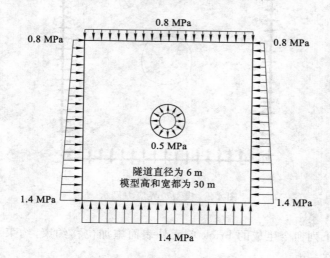

图 4-1　约束状态下的隧道模型

new;施加应力边界条件前,模型必须已存在,因此需先建立模型

gen zone radcy p0 0 0 0 p1 15 0 0 p2 0 10 0 p3 0 0 15 dim 3 3 3 3 size 6 1 20 24;建立 &

1/4 隧道模型

gen zone reflect norm -1 0 0 origin 0 0 0;向左侧镜像

gen zone reflect norm 0 0 -1 origin 0 0 0;向下侧镜像

apply nstress -0.8e6 range z 14.9 15.1;顶面施加平均应力 0.8 MPa（面力与面法向 &
相反,面力为负值）

apply nstress -1.4e6 range z -14.9 -15.1;底面施加平均应力 1.4 MPa（面力与面 &
法向相反,面力为负值）

apply nstress -1.1e6 grad 0 0 2e4 range x -14.9 -15.1;左侧边界施加渐变应力 , &
渐变梯度以 Z=0 m 位置的初始值开始,如增长方向与 Z 方向相同,则每增长 1 m,面力 &
值减小 20 kPa,反之则相应增大

apply nstress —1.1e6 grad 0 0 2e4 range x 14.9 15.1;右侧边界施加渐变应力

apply nstress —0.5e6 range x —3.1 3.1 z —3.1 3.1 y 0.1 0.9;隧道表面施加应力，&
FLAC3D 会自动查找到指定范围内存在的裸露边界

model elas;设置单元本构模型为弹性模型

prop young 2e8 poisson 0.3;设置单元弹性模量和泊松比

step 1;求解 1 个步数

plot isosurface fob fap;显示节点作用力

运行结果如图 4-2 所示。

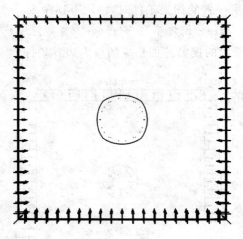

图 4-2　模型边界应力显示

【例 4-2】　对下列命令生成的 brick 单元外表面施加位移约束，约束条件为底部固定、四周法向约束、顶部自由。

;建立 brick 模型

new;

gen zone brick p0 0 0 —30 p1 50 0 —30 p2 0 10 —30 p3 0 0 0 size 50 10 30

;模型边界约束条件设置

fix x range x —0.1 0.1;对模型左侧 X＝0 m 这个面施加 X 方向位移约束

fix x range x 49.9 50.1;对模型右侧 X＝50 m 这个面施加 X 方向位移约束

fix x y z range z —29.9 —30.1;对模型底部 Z＝—30 m 这个面施加 X,Y,Z 方向的 &
位移约束

fix y range y —0.1 0.1;对模型前侧 Y＝0 m 这个面施加 Y 方向的位移约束

fix y range y 9.9 10.1;对模型后侧 Y＝10 m 这个面施加 Y 方向的位移约束

plot zone colorby group;显示模型

plot add gpfix;显示节点位移约束情况

节点位移约束情况如图 4-3 所示。

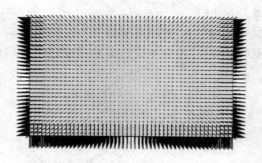

图 4-3　模型边界节点位移约束情况显示

4.2　本构模型选择及参数设置

4.2.1　本构模型的选择及定义

本构模型是反映岩土体材料应力与应变关系的物理模型。FLAC³ᴰ中的本构模型大致可以分为以下 6 大类：

（1）弹性力学模型。主要用于材料弹性阶段的应力变形分析，包括各向同性弹性模型（elastic）、横向各向同性弹性模型（anisotropic）和正交各向异性弹性模型（orthotropic）等 3 种。

（2）弹塑性力学模型。主要用于材料塑性阶段的应力应变分析，包括德鲁克-普拉格模型（drucker）、霍克-布朗模型（hoekbrown）、莫尔-库仑模型（mohr）、多节理模型（ubiquitous）、应变硬软化模型（strainsoftening）、双线性应变硬软化模型（subiquitous）、双屈服模型（doubleyield）、修正剑桥模型（cam-clay）和动力力学模型（finn）等 9 种。

（3）蠕变模型。主要用于材料蠕变阶段的应力应变分析，包括经典黏弹性模型（viscous）、伯格斯模型（burger）、二分幂律模型（power）、固结蠕变模型（wipp）、改进伯格斯蠕变模型（cvisc）、改进幂律蠕变模型（cpower）、改进固结蠕变模型（pwipp）和碎岩模型（cwipp）等 8 种。

（4）渗流模型。主要用于材料的渗流场分析，包括各向同性渗透模型（fl_isotropic）和各向异性渗透模型（fl_anisotropic）2 种。

（5）热力模型。主要用于材料的温度场分析，包括各向同性热传导模型（th_isotropic）、各向同性平流传导模型（th_isotropic）和各向异性热传导模型（th_anisotropic）等 3 种。

（6）空模型。主要用于模拟岩土材料的开挖，仅包含空单元模型（null）。

在 FLAC³ᴰ中，材料本构模型的选择命令为：

$$\textbf{model}＋本构模型名称＋（\textbf{range}＋选择范围）$$

例如：

model elas range z －1 1；表示将单元中心 Z 坐标在－1～1 m 范围内的材料本构模型设置为弹性模型

model fl_iso range z －1 0；表示将 Z 坐标在－1～0 m 范围内材料的流体模型定义为各向同性渗透模型

model null range group suidao；表示将组名为 suidao 的单元体挖除

1. 各向同性弹性模型(elastic)

各向同性弹性模型材料的参数有 2 个,即弹性模量(young)和泊松比(poisson),或者体积模量(bulk)和切变模量(shear)。其中体积模量和切变模量可用弹性模量和泊松比换算得到,其换算公式为:

$$\begin{cases} K = \dfrac{E}{3(1-2\mu)} \\ G = \dfrac{E}{2(1+\mu)} \end{cases} \tag{4-1}$$

式中,E 为弹性模量;μ 为泊松比;K 为体积模量;G 为切变模量。

常用材料设置为各向同性弹性体时,其参数如表 4-1 所示。

表 4-1　常用材料的弹性力学参数

材料名称	重力密度/(kN/m³)	弹性模量/GPa	泊松比	材料名称	重力密度/(kN/m³)	弹性模量/GPa	泊松比
灰铸铁	70	118~126	0.30	球墨铸铁	73	173	0.30
铸钢	78	202	0.30	合金钢	79	206	0.25~0.30
C20 混凝土	23.6	25	0.20	C30 混凝土	23.7	30	0.20
C40 混凝土	23.9	32.5	0.20	C50 混凝土	24.2	34.5	0.20
大理岩	27.0	55.8	0.25	石灰岩	20.9	28.5	0.29
纵纹木材	5~7	9.8~12	—	横纹木材	5~7	0.5~0.98	—
电木	12	1.96~2.94	0.35~0.38				

2. 莫尔-库仑模型(mohr)

莫尔-库仑模型材料的参数有 6 个,分别为弹性模量(young)、泊松比(poisson)、黏聚力(cohesion)、内摩擦角(friction)、抗拉强度(tension)和剪胀角(dilation)。其中弹性模量、泊松比、黏聚力和内摩擦角为必赋值项,而抗拉强度和剪胀角为可选赋值项,不输入时一般默认为 0。

常用材料的莫尔-库仑模型参数大致如表 4-2 和表 4-3 所示。

表 4-2　常用岩石的莫尔-库仑参数

材料名称	重力密度/(kN/m³)	弹性模量/GPa	泊松比	黏聚力/MPa	内摩擦角/(°)	剪胀角/(°)	抗拉强度/MPa
Ⅰ级围岩	26~28	>33	<0.20	>2.1	>60	14~20	—
Ⅱ级围岩	25~27	20~33	0.20~0.25	1.5~2.1	50~60	12~14	—
Ⅲ级围岩	23~25	6~20	0.25~0.30	0.7~1.5	39~50	10~12	—
Ⅳ级围岩	20~23	1.3~6	0.30~0.35	0.2~0.7	27~39	8~10	—
Ⅴ级围岩	17~20	1~2	0.35~0.45	0.05~0.2	20~27	5~8	—
Ⅵ级围岩	15~17	<1	0.40~0.50	<0.2	<20	<5	—
砂岩	24	30.3	0.24	7.6	33	5~12	1.54

表 4-2(续)

材料名称	重力密度 /(kN/m³)	弹性模量 /GPa	泊松比	黏聚力 /MPa	内摩擦角 /(°)	剪胀角 /(°)	抗拉强度 /MPa
泥岩	23	9.30	0.28	1.90	33	5~12	0.60
煤	11	3.96	0.35	1.60	40	5~12	0.51
粉砂岩	24	38.74	0.20	9.25	34	5~12	2.10
砂质泥岩	24.6	12.65	0.29	3.50	32	5~12	1.02
中细砂岩	24	32.74	0.25	8.16	31	5~12	1.62
碳质泥岩	24	13.74	0.27	3.70	34	5~12	1.02
灰岩	22	35.70	0.22	8.80	35	5~12	1.81

表 4-3　常用土体的莫尔-库仑参数

材料名称	重力密度 /(kN/m³)	弹性模量 /MPa	泊松比	黏聚力 /kPa	内摩擦角 /(°)
杂填土	18.4	3.60	0.36	10~20	10.0
粉质黏土	19.6	9.38	0.35	18~30	25.0
粉土	19.4	7.5	0.33	25.6	20.1
淤泥	18.8	2.0	0.42	20.9	5.7
圆砾土	21.0	53.4	0.27	0	35.0
淤泥质粉质黏土	17.6	2.8	0.39	30	10.5
粗砂	17.6	7.39	0.30	0	25.0

3. 应变硬软化模型(strainsoftening)

应变硬软化模型材料的参数有 9 个,分别为弹性模量(young)、泊松比(poisson)、黏聚力(cohesion)、内摩擦角(friction)、抗拉强度(tension)、剪胀角(dilation)、塑性切应变-黏聚力表号(ctable)、塑性切应变-内摩擦角表号(ftable)和塑性切应变-抗拉强度表号(ttable)。其中弹性模量、泊松比、黏聚力和内摩擦角为必赋值项,其他则为可选赋值项。除此之外,还有 2 个参数可供访问和显示,分别是塑性切应变(es_plastic)、塑性拉应变(et_plastic)。

应变硬软化模型是莫尔-库仑模型的一种改进形式,适用于材料在塑性阶段的非线性应力与应变关系的研究。与莫尔-库仑模型相比,在塑性阶段,它的黏聚力、内摩擦角和抗拉强度是随塑性切应变或拉应变不断变化的,变化的规律描述则分别用 3 个表号以及表中各点指定的对应关系值表示。当材料的黏聚力、内摩擦角和抗拉强度发生变化时,如材料的抗压强度逐渐提高,则此时的材料本构模型可描述为应变硬化模型,反之,则为应变软化模型。

假定材料塑性切应变和拉应变从 0% 增长至 5% 时,其黏聚力从 20 kPa 均匀增长至 120 kPa,内摩擦角从 30° 均匀增长至 50°,抗拉强度从 5 kPa 均匀减小至 0 kPa,则材料的 ctabel、ftable 和 ttable 参数值可设置为:

prop ctable 1 ftable 2 ttable 3;黏聚力变化表号为 1,内摩擦角变化表号为 2,抗拉强 &
度变化表号为 3

;表号 1 记录了塑性切应变分别为 0、0.01、0.02、0.03、0.04 和 0.05 时,各点对应的黏 &
聚力值

table 1　0,20e3　0.01,40e3　0.02,60e3　0.03,80e3　0.04,100e3　0.05,120e3

;表号 2 记录了塑性切应变分别为 0、0.01、0.02、0.03、0.04 和 0.05 时,各点对应的内 &
摩擦角值

table 2　0,30　0.01,33　0.02,36　0.03,39　0.04,42　0.05,45

;表号 3 记录了塑性拉应变分别为 0、0.01、0.02、0.03、0.04 和 0.05 时,各点对应的抗 &
拉强度值

table 3　0,5e3　0.01,4e3　0.02,3e3　0.03,2e3　0.04,1e3　0.05,0e3

4. 修正剑桥模型(cam-clay)

剑桥模型是基于正常固结土和超固结土试样实验,提出土体临界状态并引入加工硬化
原理和能量方程的一种弹塑性模型。而修正剑桥模型则是在剑桥模型基础上,对其弹头形
屈服面形状进行了修正,并认为在完全状态边界面内土体的变形是完全弹性的。该模型主
要适用于固结类黏土。

修正剑桥模型的材料参数有 10 个,分别为最大弹性体积模量(bulk_bound)、泊松比
(poisson)、弹性切变模量(shear)、摩擦常数(mm)、初始容积(cv)、弹性膨胀线斜率
(kappa)、常态固结线斜率(lambda)、预固结压力(mpc)、参考压力(mp1)和参考压力下常态
固结线上的容积(mv_l)。除此之外,还有 5 个参数可供访问和显示,分别是体积模量
(bulk)、当前平均有效应力(cam_cp)、当前平均差分应力(cq)、累计总容积应变(cam_ev)和
累计塑性容积应变(camev_cp)。

根据陈育民等所著的《FLAC/FLAC3D 基础与工程实例》,修正剑桥模型中的几个参数
可按式(4-2)~式(4-7)进行求解。

(1) 摩擦常数(mm)

$$M = \frac{6\sin\varphi'}{3 - \sin\varphi'} \tag{4-2}$$

式中,M 为摩擦常数;φ' 为有效内摩擦角。

(2) 常态固结线斜率(lambda)

$$\lambda = C_C / \ln(10) \tag{4-3}$$

式中,λ 为常态固结线斜率;C_C 为土体的压缩指数,可由正常固结线(e-$\log p$ 曲线)得到。

(3) 弹性膨胀线斜率(kappa)

$$K = C_s / \ln(10) \tag{4-4}$$

式中,K 为弹性膨胀线斜率;C_s 为土体的膨胀指数,也可由正常固结线(e-$\log p$ 曲线)得到,
实际选取 K 时通常取 $K = (1/5 \sim 1/3)\lambda$。

(4) 参考压力(mp1)和初始容积(cv)

$$v_0 = 1 + G_s(\omega_1 + 0.9I_p) - \lambda \ln\left(\frac{2c_u}{Mp_1}\right) \tag{4-5}$$

式中,v_0 为初始容积;G_s 为土体比重;ω_1 为土体液限;I_p 为土体塑性指数;c_u 为土的不排水
抗剪强度;p_1 为参考压力,取 1。

(5) 预固结压力(mpc)

$$
\begin{cases}
p_{c0} = p_0\left[1 + \left(\dfrac{q_0}{Mp_0}\right)^2\right]O_{cr} \\[2mm]
p_0 = \dfrac{\sigma_x + \sigma_y + \sigma_z}{3} - \sigma_w \\[2mm]
q_0 = \sqrt{(\sigma_x - \sigma_y)^2 + (\sigma_x - \sigma_z)^2 + (\sigma_z - \sigma_y)^2}
\end{cases}
\tag{4-6}
$$

式中，p_{c0} 为预固结压力；σ_x 为 X 方向正应力；σ_y 为 Y 方向正应力；σ_z 为 Z 方向正应力；σ_w 为孔隙水压力；O_{cr} 为超固结比。

（6）最大弹性体积模量（bulk_bound）

$$
B_{max} = \frac{v_0 p_0}{\kappa}
\tag{4-7}
$$

式中，B_{max} 为最大弹性体积模量。

几种常见土体的修正剑桥模型参数大致如表 4-4 所示。

表 4-4　几种常见土体的修正剑桥模型参数

土体名称	重力密度/(kN/m³)	摩擦常数	常态固结线斜率	弹性膨胀线斜率	泊松比	初始容积
人工填土	18.8	1.21	0.115	0.029 2	0.30	1.845
海积淤泥	15.4	0.77	0.277	0.069 3	0.37	2.864
淤泥质粉质黏土	17.3	1.00	0.153	0.032 5	0.40	2.238
粉质黏土	18.9	1.24	0.059 2	0.014 8	0.31	1.844
细砂	18.9	1.24	0.028 9	0.007 2	0.31	1.729

5. 经典黏弹性模型（viscous）

经典黏弹性模型是由线性黏性元件和弹性元件并联而成的一种物理力学模型，也是最简单的蠕变模型。它的材料参数只有 3 个，分别为弹性模量（young）、泊松比（poisson）和动态黏度系数（viscosity）。

6. 改进伯格斯蠕变模型（cvisc）

改进伯格斯蠕变模型是由伯格斯流变模型与莫尔-库仑模型串联组合而成的复合模型。它的材料参数总共有 10 个，分别是密度（density）、弹性模量（young）、泊松比（poisson）、黏聚力（cohesion）、内摩擦角（friction）、剪胀角（dilation）、抗拉强度（tension）、开尔文切变模量（kshear）、开尔文动态黏度系数（kviscosity）和麦克斯韦动态黏度系数（mviscosity）。此外，有塑性切应变（es_plastic）和塑性拉应变（et_plastic）2 个参数可供访问和显示。

7. 各向同性渗透模型（fl_isotropic）

各向同性渗透模型是流体-固体相互耦合作用时，用于反映材料渗透作用的一种渗流模型。它有 2 个参数，分别是渗透系数（permeability）和孔隙率（porosity）。

8. 各向同性热传导模型（th_isotropic）

各向同性热传导模型是热力耦合作用时，用于反映材料导热性能的一种热传导模型。它有 3 个参数，分别是导热系数（conductivity）、比热容（spec_heat）和线膨胀系数（thexp）。其中线膨胀系数为可选赋值项。

4.2.2　常用本构模型的参数设置

本构模型材料参数的设置需要在选择本构模型类型后进行，具体命令为：

property＋参数名＋参数值＋（参数名＋参数值＋……）＋（range＋材料选择范围）

例如：

model mohr range z －2 0；将 Z 坐标在－2～0 m 范围内的单元材料本构模型设置 &
为莫尔-库仑模型

prop dens 2000 young 20e6 poisson 0.3 cohesion 20e3 fric 30 tens 3e3 range z －2 0
；将 Z 坐标在－2～0 m 范围内的材料密度、弹性模量、泊松比、黏聚力、内摩擦角和抗拉 &
强度分别设置为 2 000 kg/m³、20 MPa、0.3、20 kPa、30°和 3 kPa

【例 4-3】 某隧道模型处于上软下硬地层范围内，其 Z 坐标在 1～30 m 内的围岩为
粉质黏土，相应的密度、弹性模量、泊松比、黏聚力和内摩擦角分别为 1 980 kg/m³、
30 MPa、0.32、35 kPa、25°；而 Z 坐标在－30～1 m 内的围岩则为坚硬的大理岩，其密度、
弹性模量和泊松比分别为 2 300 kg/m³、30 GPa、0.18。请对该隧道周边围岩进行材料参
数赋值。

命令：

model mohr range z 1 30；定义 1～30 m 范围内的材料本构模型为莫尔-库仑模型

prop dens 1980 young 30e6 poisson 0.32 cohesion 35e3 fric 25 range z 1 30；对范围 &
内材料进行参数赋值

model elas range z －30 1；定义－30～1 m 范围内的材料本构模型为弹性模型

prop dens 2300 young 30e9 poisson 0.18 range z －30 1；对范围内材料进行参数赋值

【例 4-4】 某隧道周边围岩为Ⅲ级围岩，围岩密度为 2 300 kg/m³、弹性模量为 15 GPa、
泊松比为 0.28、黏聚力为 0.8 MPa、内摩擦角为 45°。当围岩发生屈服后，其内摩擦角保持不
变，而黏聚力则线性减小，至塑性切应变达到 2％时保持不变，为 0.2 MPa。试用应变软化模
型对围岩进行参数赋值。

命令：

model strainsoftening；定义围岩本构模型为应变硬软化模型

prop dens 2300 young 15e9 poisson 0.28 cohesion 0.8e6 fric 45；对围岩进行莫尔-库 &
仑参数赋值

prop ctable 1；对围岩塑性阶段的黏聚力进行表号引用

table 1 0 0.8e6 0.005 0.65e6 0.1 0.5e6 0.015 0.35e6 0.02 0.2e6；设置表内各点应变与 &
黏聚力对应关系值

【例 4-5】 某软土地基从地表至地下 10 m 均为单一粉质黏土，其密度为 2 000 kg/m³、
最大弹性体积模量为 20 MPa、泊松比为 0.38、弹性切变模量为 1.5 MPa、摩擦常数为 1.1、初
始容积为 1.96、弹性膨胀线斜率为 0.021 7、常态固结线斜率为 0.086 8、参考压力下常态固
结线上的容积为 3.1，试用修正剑桥模型对该范围内的粉质黏土进行参数赋值。

命令：

group fznt range z －10 0；将 Z 坐标从－10～0 m 范围内的单元命名为 fznt

model cam-clay range group fznt；将名为 fznt 的单元本构模型设置为修正剑桥模型

；设置材料相应的修正剑桥模型参数

prop shear 1.5e6 poisson 0.38 range group fznt

prop mm 1.1 lambda 0.0868 kappa 0.0217 cv 1.96 range group fznt

```
prop mpc 0.395e6 mpl 1 mv_l 3.1 bulk_bound 2e7 range group fznt
;对单元应力进行人工初始化设置
ini szz 0 grad 0 0 20e3
ini sxx 0 grad 0 0 12e3
ini syy 0 grad 0 0 12e3
;根据公式(4-6)设置材料的预固结压力
def camclay_ini_p
  pnt＝zone_head
  loop while pnt ≠ null
    if z_isgroup(pnt,'fznt')＝1 then
      OCR＝1.0
      s1＝－z_sxx(pnt)
      s2＝－z_syy(pnt)
      s3＝－z_szz(pnt)
      p0＝(s1＋s2＋s3)/3.0－z_pp(pnt)
      z_prop(pnt,'cam_cp')＝p0
      q0＝sqrt(((s1－s2)＊(s1－s2)＋(s2－s3)＊(s2－s3)＋(s3－s1)＊(s3－s1))＊0.5)
      temp1＝q0/(z_prop(pnt,'mm')＊p0)
      pc＝p0＊(1.0＋temp1＊temp1)＊OCR
      z_prop(pnt,'mpc')＝pc
    endif
    pnt＝z_next(pnt)
  endloop
end
@camclay_ini_p
```

4.3　初始应力场的求解

本构模型、材料参数以及边界条件都设置完毕后,还需设置模型重力场大小和方向,重力场设置的具体命令为:

set gravity＋xv＋yv＋zv

命令中,set gravity 为重力场设置前缀关键字;xv、yv 和 zv 分别为模型 X 方向、Y 方向和 Z 方向的重力加速度值,当 xv、yv 和 zv 为正值时,其相应的重力加速度方向与模型 X、Y、Z 正方向相同;反之则相反。例如:

set grav 0 0 －10;表示模型重力加速度在 X、Y 方向为 0,在 Z 负方向为 10 m/s²

当重力加速度设置好之后,就可以进行模型初始应力场的求解,常用的求解方法有分阶段弹塑性求解法、直接求解法以及人为干预法 3 种。从求解效率上来说,人为干预法最快,直接求解法最慢;而从命令编写的复杂程度上来说,人为干预法最麻烦,直接求解法最简单。

4.3.1 分阶段弹塑性求解法

分阶段弹塑性求解法就是先将模型单元的本构模型设置为弹性模型并输入弹性模型材料参数,然后在密度、重力梯度以及边界条件都设置完成后,采用 solve 命令进行初始应力场第 1 次求解;接着,再将模型单元的本构模型设置为所需要的本构模型,输入相应的本构模型参数,采用 solve 命令进行初始应力场第 2 次求解,得到模型最终的初始应力场。

【例 4-6】 分阶段弹塑性求解初始应力场。

new;开始进行新的模拟分析

gen zone brick p0 0 0 0 p1 50 0 0 p2 0 50 p3 0 0 40 size 50 5 40;建立 brick 模型

model elas;设置材料本构模型为弹性模型

prop young 10e6 poisson 0.4 dens 1800 range z 20 40;输入模型上半部分材料的弹 &
性模型材料参数

prop young 20e6 poisson 0.35 dens 2000 range z 0 20;输入模型下半部分材料的弹 &
性模型材料参数

fix x range x —0.1 0.1;左侧边界进行 X 方向位移约束

fix x range x 49.9 50.1;右侧边界进行 X 方向位移约束

fix x y z range z —0.1 0.1;底部边界进行 3 个方向的位移约束

fix y range y —0.1 0.1;前侧边界进行 Y 方向位移约束

fix y range y 4.9 5.1;后侧边界进行 Y 方向位移约束

set grav 0 0 —10;设置重力加速度大小和方向

solve;进行第一次应力场求解

model strainsoftening;设置材料本构模型为应变硬软化模型

prop young 10e6 poisson 0.4 coh 10e3 fric 25 range z 20 40;对模型上半部分材料进 &
行参数赋值

prop ctable 1 range z 20 40;对模型上半部分材料塑性阶段的黏聚力变化进行表号引用

table 1 0 10e3 0.001 9e3 0.005 7e3 0.01 5e3 0.02 3e3;设置表 1 下各点塑性切应变对 &
应的黏聚力值

prop young 20e6 poisson 0.35 coh 15e3 fric 23 range z 0 20;对模型下半部分材料进 &
行参数赋值

prop ctable 2 range z 0 20;对模型下半部分材料塑性阶段的黏聚力变化进行表号引用

table 2 0 15e3 0.001 13.5e3 0.005 10e3 0.01 8e3 0.02 6e3;设置表 2 下各点塑性切应 &
变对应的黏聚力值

solve;对模型进行第 2 次求解

save csyl.sav;保存初始应力场计算结果

plot zcon szz;显示模型 Z 方向的正应力

如图 4-4 所示为上述命令求解之后模型竖直方向的正应力云图。可以看出,模型竖直方向的正应力由上往下逐渐增大(负号表示单元受压),至模型底部时,为 0.75 MPa。这与公式 $\sigma_{zz} = \rho' g H$(ρ' 为平均密度,g 为重力加速度,H 为土层深度)的计算结果基本一致。此法常用于浅埋工程的初始地应力场生成。

当模型最终本构模型设置为莫尔-库仑模型时,分阶段弹塑性求解法可不必按上述两阶段

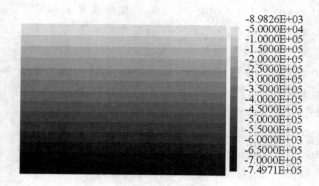

图 4-4　分阶段弹塑性求解方法下模型竖直方向的正应力分布云图

方法分别对模型材料进行材料赋值,而只需使用 solve elas 命令进行求解。因为这种求解命令下,FLAC³ᴰ软件会自动将材料先按弹性模型求解,求解完成后再按莫尔-库仑模型进行求解。

【例 4-7】　solve elas 命令求解初始应力场。

new;开始进行新的模拟分析

gen zone brick p0 0 0 0 p1 50 0 0 p2 0 5 0 p3 0 0 40 size 50 5 40;建立 brick 模型

model mohr;设置材料本构模型为莫尔-库仑模型

prop young 10e6 poisson 0.4 coh 10e3 fric 25 dens 1800 range z 20 40;对模型上半 &
部分材料进行参数赋值

prop young 20e6 poisson 0.35 coh 15e3 fric 23 dens 2000 range z 0 20;对模型下半 &
部分材料进行参数赋值

fix x range x −0.1 0.1;左侧边界进行 X 方向位移约束

fix x range x 49.9 50.1;右侧边界进行 X 方向位移约束

fix x y z range z −0.1 0.1;底部边界进行 3 个方向的位移约束

fix y range y −0.1 0.1;前侧边界进行 Y 方向位移约束

fix y range y 4.9 5.1;后侧边界进行 Y 方向位移约束

set grav 0 0 −10;设置重力加速度大小和方向

solve elas;先弹性后塑性求解命令(只适用于莫尔-库仑模型)

save csyl.sav;保存初始应力场计算结果

plot zcon szz;显示模型 Z 方向的正应力

可以得出,采用 solve elas 命令求解,计算结果与采用分阶段弹塑性求解方法得到的结果完全一致。

4.3.2　直接求解法

直接求解法是在本构模型、参数、边界条件以及重力加速度设置完成后,直接使用 solve 命令进行初始应力场计算的一种求解方法。相对来说,这种求解方法最慢,求解精度也相对较低。

【例 4-8】　直接求解模型初始应力场。

new;开始进行新的模拟分析

gen zone radcy p0 0 0 0 p1 20 0 0 p2 0 10 0 p3 0 0 20 dim 3.5 3.5 3.5 3.5 size 8 1 20 &
　　25 ratio 1 1 1 1.03 group weiyan fill group suidao;生成 1/4 隧道模型

gen zone reflect norm －1 0 0 origin 0 0 0；镜像生成左侧模型

gen zone reflect norm 0 0 －1 origin 0 0 0；镜像生成下侧模型

model mohr；设置本构模型为莫尔-库仑模型

prop young 15e9 poisson 0.25 coh 1.5e6 fric 35 dens 2200；设置莫尔-库仑模型材料参数

fix x range x －19.9 －20.1；左侧边界 X 方向位移约束

fix x range x 19.9 20.1；右侧边界 X 方向位移约束

fix y range y －0.1 0.1；前侧边界 Y 方向位移约束

fix y range y 0.9 1.1；后侧边界 Y 方向位移约束

fix z range z －19.9 －20.1；底部边界 Z 方向位移约束

apply nstress －1e6 range z 19.9 20.1；对模型顶部进行应力边界约束

set grav 0 0 －10；设置重力加速度

solve；进行直接求解

save sdcsyl.sav；将求解结果保存至文档中

plot zcon szz；显示 szz 应力

直接求解和分阶段弹塑性求解条件下隧道模型竖直方向的应力场分布对比如图 4-5 所示。直接求解条件下，由于多个单元在隧道中心位置共用了同一个节点，导致初始应力场计算过程中，围岩应力在此高度集中，使得围岩初始应力场的计算结果与分阶段弹塑性求解结果差别很大，与实际不符。因此，建议在多个单元（大于 8 个）共用一个节点的情况下，不要使用直接求解法进行模型初始应力场的生成。

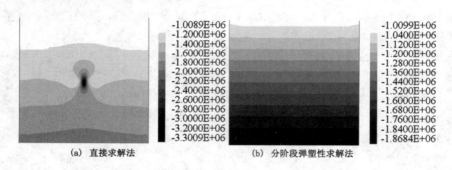

(a) 直接求解法　　　　　　　　　(b) 分阶段弹塑性求解法

图 4-5　直接求解和分阶段弹塑性求解条件下隧道模型竖直方向的应力场分布对比

4.3.3　人为干预法

人为干预法是本构模型、参数、边界条件以及重力加速度设置完成后，人为地根据公式 $\sigma_{zz}=\rho'gH$ 和 $\sigma_{xx}=\sigma_{yy}=\sigma_{zz}\mu/(1-\mu)$ 计算模型各个单元的竖向应力值和水平方向应力值，并将这些计算值赋给各个单元，之后再采用直接求解命令进行模型初始应力场的生成。

【例 4-9】　人为干预法求解模型初始应力场（与例 4-8 条件相同）。

new；开始进行新的模拟分析

gen zone radcy p0 0 0 0 p1 20 0 0 p2 0 1 0 p3 0 0 20 dim 3.5 3.5 3.5 3.5 size 8 1 20 &

　　　　　　25 ratio 1 1 1 1.03 group weiyan fill group suidao；生成 1/4 隧道模型

gen zone reflect norm －1 0 0 origin 0 0 0；镜像生成左侧模型

gen zone reflect norm 0 0 －1 origin 0 0 0；镜像生成下侧模型

model mohr；设置本构模型为莫尔-库仑模型

prop young 15e9 poisson 0.25 coh 1.5e6 fric 35 dens 2200；设置莫尔-库仑模型材料参数

fix x range x －19.9 －20.1；左侧边界 X 方向位移约束

fix x range x 19.9 20.1；右侧边界 X 方向位移约束

fix y range y －0.1 0.1；前侧边界 Y 方向位移约束

fix y range y 0.9 1.1；后侧边界 Y 方向位移约束

fix z range z －19.9 －20.1；底部边界 Z 方向位移约束

apply nstress －1e6 range z 19.9 20.1；对模型顶部进行应力边界约束

ini szz －1.44e6 grad 0 0 22e3；1.44e6 为 Z＝0 m 位置材料的竖向应力值，由于只有 &
1 层围岩，重力密度为 22 kN/m³，因此可定义 szz 沿着 Z 方向，其值随 Z 坐标变化 1 m 而 &
增长或减小 22 kPa

ini sxx －0.48e6 grad 0 0 7.33e3；根据泊松比，计算得侧向压力系数＝1/3，因此各个 &
单元水平方向的应力都是竖直向的 1/3，相应的，其变化梯度也是竖向变化梯度的 1/3

ini syy －0.48e6 grad 0 0 7.33e3；syy 的变化规律与 sxx 的变化规律一致

set grav 0 0 －10；设置重力加速度

solve；进行直接求解

save sdcsyl.sav；将求解结果保存至文档中

plot zcon szz；显示 szz 应力

人为干预法求解条件下隧道模型竖直方向的应力场分布图如图 4-6 所示。人为干预法求解的初始应力结果与图 4-5 分阶段弹塑性求解法得到的计算结果几乎一致，并与实际工程相符。此外，其计算收敛很快能达到平衡，计算时间要比分阶段弹塑性求解法少得多。

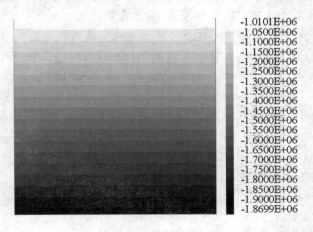

图 4-6　人为干预法求解条件下隧道模型竖直方向的应力场分布图

最后有一点需要说明的是，由于在人类工程活动以前，工程场地范围内的土体已经基本稳定，其位移和塑性区都应当为 0。因此，需要采用下述命令对模型初始应力场生成过程中产生的位移和塑性区进行清零处理。

ini xdis 0 ydis 0 zdis 0 xvel 0 yvel 0 zvel 0；将模型中 **3** 个方向的位移和速率清零

ini state 0；将模型产生的塑性区清零

4.4 复杂条件下初始应力场的生成

4.4.1 多种材料呈层状分布于模型范围内

当钻孔资料显示模型范围内存在较多的岩土层,且岩土层大致呈层状分布状态时,可用模型某个方向上的尺度范围作为土层之间的划分依据,之后再对相应尺度范围内的单元进行不同的材料赋值,使用人为干预法求解得到模型的初始应力场。

【例 4-10】 以例 3-5 建立的近接隧道基坑为例,假定该基坑由上至下共存在 6 层土,每层土的物理力学参数指标如表 4-5 所示。试用人为干预法求解该基坑模型的初始应力场。

表 4-5　基坑不同土层的物理力学参数表

土体名称	厚度/m	天然密度/(kg/m³)	弹性模量/MPa	泊松比	黏聚力/kPa	内摩擦角/(°)
素填土	2.8	1 700	15.6	0.28	16.8	24.3
粉质黏土	3.4	1 800	16.8	0.30	15.5	23.0
砾质黏性土	5.6	1 750	21.0	0.33	10.5	20.7
全风化花岗岩	3.5	1 850	32.0	0.31	22.1	27.6
中风化花岗岩	12	2 150	250.0	0.25	80.6	38.5
微风化花岗岩	35	2 400	2 000	0.21	1 200	42.3

命令:

new;开始进行新的分析

restore jjjkmx.sav;导入例 3-5 已建立的近接隧道基坑模型

model mohr;设置土体本构模型为莫尔-库仑模型

;根据各层土在模型 Z 方向尺度的不同进行不同土层的参数赋值

prop young 15.6e6 poisson 0.28 coh 16.8e3 fric 24.3 dens 1700 range z −2.8 0

prop young 16.8e6 poisson 0.3 coh 15.5e3 fric 23 dens 1800 range z −2.8 −6.2

prop young 21e6 poisson 0.33 coh 10.5e3 fric 20.7 dens 1750 range z −6.2 −11.8

prop young 32e6 poisson 0.31 coh 22.1e3 fric 27.6 dens 1850 range z −11.8 −15.3

prop young 250e6 poisson 0.25 coh 80.6e3 fric 38.5 dens 2150 range z −15.3 −27.3

prop young 2000e6 poisson 0.21 coh 1200e3 fric 42.3 dens 2400 range z −27.3 −60

;设置模型边界条件为顶部自由,四周法向约束,底部固定

fix x range x −49.9 −50.1

fix x range x 73.9 74.1

fix y range y −0.1 0.1

fix y range y 49.9 50.1

fix x y z range z −59.9 −60.1

;设置重力梯度

set grav 0 0 −10

;根据竖直方向应力求解公式,人为赋各个单元 Z 方向正应力

def qjszz

```
array tcwz(7) tcmd(6)
;不同土层分界面的 Z 坐标位置
tcwz(1)=0
tcwz(2)=-2.8
tcwz(3)=-6.2
tcwz(4)=-11.8
tcwz(5)=-15.3
tcwz(6)=-27.3
tcwz(7)=-60
;不同土层的密度
tcmd(1)=1700
tcmd(2)=1800
tcmd(3)=1750
tcmd(4)=1850
tcmd(5)=2150
tcmd(6)=2400
;根据密度和 Z 坐标修改单元的竖向应力
loop aa(1,6)
    tcsbzb=tcwz(aa)
    tcxbzb=tcwz(aa+1)
    tczd=tcmd(aa)*10;土层竖向应力增长梯度
    tcsbzyl=-1*tcsbzb*10*tcmd(aa);土层上部增加应力
    tcxbzyl=(tcxbzb-tcsbzb)*10*tcmd(aa);土层下部增加应力
    command
        ini szz add @tcsbzyl grad 0 0 @tczd range z @tcsbzb @tcxbzb;当前土层竖 &
向应力增长
        ini szz add @tcxbzyl range z @tcxbzb -60;土层下方单元竖向应力增长
    endcommand
  endloop
end
@qjszz
;根据各土层泊松比在 0.3 左右,初步设定土层侧压力系数为 0.44,遍历所有单元修 &
改水平向应力
  def qjsxx
    pnt=zone_head
    loop while pnt # null
      val=0.44*z_szz(pnt)
      z_sxx(pnt)=val
      z_syy(pnt)=val
```

```
        pnt＝z_next(pnt)
    end_loop
end
@qjsxx
solve；求解直至平衡
ini xdis 0 ydis 0 zdis 0 xvel 0 yvel 0 zvel 0；位移清零
ini state 0；塑性区清零
save jjjkcsyl.sav；保存初始应力结果
plot zcon sxx；显示 sxx 应力
```

图 4-7 给出了人为干预法求解后近接基坑模型的初始应力场分布云图。由图可知，土层呈层状分布状态下，模型竖向应力和水平应力也均呈层状分布形式，并由上往下逐渐增大，这与实际工程活动之前场地内土层本身的应力状态基本一致。

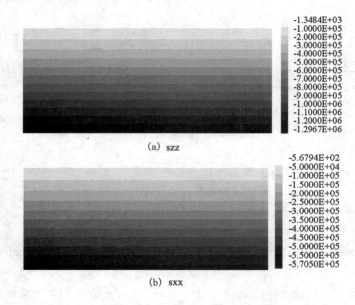

图 4-7　土层呈层状分布状态下基坑模型的应力场分布云图

4.4.2　多种材料不呈层状分布于模型范围内

当钻孔资料显示模型范围内存在较多的岩土层，而这些岩土层不呈层状分布时，应将这些岩土层进行简化，使各岩土层分界面为一个平面。之后以这些分界平面为标准进行各种岩土层的划分和材料赋值，采用直接求解法或分阶段弹塑性求解法进行模型初始应力场的生成。

【例 4-11】　以例 3-4 建立的四心圆隧道模型为例，假定该隧道周边围岩分布如图 4-8 所示。不同围岩的物理力学参数指标见表 4-6，隧道模型上覆岩层平均密度为 2 350 kg/m³，试生成该隧道模型的初始应力场。

命令：

```
new
restore dysdmx.sav；导入例 3-4 已建立的四心圆隧道模型
```

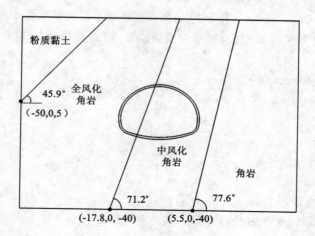

图 4-8　隧道周边围岩分布图

表 4-6　不同围岩的物理力学参数指标

土体名称	天然密度/(kg/m³)	弹性模量/MPa	泊松比	黏聚力/kPa	内摩擦角/(°)
粉质黏土	1 890	15	0.33	15	25
全风化角岩	1 950	30	0.28	30	28
中风化角岩	2 030	300	0.25	250	35
角岩	2 300	25 000	0.18	5 000	42

model mohr;设置岩体本构模型为莫尔-库仑模型

;根据各层围岩分界面的位置对不同的围岩进行命名

range name fznt plane dd 90 dip －45.9 origin －50 0 5 above

range name qfhjy plane dd 90 dip －45.9 origin －50 0 5 below plane dd 90 dip &
　　　　　　－71.2 origin －17.8 0 －40 above

range name zfhjy plane dd 90 dip －71.2 origin －17.8 0 －40 below plane dd 90 dip &
　　　　　　－77.6 origin 5.5 0 －40 above

range name jiaoyan plane dd 90 dip －77.6 origin 5.5 0 －40 below

;根据围岩名称对不同的围岩进行参数赋值

prop young 15e6 poisson 0.33 coh 15e3 fric 25 dens 1890 range fznt

prop young 30e6 poisson 0.28 coh 30e3 fric 28 dens 1950 range qfhjy

prop young 300e6 poisson 0.25 coh 250e3 fric 35 dens 2030 range zfhjy

prop young 25000e6 poisson 0.18 coh 5000e3 fric 42 dens 2300 range jiaoyan

;设置模型边界条件为底部和四周法向约束,顶部应力约束

fix x range x －49.9 －50.1

fix x range x 49.9 50.1

fix y range y －0.1 0.1

fix y range y 0.9 1.1

fix z range z －40.1 －39.9

apply nstress －1.2e6 range z 39.9 40.1;根据隧道埋深以及模型尺寸对模型顶部施加应力
;根据围岩重力密度和泊松比,粗略设置模型应力场,加快计算速度

ini szz －1.6e6 grad 0 0 2e4

ini sxx －0.53e6 grad 0 0 0.67e4

ini sxx －0.53e6 grad 0 0 0.67e4

;设置重力梯度

set grav 0 0 －10

solve elas;进行弹塑性求解

ini xdis 0 ydis 0 zdis 0 xvel 0 yvel 0 zvel 0;位移清零

ini state 0;塑性区清零

save dysdcsyl.sav;保存初始应力场计算结果

plot zcon sxx;显示 sxx 应力

岩层不呈层状分布状态下隧道模型的应力场分布如图 4-9 所示。不难看出,岩层不呈层状分布状态下,隧道周边围岩的应力场分布十分复杂。因此,即使在同一水平面上,不同位置的围岩竖向压力和水平压力也存在较大的差异。

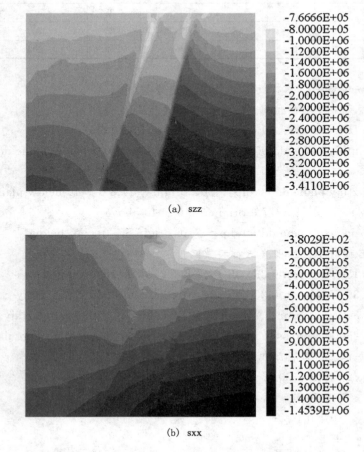

(a) szz

(b) sxx

图 4-9 岩层不呈层状分布状态下隧道模型的应力场分布云图

4.4.3   模型周边存在较丰富的地下水

当地下工程周边存在较丰富的地下水时,工程周边围岩会受地下水的影响而在地下工程活动中表现出一定的流固耦合作用,使得工程和围岩自身的应力分布规律变得愈加复杂。因此,为准确模拟工程的周边环境以及应力分布状态,在富水地下工程中,模型初始化应力场的生成需考虑地下水的类型、位置以及压力。

【例 4-12】   以例 3-3 所示的基坑工程为例,假定该基坑周边土层由上至下依次为杂填土、粉土、粉土、粉质黏土、粉质黏土、粉砂,它们的基本物理力学性质如表 4-7 所示。此外,该地层周边存在丰富的地下水,地下水类型为单一潜水,水位标高位于地下 1 m,请根据这些条件进行基坑初始应力场的生成。

表 4-7   基坑周边土层分布与物理力学参数

土层 名称	层厚	饱和密度 /(kg/m³)	弹性模量 /MPa	泊松比	黏聚力 /kPa	内摩擦角 /(°)	渗透系数 /(cm/s)	孔隙率
杂填土	5.0	1 940	7.2	0.36	19.4	24.3	7.8×10^{-6}	0.51
粉土	3.2	2 060	18.8	0.31	27.8	29.5	2.0×10^{-3}	0.43
粉土	2.8	2 040	15.0	0.30	25.4	20.5	3.5×10^{-3}	0.44
粉质黏土	8.3	2 110	11.6	0.35	19.8	26.2	1.5×10^{-6}	0.42
粉质黏土	9.6	2 150	12.6	0.34	21.3	21.9	2.3×10^{-6}	0.41
粉砂	25.0	2 110	37.5	0.28	32.6	8.6	3.2×10^{-3}	0.37

命令:

```
new
restore jikengmoxing.sav;导入例 3-3 建立好的基坑模型
config fluid;打开渗流分析模型
model mohr;定义土体为莫尔-库仑模型
;根据 Z 方向位置定义各层土的莫尔-库仑参数
prop young 7.2e6 poisson 0.36 coh 19.4e3 fric 24.3 dens 1940 range z −1.0 0
prop young 7.2e6 poisson 0.36 coh 19.4e3 fric 24.3 dens 940 range z −5.0 −1.0
prop young 18.8e6 poisson 0.31 coh 27.8e3 fric 29.5 dens 1060 range z −8.2 −5.0
prop young 15.0e6 poisson 0.30 coh 25.4e3 fric 20.5 dens 1040 range z −11.0 −8.2
prop young 11.6e6 poisson 0.35 coh 19.8e3 fric 26.2 dens 1110 range z −19.3 −11.0
prop young 12.6e6 poisson 0.34 coh 21.3e3 fric 21.9 dens 1150 range z −28.9 −19.3
prop young 37.5e6 poisson 0.28 coh 32.6e3 fric 8.6 dens 1110 range z −50 −28.9
model fl_iso;定义土体渗透模型为各向同性渗透模型
;输入各层土的渗透系数和孔隙率
prop perm 7.8e−12 poros 0.51 range z −5.0 0
prop perm 2.0e−9 poros 0.43 range z −8.2 −5.0
```

```
prop perm 3.5e-9 poros 0.44 range z -11. -8.2
prop perm 1.5e-12 poros 0.42 range z -19.3 -11.0
prop perm 2.3e-12 poros 0.41 range z -28.9 -19.3
prop perm 3.2e-9 poros 0.37 range z -50 -28.9
;边界条件设置
fix x range x -0.1 0.1
fix x range x 128.1 128.3
fix y range y -0.1 0.1
fix y range y 3.9 4.1
fix z range z -49.9 -50.1
;设置重力加速度
set grav 0 0 -10
;定义流体参数
ini ftens -1e-3;流体张力极限
ini fdens 1000;流体密度
ini fmod 2e9;流体体积模量
;定义流体两侧静水压力边界条件
apply pp -10e3 grad 0 0 -10e3 range x 128.1 128.3 z -1 -50
apply pp -10e3 grad 0 0 -10e3 range x -0.1 0.1 z -1 -50
;初始设置孔隙水压力
ini pp -10e3 grad 0 0 -10e3
;先关闭渗流进行模型初始化应力场的生成,防止初始应力场生成过程中孔隙水压力超增长
set fluid off
ini fmod 0
solve elas
;在初始应力场稳定后,打开渗流,进行流固耦合计算
set fluid on
ini fmod 2e9
solve
ini xdis 0 ydis 0 zdis 0 xvel 0 yvel 0 zvel 0;位移清零
ini state 0;塑性区清零
save jkcsyl.sav;保存初始化应力场计算结果
plot zcon zpp;显示水压力
```

考虑地下水影响,基坑模型的初始水压力和竖向应力分布如图 4-10 所示。由图可以看出,受地下水影响,孔隙水压力分布于基坑土体水位面以下且随深度增大而逐渐增大;而竖向应力则受地下水浮力影响,其值在同一埋深下要比不考虑水压力条件时小。考虑水压力影响时,模型水压力和竖向应力的总和等于饱和密度下土体的竖向应力计算值,这与实际工

程相一致。

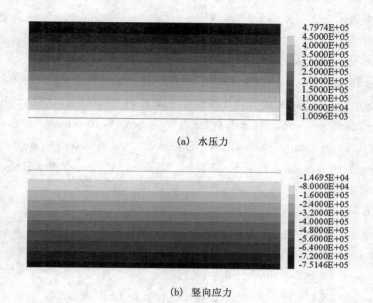

(a)　水压力

(b)　竖向应力

图 4-10　地下水影响下基坑模型的初始应力场

4.4.4　深埋工程存在较大的构造应力

　　一般来说,随着地下工程埋深的增大,其周边围岩应力受地质构造作用影响就会越来越明显,当埋深达到一定程度时,工程围岩水平向的正应力将超过竖向应力。此时,深埋地下工程围岩会在工程活动中表现出与浅部工程明显不同的变形破坏特征。因此,如何进行深埋工程初始应力场的生成就显得尤为重要。

　　【例 4-13】　某矿一条运输巷道埋深为 800 m,巷道断面形状为 5 m×3.5 m 的矩形,坐落于煤层底板上。巷道周边围岩由上往下依次为 3 m 厚的中砂岩、6 m 厚的泥岩、3 m 厚的煤岩、3 m 厚的泥岩以及 10 m 厚的中砂岩。其中,中砂岩的密度为 2 400 kg/m³,弹性模量为 15.2 GPa,泊松比为 0.23,黏聚力为 4.5 MPa,内摩擦角为 35°,抗拉强度为 1.2 MPa;泥岩的密度为 2 350 kg/m³,弹性模量为 6.2 GPa,泊松比为 0.3,黏聚力为 1.5 MPa,内摩擦角为 30°,抗拉强度为 0.6 MPa;煤岩的密度为 1 140 kg/m³,弹性模量为 3.6 GPa,泊松比为 0.32,黏聚力为 1.2 MPa,内摩擦角为 33°,抗拉强度为 0.5 MPa。由于地质构造作用,巷道中心位置岩体的竖向应力约为 18.6 MPa,水平应力则为 28.7 MPa。请建立该巷道模型并进行初始应力场的求解。

命令:

```
new
;建立深埋巷道模型
gen zone radtunnel p0 0 0 0 p1 15 0 0 p2 0 3 0 p3 0 0 10 dim 2.5 1.75 2.5 1.75 size &
          10 12 8 30 ratio 1 1 1 1.03 group niyan fill group hangdao
gen zone reflect norm −1 0 0 origin 0 0 0
```

```
gen zone reflect norm 0 0 −1 origin 0 0 0
```
;设置本构模型
```
model mohr
```
;对各层岩石进行参数赋值
```
prop young 15.2e9 poisson 0.23 coh 4.5e6 fric 35 dens 2400 tens 1.2e6 range z 7.5 10
prop young 6.2e9 poisson 0.3 coh 1.5e6 fric 30 dens 2350 tens 0.6e6 range z 1.5 7.5
prop young 3.6e9 poisson 0.32 coh 1.2e6 fric 33 dens 1140 tens 0.5e6 range z −1.5 1.5
prop young 6.2e9 poisson 0.3 coh 1.5e6 fric 30 dens 2350 tens 0.6e6 range z −1.5 −4.5
prop young 15.2e9 poisson 0.23 coh 4.5e6 fric 35 dens 2400 tens 1.2e6 range z −4.5 −10
```
;设置重力梯度
```
set grav 0 0 −10
```
;设置边界条件:底部固定,四周应力边界条件约束
```
fix z range z −9.9 −10.1
apply nstress −18.365e6 range z 9.9 10.1
apply nstress −28.7e6 grad 0 0 36.26e3 range x −14.9 −15.1
apply nstress −28.7e6 grad 0 0 36.26e3 range x 14.9 15.1
apply nstress −28.7e6 grad 0 0 36.26e3 range y −0.1 0.1
apply nstress −28.7e6 grad 0 0 36.26e3 range y 2.9 3.1
```
;人为粗略设置围岩应力场
```
ini szz −18.6e6 grad 0 0 23.5e3
ini sxx −28.7e6 grad 0 0 36.26e3
ini syy −28.7e6 grad 0 0 36.26e3
solve;直接求解直至平衡
```
;初始应力场生成后位移和塑性区清零
```
ini xdis 0 ydis 0 zdis 0
ini state 0
```
;保存计算结果
```
save smhdcsyl.sav
```

图 4-11 给出了深埋巷道围岩初始应力场的分布云图。从图中可以看出,虽然深埋巷道围岩水平应力和竖向应力均呈层状分布且其随深度增加而逐渐增大,但由于构造应力的作用,其水平向的应力要明显大于竖直向的应力。在本模型中,由于巷道埋深很大而模型尺寸相对较小,有限的模型自身重力对模型应力分布影响很小,因此,整个模型竖向应力平均值约为18.6 MPa,水平应力平均值约为 28.7 MPa,这与实际工程围岩受力状态基本相符。

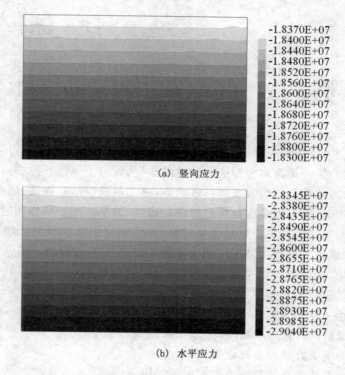

(a) 竖向应力

(b) 水平应力

图 4-11　深埋巷道围岩初始应力场分布云图

思考题与习题

1. 模型边界条件设置中,位移边界条件和应力边界条件设置方法有什么不同?

2. 在 FLAC³ᴰ中,材料的本构模型可以分为几类,各在什么条件下使用?

3. 简述模型初始应力场的求解过程以及常用的求解方法。

4. 若模型顶面为一个不规则曲面,那么对它施加均匀竖向应力应该怎么做?

5. 假如模型有一部分单元只有在后续的工程活动中才会被使用,而不需要参与初始化应力计算,例如路堤填筑模型中的路堤土体单元,空腔溶洞注浆模型中的溶洞单元等,那么初始化应力场该怎么生成?

第 5 章　FLAC³ᴰ 工程活动模拟

当模型初始应力场生成完毕后,就可以进行人类工程活动的模拟。人类工程活动的模拟可以概括为两类:第一类是对模型边界条件的改变,如岩土体的开挖或填筑相当于创造新的边界,排水沟的施工相当于设置新的排水边界,施工荷载(堆载、振动、爆破等)的形成相当于施加新的应力边界;第二类是变化模型材料的属性,如基坑围护结构和隧道衬砌的施工相当于使用人工材料替换了相应位置岩土体材料,注浆和冻结加固相当于增强了该部位岩土的强度,锚杆(索)或土工格栅的施工相当于额外添加了人工结构物。本章主要针对人类不同的工程活动性质,介绍岩土体材料的开挖与替换、接触面的生成与应用、结构单元的种类与模拟以及变量的监测等内容。

本章学习要点:

(1) 岩土体材料的开挖与参数变换。

(2) 接触面的生成方法与参数设置。

(3) 结构单元的种类及其在数值模拟中的应用。

(4) 常用变量的监测方法。

5.1　岩土体材料开挖与替换

岩土体材料的开挖是人类工程活动最常见的形式,如煤层开采、隧道与基坑开挖等。在 FLAC³ᴰ 中,岩土体材料的开挖采用下述命令:

model null range＋开挖范围

例如:

model null range x 60 75 z −2 0;对 X 坐标范围在 60～75 m,同时 Z 坐标范围在 −2～ &
0 m 之间的岩土体进行开挖

model null range group suidao y 0 2;对 Y 坐标范围在 0～2 m 且组名为 suidao 的岩 &
土体进行开挖

当岩土体材料开挖完成后,需要在开挖处修筑新的人工构筑物时,可以采用以下命令对已开挖的单元进行恢复并设置新的参数:

model＋本构模型名称＋range＋人工构筑物范围

prop＋材料参数名＋参数值＋range＋人工构筑物范围

上述命令中,本构模型名称、人工构筑物范围以及材料参数设置需要根据具体构筑物情况进行选择,保证满足实际工程相关问题分析要求。因此,在模型建立过程中,就应该考虑人工构筑物的位置和尺寸,并纳入建模分析中,保证人工构筑物的模型单元在被开挖恢复后,其位置、外形和大小都与实际工程一致。

当一条圆形隧道位于Ⅲ级围岩内,埋深为 400 m,开挖直径为 5 m,混凝土衬砌厚度为 0.5 m,隧道中心位置围岩竖向应力和水平应力分别为 9.0 MPa 和 10.8 MPa。其未支护与支护状态下圆形隧道的开挖模拟命令如例 5-1 和例 5-2 所示。

【例 5-1】 未支护状态下圆形隧道的开挖。

命令:

```
new
;建立隧道模型,未支护情况下不考虑隧道衬砌部分单元的建立
gen zone radcy p0 0 0 0 p1 20 0 0 p2 0 1 0 p3 0 0 20 dim 5 5 5 5 size 10 2 20 30 &
            ratio 1 1 1 1.02 group weiyan fill group sudiao
gen zone reflect norm -1 0 0 origin 0 0 0
gen zone reflect norm 0 0 -1 origin 0 0 0
;设置本构模型
model mohr
;输入围岩的模型材料参数
prop dens 2400 young 10e9 poisson 0.28 coh 1.0e6 fric 42
;施加模型边界条件
fix x range x -19.9 -20.1
fix x range x 19.9 20.1
fix y range y -0.1 0.1
fix y range y 0.9 1.1
fix z range z -19.9 -20.1
;人为初始应力设置
apply nstress -8.52e6 range z 19.9 20.1
ini szz -9.0e6 grad 0 0 24e3
ini sxx -10.8e6 grad 0 0 28.8e3
ini syy -10.8e6 grad 0 0 28.8e3
;设置重力加速度
set grav 0 0 -10
;初始应力场生成
solve
ini xdis 0 ydis 0 zdis 0 xvel 0 yvel 0 zvel 0
ini state 0
;保存初始应力计算结果
save yxsdcsyl.sav
;开挖隧道围岩
model null range group sudiao
;求解,让围岩应力释放直至平衡稳定
solve
;保存开挖结果
```

save sdwzhkw.sav

;显示模型 Z 方向的位移

plot con zdis

【例 5-2】 支护状态下圆形隧道的开挖。

命令：

new

;建立隧道模型,支护情况下必须考虑隧道衬砌部分单元的建立

gen zone radcy p0 0 0 0 p1 20 0 0 p2 0 1 0 p3 0 0 20 dim 5 5 5 5 size 10 2 20 30 ratio &
              1 1 1 1.02 group weiyan

gen zone cshell p0 0 0 0 p1 5 0 0 p2 0 1 0 p3 0 0 5 dim 4.5 4.5 4.5 4.5 size 2 2 20 &
              10 group chenqi fill group suidao

gen zone reflect norm -1 0 0 origin 0 0 0

gen zone reflect norm 0 0 -1 origin 0 0 0

;设置本构模型

model mohr

;输入围岩的模型材料参数

prop dens 2400 young 10e9 poisson 0.28 coh 1.0e6 fric 42

;施加模型边界条件

fix x range x -19.9 -20.1

fix x range x 19.9 20.1

fix y range y -0.1 0.1

fix y range y 0.9 1.1

fix z range z -19.9 -20.1

;人为初始应力设置

apply nstress -8.52e6 range z 19.9 20.1

ini szz -9.0e6 grad 0 0 24e3

ini sxx -10.8e6 grad 0 0 28.8e3

ini syy -10.8e6 grad 0 0 28.8e3

;设置重力加速度

set grav 0 0 -10

;初始应力场生成

solve

ini xdis 0 ydis 0 zdis 0 xvel 0 yvel 0 zvel 0

ini state 0

;保存初始应力计算结果

save yxsdcsyl.sav

;对隧道以及衬砌部分岩体进行开挖

model null range group suidao any group chenqi any

;修改衬砌部位单元体的材料本构模型和参数

```
model elas range group chenqi
prop young 3e10 poisson 0.2 dens 2500 range group chenqi
;求解,让围岩应力释放直至平衡稳定
solve
;保存开挖结果
save sdzhkw.sav
;显示模型 X 方向位移
plot con xdis
```

图 5-1 和图 5-2 给出了两者的开挖位移图,从图中可看出,圆形隧道在未支护状态下,其最大竖向位移和水平位移分别为 12.9 mm 和 9.2 mm;而在支护后,其最大竖向位移和水平位移则分别减小到了 5.8 mm 和 4.7 mm。可见隧道混凝土衬砌支护对减小隧道开挖变形具有明显的作用。

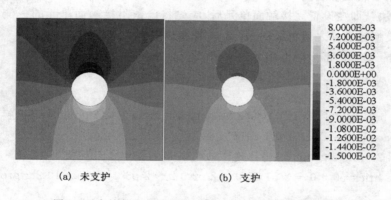

图 5-1　支护与未支护状态下圆形隧道开挖竖向位移图

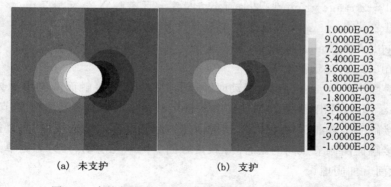

图 5-2　支护与未支护状态下圆形隧道开挖水平位移图

5.2　接触面的生成与应用

5.2.1　接触面的生成与删除

岩土工程活动中,常常会遇到各种不同材料之间的接触问题,如结构物与周边岩土体的相互连接与摩擦滑动,岩土层与岩土层之间的交界面、断层分布,煤层开采后岩层顶板垮落后与底板的接触等,而这些接触问题往往是模拟分析的关键要点或难点。为此,FLAC^{3D}提供了一种可分开、闭合以及错位滑动的接触面单元 interface,它具有连接相邻不同尺寸的单元体,反映不同材料之间相互作用的特点。

接触面的生成采用下述命令:

interface＋接触面编号＋**face**＋**range**＋接触面设置范围

需要说明的是,接触面单元不会凭空产生,其需要依附于独立单元体的表面才能生成。因此,当需要在模型内部生成一个接触面时,首先,将模型沿接触面分开;然后,在建立接触面一侧模型后,采用 interface 命令将接触面单元设置于已建立模型的表面;最后,再建立接触面另一侧模型。在上述过程中,需要注意的是,后建立的另一侧模型在接触面位置的任意一个网格节点坐标都不能与先建立模型的网格节点坐标重合,否则 FLAC^{3D}会默认将这两个坐标一致的节点融合成同一个节点,接触面单元就失去作用。因此,接触面的生成通常采用"移去移回法",即在设置完接触面单元后,应先将已依附接触面单元的一侧模型移开,然后在另一侧模型建立好之后再移回来,具体如例 5-3 所示。

【例 5-3】 模型内部接触面单元的生成。

命令:

new

gen zone brick p0 0 0 0 p1 10 0 0 p2 0 2 0 p3 0 0 2 size 10 2 2 group 1;建立接触面上方模型

inter 1 face range z －0.1 0.1;设置接触面

ini z add 20 range group 1;将已建立的模型单元整体 Z 坐标提高 20 m

gen zone brick p0 0 0 －2 p1 10 0 －2 p2 0 2 －2 p3 0 0 0 size 10 2 2 group 2;建立 &
接触面下方模型

ini z add －20 range group 1;将接触面上方的单元移回原位置

ini x add －2 range group 1;接触面上方模型单元整体 X 坐标加 2 m

ini x add 2 range gr 2;接触面下方模型单元整体 X 坐标减 2 m

pl zone colorby group trans 20;显示模型

pl add interface;显示接触面

当对接触面两侧单元进行相互滑动时,不同建立方法下接触面两侧单元体的滑动情况如图 5-3 所示。可以看出,移去移回法建立的模型在接触面两侧具有独立的节点,接触面两侧单元体在接触面位置能够相互错开,接触面能够起到摩擦滑动的作用;而直接建立法建立的模型却因接触面两侧节点间的融合,导致接触面一侧单元滑动时,另一侧单元体也必然滑动,此时接触面就如同虚设。

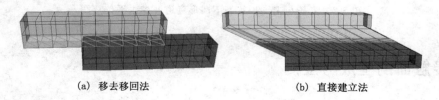

(a) 移去移回法　　　　　　　(b) 直接建立法

图 5-3　不同建立方法下模型两侧单元体的滑动示意图

此外,对接触面进行生成还应遵循以下几个原则:

(1) 接触面不宜过多,否则不仅模型建立十分麻烦,而且模型计算时间还会大大增加。

(2) 接触面两侧单元体大小不一时,应将接触面依附于小单元体的表面。

(3) 接触面两侧单元体网格密度不同时,应将接触面依附于网格密度大的一侧单元体。

通常来说,接触面设置应与模型建立过程保持同步,即在建立模型时,就需要考虑接触面的位置,并把接触面尺寸和位置作为模型进一步拆解划分的依据。当进行初始应力场分析时,将接触面单元材料参数设置为接触面两侧的土体参数;当进行工程活动模拟时,再将接触面单元材料参数替换为实际接触面的参数。这种接触面设置方法也可称为先建法,适用于分析绝大部分的岩土工程接触面问题。另外一种方法是后建法,它在实际接触问题产生时[如人工建(构)筑物的施工带来结构与岩土体的接触问题,煤层开采导致顶板的垮落问题等],才进行接触面单元的设置。这种接触面设置方法比较麻烦,适用于模型相对简单、接触问题比较单一的情况。具体设置方法可参考例5-4。

【例5-4】 后建法设置接触面单元。

命令:

```
new
;直接建立模型
gen zone brick p0 0 0 0 p1 50 0 0 p2 0 1 0 p3 0 0 30 size 100 2 60
;对模型进行组别划分
group whjg range x 19.5 20.5 z 30 18
group whjg range x 29.5 30.5 z 30 18
group tuti range group whjg not
;根据组别划分情况,对模型进行分割,将某个组别单元从整体模型中独立出来
gen separate group whjg
;在独立模型与整体模型之间生成接触面单元,该接触面单元依附于独立出来的模型表面
inter 1 wrap whjg tuti
;显示模型和接触面单元
pl zone colorby group;显示模型
plot add inter;显示接触面
```

执行上述命令后,FLAC³ᴰ生成的模型和接触面如图5-4所示。可以看出,采用后建法时,接触面的生成就不需要与模型建立保持同步,可在材料属性发生改变后再进行。

此外,还可根据实际需要,对已设置的接触面进行删除。接触面的删除采用下述命令:

$$\text{interface} + 接触面编号 + \text{delete} + (\text{range} + 接触面删除范围)$$

例如:

inter 1 dele range z −1 0;对Z坐标范围在−1~0 m范围内的1号接触面单元进行删除

5.2.2 接触面单元参数设置

不同的接触问题可通过设置不同的接触面单元参数来解决,在FLAC³ᴰ中,接触面单元的参数主要有6个,分别是法向刚度(kn)、切向刚度(ks)、黏聚力(cohesion)、内摩擦角(friction)、剪胀角(dialation)和抗拉强度(tension)。其中,法向刚度kn和切向刚度ks是必须输入项,根据帮助手册,它们的输入值可按下式计算:

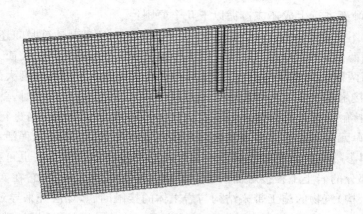

图 5-4　后建法生成接触面单元

$$kn = ks = \frac{10(1-\mu)E}{(1-2\mu)(1+2\mu)\Delta S_{\min}} \tag{5-1}$$

式中，E 和 μ 为接触面依附单元体的最小弹性模量和泊松比；$\Delta S_{\min}$ 为接触面法向上相邻单元体的最小尺寸。

接触面参数的设置命令为：

interface＋接触面编号＋**property**＋参数名＋参数值

例如：

inter 1 property kn 1e9 ks 1e9 coh 10e3 fric 25；设置编号为 1 的接触面的法向刚度、切向刚度、黏聚力和内摩擦角参数值分别为 1 GPa、1 GPa、10 kPa 和 25°

5.2.3　接触面在实际工程中的应用

1. 单桩静载试验

单桩静载试验的目的是测试单根桩的极限承载力，主要研究单桩在不同荷载等级下的沉降变化规律。由于桩体与周边岩土体是两种不同的材料，它们之间存在一定的相互作用，而且这些相互作用对桩体的沉降影响很大。因此，在进行单桩静载试验模拟分析时，必须在桩体与岩土体之间设置接触面以反映桩土的相互作用。

【例 5-5】　某单桩静载试验场地土层从上到下分别为 0.7 m 厚素填土、1.8 m 厚含黏土质砂、1.1 m 厚粉质黏土、10 m 厚砾质砂。桩体采用浇筑混凝土成桩，桩体直径 $D=0.8$ m，长度为 5.0 m，桩端持力层为砾质砂。各层土和桩体的物理力学参数如表 5-1 所示。成桩后进行单桩静载试验，施加荷载方式为分级加载，每级多加载 50 kN，最大荷载值为 500 kN。

表 5-1　各层土和桩体的物理力学参数

桩土材料	重力密度/(kN/m³)	弹性模量/MPa	泊松比	黏聚力/kPa	内摩擦角/(°)
素填土	20	12	0.36	9.6	26
含黏土质砂	19	15	0.28	4	28
粉质黏土	17.9	5.7	0.35	8	20
砾质砂	20	30	0.25	2	35
桩体	24	25 000	0.20	—	—

命令：

new

;建立 1/4 桩体模型

gen zone cylinder p0 0 0 0 p1 0.4 0 0 p2 0 0 −0.7 p3 0 0.4 0 size 2 2 12 group zhuangti

gen zone cylinder p0 0 0 −0.7 p1 0.4 0 −0.7 p2 0 0 −2.5 p3 0 0.4 −0.7 size 2 3 &
　　　　　12 group zhuangti

gen zone cylinder p0 0 0 −2.5 p1 0.4 0 −2.5 p2 0 0 −3.6 p3 0 0.4 −2.5 size 2 2 &
　　　　　12 group zhuangti

gen zone cylinder p0 0 0 −3.6 p1 0.4 0 −3.6 p2 0 0 −5.0 p3 0 0.4 −3.6 size 2 3 &
　　　　　12 group zhuangti

ini z add 10

;建立 1/4 桩周土体模型

gen zone radcy p0 0 0 0 p1 10 0 0 p2 0 0 −0.7 p3 0 10 0 size 2 2 12 30 dim 0.4 0.4 &
　　　　　0.4 0.4 ratio 1 1 1 1.05 group tuti

gen zone radcy p0 0 0 −0.7 p1 10 0 −0.7 p2 0 0 −2.5 p3 0 10 −0.7 size 2 3 12 30 &
　　　　　dim 0.4 0.4 0.4 0.4 ratio 1 1 1 1.05 group tuti

gen zone radcy p0 0 0 −2.5 p1 10 0 −2.5 p2 0 0 −3.6 p3 0 10 −2.5 size 2 2 12 30 &
　　　　　dim 0.4 0.4 0.4 0.4 ratio 1 1 1 1.05 group tuti

gen zone radcy p0 0 0 −3.6 p1 10 0 −3.6 p2 0 0 −5.0 p3 0 10 −3.6 size 2 3 12 30 &
　　　　　dim 0.4 0.4 0.4 0.4 ratio 1 1 1 1.05 group tuti

gen zone radcy p0 0 0 −5.0 p1 10 0 −5.0 p2 0 0 −12.0 p3 0 10 −5.0 size 2 10 12 &
　　　　　30 dim 0.4 0.4 0.4 0.4 ratio 1 1.06 1 1.05 group tuti fill group tuti

;通过镜像，建立完整单桩静载试验模型

gen zone reflect norm −1 0 0 origin 0 0 0

gen zone reflect norm 0 −1 0 origin 0 0 0

;设置桩底以及桩侧的接触面

int 2 face range z 4.9 5.1

int 1 face range z 5.1 9.9

;桩体模型归位

ini z add −10 range z 1 20

;设置土体本构模型和参数

model mohr

prop dens 2000 young 12e6 poisson 0.36 coh 9.6e3 fric 26 range z −0.7 0

prop dens 1900 young 15e6 poisson 0.28 coh 4e3 fric 28 range z −0.7 −2.5

prop dens 1790 young 5.7e6 poisson 0.35 coh 8e3 fric 20 range z −2.5 −3.6

prop dens 2000 young 30e6 poisson 0.25 coh 2e3 fric 35 range z −3.6 −12

;设置重力加速度

set grav 0 0 −10

;定义初始状态下接触面单元参数

```
inter 1 prop kn 20e7 ks 20e7 coh 5e7 fric 26
inter 2 prop kn 30e7 ks 30e7 coh 3e7 fric 35
;边界条件设置
fix x range x －9.9 －10.1
fix x range x 9.9 10.1
fix y range y －9.9 －10.1
fix y range y 9.9 10.1
fix z range z －12.1 －11.9
;初始应力求解
solve
ini xdis 0 ydis 0 zdis 0 xvel 0 yvel 0 zvel 0
ini state 0
;设置桩体材料参数
model elas range group zhuangti
prop young 25e9 poisson 0.20 dens 2400 range group zhuangti
;定义桩体与土体之间接触面单元参数
inter 1 prop kn 30e10 ks 30e10 coh 3e3 fric 16.7
inter 2 prop kn 30e10 ks 30e10 coh 1.8e3 fric 21
;求解直至平衡,模拟桩体施工完成
solve
;对模型位移进行清零
ini xdis 0 ydis 0 zdis 0 xvel 0 yvel 0 zvel 0
;布置监测点,监测桩体表面竖向应力和竖向位移
hist id＝1 gp zdisp 0 0 0
hist id＝2 zone szz 0 0 0
;定义分级加载函数,对单桩进行分级加载
def fjjz
loop aa(1,10);分 10 级进行加载
   fjjzz＝50e3/(3.14 * 0.4 * 0.4);每级荷载施加的等效应力
   jzz＝－aa * fjjzz
command
   apply nstress @jzz range gr zhuangti z －0.1 0.1
   solve
endcommand
endloop
end
@fjjz
;对单桩静载试验结果进行存档
save dzjzsy.sav
```

;显示监测位置节点位移随加载应力的变化关系

plot hist —1 vs —2

图 5-5 给出了单桩静载试验后桩体沉降随加载应力的变化关系曲线。随着桩体顶部荷载值的增加,桩体沉降越来越大,尤其是上方荷载值达到 300 kN 时,桩体沉降速率明显加快;当桩体上方荷载值达到 500 kN 时,桩体最大沉降值达到了 42.6 mm。

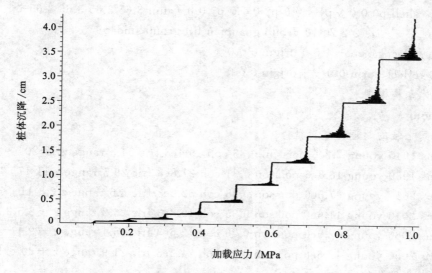

图 5-5　桩体沉降随加载应力的变化关系曲线

2. 围岩与支护结构的相互作用

地下工程开挖过程中,由于地应力的存在,工程周边围岩必然会向开挖临空面产生变形,如变形过大,则会导致工程安全问题。可见,围岩支护是伴随工程开挖必不可少的一项内容。但由于围岩本身存在一定的承载能力,如过早支护,则要求支护刚度很高,造成支护费用较大,而太晚支护则易使围岩变形过大甚至垮落。因此,需将围岩与支护当成一个整体,考虑两者间的相互作用,才能保证工程质量和经济效益。

【例 5-6】 某盾构隧道开挖直径为 8 m,埋深为 20 m,衬砌管片厚度为 0.35 m。隧道周边地层分布情况如表 5-2 所示,试分析盾构隧道开挖后地表的沉降情况。

表 5-2　盾构隧道周边土层的物理力学参数

土层名称	层厚/m	密度 /(kg/m³)	弹性模量 /MPa	泊松比	黏聚力 /kPa	内摩擦角/(°)
杂填土	3.0	1 940	14.4	0.36	19.4	24.3
粉土	6.0	1 960	37.6	0.31	27.8	29.5
粉砂	8.2	2 010	75.0	0.28	32.6	8.6
粉质黏土	5.3	2 010	23.2	0.35	19.8	26.2
粉砂	6.9	2 030	85.0	0.26	12.6	15.4
粉质黏土	12.0	2 050	25.2	0.34	21.3	21.9

命令：

new

;建立盾构隧道模型

gen zone radcy p0 0 0 0 p1 20 0 0 p2 0 1 0 p3 0 0 20 dim 4 4 4 4 &
    size 10 2 20 30 ratio 1 1 1 1.02 group tuti

gen zone cshell p0 0 0 0 p1 4 0 0 p2 0 1 0 p3 0 0 4 dim 3.65 3.65 3.65 3.65 &
    size 2 2 20 10 group guanpian fill group suidao

gen zone reflect norm －1 0 0 origin 0 0 0

gen zone reflect norm 0 0 －1 origin 0 0 0

;设置土体本构模型

model mohr

;输入不同土层的物理力学参数

prop dens 1940 young 7.2e6 poisson 0.36 coh 19.4e3 fric 24.3 range z 17 20

prop dens 1960 young 18.8e6 poisson 0.31 coh 27.8e3 fric 29.5 range z 11 17

prop dens 2010 young 37.5e6 poisson 0.28 coh 32.6e3 fric 8.6 range z 2.8 11

prop dens 2010 young 11.6e6 poisson 0.35 coh 19.8e3 fric 26.2 range z －2.5 2.8

prop dens 2030 young 42.5e6 poisson 0.26 coh 12.6e3 fric 15.4 range z －9.4 －2.5

prop dens 2050 young 12.6e6 poisson 0.34 coh 21.3e3 fric 21.9 range z －20 －9.4

;施加模型边界条件

fix x range x －19.9 －20.1

fix x range x 19.9 20.1

fix y range y －0.1 0.1

fix y range y 0.9 1.1

fix z range z －19.9 －20.1

;人为初始应力设置，加快初始应力场求解速度

ini szz －4e5 grad 0 0 20e3

ini sxx －1.76e5 grad 0 0 8.8e3

ini syy －1.76e5 grad 0 0 8.8e3

;设置重力加速度

set grav 0 0 －10

;初始应力场生成

solve

ini xdis 0 ydis 0 zdis 0 xvel 0 yvel 0 zvel 0

ini state 0

;对盾构隧道内土体进行开挖

model null range group suidao any group guanpian any

;设置管片本构模型和参数

model elas range group guanpian

prop young 3e10 poisson 0.2 dens 2500 range group guanpian

```
;设置管片与周边土体的接触面单元
gen separate group tuti
inter 1 wrap guanpian tuti
;设置接触面单元参数
int 1 prop kn 60e8 ks 60e8 coh 14e3 fric 17.2
;求解直至平衡
solve
;对开挖结果进行保存
save dgsdkw.sav
;显示模型 Z 方向位移
plot con zdis
```

考虑和未考虑围岩与支护结构相互作用下盾构周边土体的竖向位移分布如图 5-6 所示。两种计算条件下盾构周边土体的竖向位移分布存在明显差异,当在衬砌与周边土体之间加入接触面单元后,盾构隧道顶部沉降为 22.3 mm,底部隆起为 46.0 mm,这比未考虑围岩与支护结构相互作用下的计算结果要合理得多。

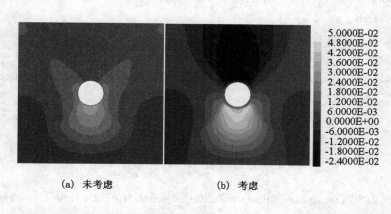

(a) 未考虑　　　　　　(b) 考虑

图 5-6　是否考虑围岩与支护结构相互作用下盾构周边土体的竖向位移分布图

3. 煤层开采后顶板岩层的垮落

为减小采煤成本,大部分煤矿都很少对采煤工作面顶板进行支护,而是让顶板岩层随着工作面推进而逐渐垮落。在垮落过程中,采煤工作面前方围岩会出现周期性的矿压显现,大部分情况下,矿压显现会对采煤工作造成不良的影响。因此,为研究采煤工作面前方围岩应力的变化规律,减小矿压显现危害,需对煤层开采后顶板岩层的垮落问题进行研究。

【例 5-7】　某矿一采煤工作面埋深 250 m,根据井下地应力测量结果,该工作面煤层水平主应力约为 9.6 MPa,垂直主应力约为 6.4 MPa,煤层顶底板围岩情况如表 5-3 所示。试分析煤层开采过程中采空区顶板岩层的运动规律。

表 5-3　煤层顶底板围岩性质参数

名称	厚度/m	密度 /（kg/m³）	弹性模量 /GPa	泊松比	黏聚力 /MPa	内摩擦角 /（°）	抗拉强度 /MPa
石英砂岩	8.2	2 530	15.7	0.20	7.2	38.3	2.7
中粒砂岩	4.3	2 470	10.3	0.22	5.0	35.2	2.1
2 号煤	5.0	1 460	2.3	0.30	0.8	27.5	0.6
细砂岩	15.4	2 430	8.9	0.26	4.0	32.4	1.8

命令：

```
new
;建立煤层开采数值模型
gen zone brick p0 0 0 0 p1 200 0 0 p2 0 1 0 p3 0 0 32 size 400 2 64
;对开采工作面周边岩层进行分组
group sysy range z 32 23.8
group zlsy range z 23.8 19.5
group 2hmy range z 19.5 14.5
group xsy range z 0 14.5
;设置各层岩石的本构模型和力学参数
model mohr
prop dens 2530 young 15.7e9 poisson 0.20 coh 7.2e6 fric 38.3 tens 2.7e6 range group &
sysy
prop dens 2470 young 10.3e9 poisson 0.22 coh 5.0e6 fric 35.2 tens 2.1e6 range group &
zlsy
prop dens 1460 young 2.3e9 poisson 0.30 coh 0.8e6 fric 27.5 tens 0.6e6 range group &
2hmy
prop dens 2430 young 8.9e9 poisson 0.26 coh 4.0e6 fric 32.4 tens 1.8e6 range group &
xsy
;设置边界条件
fix x range x −0.1 0.1
fix y range y −0.1 0.1
fix y range y 0.9 1.1
fix z range z −0.1 0.1
apply nstress −6.1e6 range z 31.9 32.1
apply nstress −10.2e6 grad 0 0 36e3 range x 199.9 200.1
;人工初始应力赋值,加快收敛速度
ini szz −6.8e6 grad 0 0 24e3
ini sxx −10.2e6 grad 0 0 36e3
ini syy −10.2e6 grad 0 0 26e3
;设置重力加速度
```

```
set grav 0 0 -10
;初始应力场生成
solve
ini xdis 0 ydis 0 zdis 0
ini state 0
;设置大变形
set large
;对煤层开切眼模拟每次工作面推进 2 m
def mckc
loop aa(1,50);工作面从 X=30 m 开始,往前推进 100 m,分 50 次开采
    kcfw1=30.1+(aa-1)*2;当前开采范围起点 X 坐标
    kcfw2=29.9+aa*2;当前开采范围终点 X 坐标
    command
        model null range x @kcfw1 @kcfw2 group 2hmy;对煤层进行开采
        int 1 delete range z 14.6 19.6;删除还没落入底板的接触面单元
        int 1 face range z 14.6 19.6 y 0.1 0.9 x 30.1 @kcfw2;在煤层上方重新建立接触面单元
        int 1 prop kn 20e10 ks 20e10 fric 18;设置接触面单元参数
        step 1000;每次开挖求解步数
    endcommand
  endloop
end
@mckc
;对煤层开采结果进行保存
save 2hmckcgc.sav
;显示塑性区和接触面单元
plot zone colorby state
plot add inter
```

当开采工作面推进 100 m 后,煤层顶板岩层的垮落分布如图 5-7 所示。由于接触面单元的设置,煤层覆岩在垮落后能够与底板岩石产生相互作用,使采空区围岩的边界条件与实际工程相符合,可以有效模拟采煤伴随的矿压显现问题。

图 5-7　开采工作面推进 100 m 后煤层顶板的垮落分布图

5.3 结构单元种类与模拟

在岩土工程数值模拟过程中,人工结构物与周边围岩的相互影响问题常常是建设者们关注的重点,因此,大部分数值模型都需要考虑人工结构物的位置、形状、尺寸、数量以及接触面等。然而实际工程往往会涉及很多人工结构物(如锚杆、围护桩、支撑、喷射混凝土等),这就导致模型建立十分复杂,模拟计算速度过慢。为解决这种问题,FLAC[3D]提供了 6 种结构单元构件,分别为梁结构单元(beam)、锚杆结构单元(cable)、桩结构单元(pile)、壳结构单元(shell)、衬砌结构单元(liner)和土工格栅结构单元(geogrid)。由于结构单元将实际结构进行抽象化,它虽然有尺寸参数,但在模型中却不会占用空间,因此,在实体模型建立过程中,可以不对这些结构单元作过多的考虑,极大地提高了数值模拟工作的效率。

5.3.1 梁结构单元

梁结构单元(beam)主要用于模拟实际工程中的杆件结构,如梁、支撑、柱子等。通常来说,一个梁结构单元可由多个梁构件组成,而一个梁构件则由两个节点与两个节点之间的具有对称截面的直线构成。默认情况下,每个梁构件均是各向同性的线弹性材料,当设定塑性力矩时则为塑性材料。

梁结构(构件)单元生成过程中常用的命令有:

(1) **sel node**+(**id**+节点编号)+节点坐标。

该命令表示在一个空间位置处创建一个结构单元节点。例如:

sel node id=1 000;在坐标为(0,0,0)的空间位置创建 1 个结构单元节点,该节点编号为 1

(2) **sel beamsel**+(**cid**+梁构件编号)+(**id**+梁结构编号)+**nodes**+节点号 1+节点号 2。

该命令表示在两个节点之间设置一个梁构件。例如:

sel node id=1 000;创建结构单元节点 1

sel node id=2 100;创建结构单元节点 2

sel beamsel cid 1 id 3 node 1 2;在节点 1 和节点 2 之间建立 1 个梁构件,梁构件编号为 1,梁结构编号为 3

(3) **sel beam**+(**id**+梁编号)+**begin**+起点坐标+**end**+终点坐标+**nseg**+梁分段数。

该命令表示在两个空间位置点之间创建 1 道梁结构单元,并将这道梁分成 n 段,每段为 1 个梁构件。例如:

sel beam id 1 begin 0 0 0 end 10 0 0 nseg 10;建立 1 个梁结构单元,该梁起点坐标为(0,0,0),终点坐标为(10,0,0),由 10 个梁构件组成

梁结构单元的参数有 10 个,分别是弹性模量(emod)、泊松比(nu)、横截面面积(xcarea)、Y 轴惯性矩(xciy)、Z 轴惯性矩(xciz)、极惯性矩(xcj)、密度(density)、塑性矩(pmoment)、热膨胀系数(thexp)和矢量 y(ydirection)。其中,前 6 个为梁结构单元必须设置的参数,后 4 个为梁结构单元可选设置参数。此外,需要说明的是,Y 轴惯性矩(xciy)、Z 轴惯性矩(xciz)、极惯性矩(xcj)这 3 个参数是在梁结构单元局部坐标系下定义得到的。在梁结构单元局部坐标系下,X 轴正方向为节点 1 指向节点 2 或起点指向终点;Y 轴正方向默

认为全局坐标系的 X 轴或 Y 轴方向,当定义矢量 y 这个参数时,Y 轴正方向与矢量 y 对齐;
Z 轴正方向则与 XY 平面垂直,并遵循右手坐标系原则。

梁结构单元参数的设置命令如下所示:

sel beam＋prop＋参数名＋参数值＋(range＋梁结构或梁构件范围)

上述命令中,梁结构或梁构件范围可选择梁的编号(id)、梁构件的编号(cid)或全局坐标
系下 X,Y,Z 三个方向上的空间范围。例如:

sel beam pro emod 20e9 range id 1;对梁结构单元编号为 1 的梁进行弹性模量设置

sel beam pro nu 0.3 range cid 1 5;对梁构件编号为 1～5 的梁构件进行泊松比设置

sel beam pro xcarea 0.1 range x 0 10 y 0 5;对处在 0≤X≤10、0≤Y≤5 这个空间范 &
围内的梁结构单元进行横截面面积设置

当需要对梁结构或梁构件进行拆除时,可以采用以下命令:

sel delete beam＋(range＋梁结构或梁构件范围)

【例 5-8】　梁结构单元模拟混凝土支撑结构。

命令:

new

;建立模型

gen zone brick p0 0 0 0 p1 50 0 0 p2 0 5 0 p3 0 0 20 size 50 3 30

;设置材料参数

model mohr

prop young 20e6 poisson 0.3 coh 15e3 fric 25 dens 2000

;设置重力加速度

set grav 0 0 −10

;设置边界条件

fix x range x −0.1 0.1

fix x range x 49.9 50.1

fix y

fix z range z −0.1 0.1

;初始应力场平衡

solve elas

ini xdis 0 ydis 0 zdis 0

ini state 0

;开挖基坑

model null range x 20 30 z 15 20

step 30

;设置梁结构单元模拟混凝土支撑

sel beam id＝1 begin 20 2.5 19.5 end 30 2.5 19.5 nseg 10

;设置混凝土支撑的材料参数,混凝土支撑横截面宽为 0.8 m、高为 0.6 m

sel beam id＝1 prop emod 30e9 nu 0.2 xcarea 0.48 xciy 2.56e−2 xciz 1.44e−2 xcj 4.0e−2

;求解直至平衡

solve

;对计算结果进行保存

save zczh.sav

;显示土体位移以及混凝土支撑的轴力

plot con xdis

plot add sel bcon fx

图 5-8 为混凝土支撑设置后基坑周边土体的水平位移分布图。由图可知,该基坑开挖完成后,基坑最大水平位移约为 6.5 mm,出现在基坑两侧靠近基底的位置;而混凝土支撑则处于受压状态,其轴力为 13.5 kN。

图 5-8　混凝土支撑条件下基坑的水平位移分布图

5.3.2　锚杆结构单元

锚杆结构单元(cable)主要用于模拟实际工程中剪切变形较小的土钉、锚杆和锚索结构。一个锚杆结构单元可由多个锚杆构件组成,而一个锚杆构件则由两个节点之间的具有相同横截面和材料的直线构成。每个锚杆构件可以视为弹塑性材料,能够承受拉力和压力(不能够承受剪力和弯矩),并在受拉或受压下产生屈服。

生成锚杆结构(构件)单元的命令与梁结构单元类似,有:

(1) **sel node**+(**id**+节点编号)+节点坐标。

(2) **sel cablesel**+(**cid**+锚杆构件编号)+(**id**+锚杆编号)+**nodes**+节点号 1+节点号 2。

(3) **sel cable**+(**id**+梁编号)+**begin**+起点坐标+**end**+终点坐标+**nseg**+锚杆分段数。

锚杆结构单元的参数有 12 个,分别是弹性模量(emod)、横截面面积(xcarea)、单位长度上黏结剂的黏结力(gr_coh)、黏结剂的内摩擦角(gr_fric)、单位长度上黏结剂的刚度(gr_k)、黏结剂外圈周长(gr_per)、抗压强度(ycomp)、抗拉强度(ytens)、大变形滑动标志(slide)、大变形滑动容差(slide_tol)、热膨胀系数(thexp)和密度(dens)。其中,前 8 个为梁结构单元必须设置的参数,后 4 个为梁结构单元可选设置参数。这里需要注意的是,单位长度上黏结剂的黏结力(gr_coh)这个参数的单位是 N/m,而不是 Pa;大变形滑动标志的输入值是 off 或 on,默认为 off;只有打开大变形滑动标志时,大变形滑动容差(slide_tol)这个参数值才有效。

锚杆结构单元参数的设置命令也与梁结构单元类似,为:

sel cable+**prop**+参数名+参数值+(**range**+锚杆结构或锚杆构件范围)

但与梁结构单元不同的一点是,锚杆结构单元可以设置预应力大小,其设置命令为:

sel cable+**pretension**+预应力值+(**range**+锚杆结构或锚杆构件范围)

当需要对锚杆结构或锚杆构件进行拆除时,可以采用以下命令:

sel delete cable＋（range＋锚杆结构或锚杆构件范围）

【例 5-9】　用锚杆结构单元模拟锚索。

命令：

new

;建立模型

gen zone brick p0 0 0 0 p1 50 0 0 p2 0 3 0 p3 0 0 20 size 50 3 30

;设置材料参数

model mohr

prop young 20e6 poisson 0.3 coh 15e3 fric 25 dens 2000

;设置重力加速度

set grav 0 0 －10

;设置边界条件

fix x range x －0.1 0.1

fix x range x 49.9 50.1

fix y

fix z range z －0.1 0.1

;初始应力场平衡

solve elas

ini xdis 0 ydis 0 zdis 0

ini state 0

;开挖基坑

model null range x 20 30 z 15 20

step 30

;设置锚杆结构单元模拟锚索

sel cable id＝1 begin 20 1.5 19.8 end 13.94 1.5 16.3 nseg 7;基坑左侧锚索自由段

sel cable id＝1 begin 13.94 1.5 16.3 end 11.34 1.5 14.8 nseg 3;基坑左侧锚索锚固段

sel cable id＝2 begin 30 1.5 19.8 end 36.06 1.5 16.3 nseg 7;基坑右侧锚索自由段

sel cable id＝2 begin 36.06 1.5 16.3 end 38.66 1.5 14.8 nseg 3;基坑右侧锚索锚固段

;锚索直径为 22 mm,钻孔直径为 25 mm,自由段黏结剂为土体,锚固段黏结剂为水泥浆

;设置基坑左侧锚索自由段的参数

sel cable id＝1 prop emod 2e11 xcarea 3.8e－4 gr_coh 12e3 gr_fric 20 gr_per &

　　　　　　　6.91e－2 gr_k 5e7 ytens 100e3 ycomp 100e3 range cid 1 7

;设置基坑左侧锚索自由段的预应力

sel cable id＝1 pretension 20e3 range cid 1 7

;设置基坑左侧锚索锚固段的参数

sel cable id＝1 prop emod 2e11 xcarea 3.8e－4 gr_coh 10e4 gr_fric 35 gr_per &

　　　　　　　7.85e－2 gr_k 1e9 ytens 100e3 ycomp 100e3 range cid 8 10

;设置基坑右侧锚索的参数

sel cable id＝2 prop emod 2e11 xcarea 3.8e－4 gr_coh 10e4 gr_fric 35 gr_per &

7.85e−2 gr_k 1e9 ytens 100e3 ycomp 100e3 range cid 18 20

sel cable id=2 prop emod 2e11 xcarea 3.8e−4 gr_coh 12e3 gr_fric 20 gr_per &

6.91e−2 gr_k 5e7 ytens 100e3 ycomp 100e3 range cid 11 17

sel cable pretension 20e3 range cid 11 17

;求解直至平衡

solve

;对计算结果进行保存

save mszh.sav

;显示土体位移以及锚索的轴力

plot con xdis

plot add sel cabblock force

锚索拉锚条件下基坑周边土体的水平位移分布如图 5-9 所示。拉锚条件下基坑最大水平位移约为 6.5 mm，出现在基坑两侧靠近基底的位置；而锚索则处于受拉状态，其最大轴力约为 40 kN。

图 5-9　锚索拉锚条件下基坑的水平位移分布图

5.3.3　桩结构单元

桩结构单元(pile)主要用于模拟实际工程中能够与周边岩土体等材料发生摩擦作用的杆件结构，如管棚、工程桩、剪切变形较大的锚杆和锚索等。桩结构单元同样由多个桩构件组成，每个桩构件由两个节点之间的具有相同对称截面的直线构成。与梁结构单元相比，它除了具有梁结构单元的构造特性外，还能提供与周边岩土体材料的相互摩擦作用；而与锚杆结构单元相比，它除了能承受拉压力外，还能承受弯矩和剪力，并在拉、压、剪、弯条件下发生塑性屈服。

桩结构单元的生成命令与梁、锚杆结构单元相似，主要有：

(1) **sel node**＋(**id**＋节点编号)＋节点坐标。

(2) **sel pilesel**＋(**cid**＋桩构件编号)＋(**id**＋桩编号)＋**nodes**＋节点号 1＋节点号 2。

(3) **sel pile**＋(**id**＋桩编号)＋**begin**＋起点坐标＋**end**＋终点坐标＋**nseg**＋桩结构分段数。

由于桩结构单元同时具备了梁结构单元和锚杆结构单元的作用，因此，桩结构单元参数较多，常用的材料参数有 13 个，分别是弹性模量(emod)、泊松比(nu)、横截面面积

（xcarea）、桩周长（perimeter）、Y 轴惯性矩（xciy）、Z 轴惯性矩（xciz）、极惯性矩（xcj）、耦合弹簧切向方向上单位长度的黏结力（cs_scoh）、耦合弹簧切向方向上的内摩擦角（cs_sfric）、耦合弹簧切向方向上单位长度的刚度（cs_sk）、耦合弹簧法向方向上单位长度的黏结力（cs_ncoh）、耦合弹簧法向方向上的内摩擦角（cs_nfric）和耦合弹簧法向方向上单位长度的刚度（cs_nk）。此外，还有 14 个可选参数，分别是密度（density）、塑性矩（pmoment）、热膨胀系数（thexp）、矢量 y（ydirection）、大变形滑动标志（slide）、大变形滑动容差（slide_tol）、耦合弹簧在切向上的裂缝标志（cs_ngap）、锚杆特性标志（rockbolt）、抗破坏应变（tfstrain）、轴向抗拉强度（tyield）、约束应力增加标志（cs_cfincr）、有效约束应力系数与偏应力的表号（cs_cftable）、有效约束应力耦合弹簧切向黏聚力与剪切位移的表号（cs_sctable）和有效约束应力耦合弹簧切向内摩擦角与剪切位移的表号（cs_sftable）。

在上述参数定义过程中，应注意以下几个问题：

（1）Y 轴惯性矩（xciy）、Z 轴惯性矩（xciz）、极惯性矩（xcj）这 3 个参数是在桩单元局部坐标系定义得到的，桩局部坐标系的定义与梁结构单元一致。

（2）耦合弹簧切向方向上单位长度的黏结力（cs_scoh）和耦合弹簧法向方向上单位长度的黏结力（cs_ncoh）这 2 个参数的单位是 N/m。

（3）大变形滑动标志（slide）、耦合弹簧在切向上的裂缝标志（cs_ngap）、锚杆特性标志（rockbolt）和约束应力增加标志（cs_cfincr）这 4 个参数的默认值均为 off。

（4）当大变形滑动标志（slide）参数设置为 on 时，大变形滑动容差（slide_tol）的定义才有效。

（5）当锚杆特性标志（rockbolt）参数设置为 on 时，抗破坏应变（tfstrain）、轴向抗拉强度（tyield）和约束应力增加标志（cs_cfincr）这 3 个参数的定义才有效。

（6）当约束应力增加标志（cs_cfincr）参数设置为 on 时，有效约束应力系数与偏应力的表号（cs_cftable）、有效约束应力耦合弹簧切向黏聚力与剪切位移的表号（cs_sctable）和有效约束应力耦合弹簧切向内摩擦角与剪切位移的表号（cs_sftable）这 3 个参数的定义才有效。

桩结构单元参数的设置命令如下所示：

sel pile＋prop＋参数名＋参数值＋（range＋桩结构或桩构件范围）

当需要对桩结构或桩构件进行拆除时，可以采用以下命令：

sel delete pile＋（range＋桩结构或桩构件范围）

【例 5-10】　用桩结构单元模拟钻孔灌注桩。

命令：

```
new
;建立模型
gen zone brick p0 0 0 0 p1 50 0 0 p2 0 3 0 p3 0 0 20 size 50 3 30
;设置材料参数
model mohr
prop young 20e6 poisson 0.3 coh 15e3 fric 25 dens 2000
;设置重力加速度
set grav 0 0 −10
```

```
;设置边界条件
fix x range x −0.1 0.1
fix x range x 49.9 50.1
fix y
fix z range z −0.1 0.1
;初始应力场平衡
solve elas
ini xdis 0 ydis 0 zdis 0
ini state 0
;按桩径为 1 m、桩间距为 1.2 m,在基坑两侧进行钻孔灌注桩支护
sel pile id=1 begin 19.5 0.5 20 end 19.5 0.5 10 nseg 10
sel pile id=1 begin 19.5 1.5 20 end 19.5 1.5 10 nseg 10
sel pile id=1 begin 19.5 2.5 20 end 19.5 2.5 10 nseg 10
sel pile id=1 begin 30.5 0.5 20 end 30.5 0.5 10 nseg 10
sel pile id=1 begin 30.5 1.5 20 end 30.5 1.5 10 nseg 10
sel pile id=1 begin 30.5 2.5 20 end 30.5 2.5 10 nseg 10
;设置钻孔灌注桩的参数
sel pile id=1 prop emod 25e9 nu 0.25 xcarea 0.785 perim 3.14 xciy 4.9e−2 xciz &
4.9e−2 xcj 9.8e−2
sel pile id=1 pro cs_sk 30e10 cs_nk 30e10 cs_scoh 37.9e3 cs_sfric 20 cs_ncoh &
37.9e3 cs_nfric 20
;开挖基坑
model null range x 20 30 z 15 20
;求解至平衡
solve
;对计算结果进行保存
save zkzzh.sav
;显示土体位移以及桩单元沿着基坑方向的弯矩
plot con xdis
plot add sel pcon my
```

钻孔灌注桩支护条件下基坑周边土体的水平位移分布如图 5-10 所示。与图 5-9 相比,钻孔桩支护后,基坑在开挖面以下的土体水平位移变化很小,而在开挖面以上的土体往基坑方向的水平位移明显减小,其最大位移约为 2.2 mm,出现在靠近基底的位置。基坑开挖完成后,桩结构单元将沿基坑方向发生弯曲,其弯矩在开挖面以上相对较小,而在开挖面以下靠近坑底的位置则相对较大,约为 21 kN·m。

5.3.4 壳结构单元

壳结构单元(shell)主要用于模拟实际工程中剪切变形较小的薄板形结构,如喷射混凝土层、楼板或衬砌管片等。壳结构单元由多个三角形壳构件组成,而每个壳构件则由 3 个节点间的三角形平面构成。在模拟时,每个壳构件默认为是一种等厚、各向同性的线弹性材

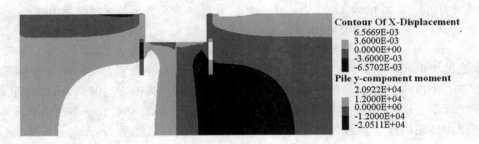

图 5-10　钻孔灌注桩支护条件下基坑的水平位移分布图

料,可以承受弯矩、剪力和轴力。

壳结构单元的生成命令如下所示:

(1) **sel shell**＋(**id**＋壳结构单元编号)＋(**crossdiag**)＋(**elemtype**＋有限单元类型)＋(**group**＋组名)＋**range**＋壳结构单元生成范围。

(2) **sel shellsel**＋(**cid**＋壳构件编号)＋(**id**＋壳结构单元编号)＋(**elemtype**＋有限单元类型)＋**nodes**＋节点号 1＋节点号 2＋节点号 3。

在上述命令中,如加入 crossdiag 关键字,则表示生成的壳网结构为交叉斜线壳网结构,否则,为交叉排线壳网结构。如加入 elemtype 关键字,则可以指定 5 种不同的壳构件有限单元类型,分别是 cst(6 个自由度)、csth(9 个自由度)、dkt(9 个自由度)、dkt_cst(15 个自由度)以及 dkt_csth(18 个自由度),默认情况下为 dkt_cst;其中,cst 和 dkt 是薄膜单元,能抵抗薄膜荷载,不能抵抗弯曲荷载;csth 是平板弯曲单元,不能抵抗薄膜荷载,能抵抗弯曲荷载;dkt_cst 和 dkt_csth 则既能抵抗薄膜荷载,也能抵抗弯矩载荷。如加入 group 关键字,则表示在指定组单元体的表面(可以不是临空面)生成壳体单元。壳生成范围则表示壳体所依附单元体表面(只能是临空面)的范围,即此时壳体单元生成的前提条件是必须存在实体单元,而且这个实体单元的临空面必须在所指定的范围内。

下列命令生成的壳结构单元分布情况如图 5-11 所示,可以看出,采用 crossdiag 命令后,壳构件的形状发生了明显的变化。

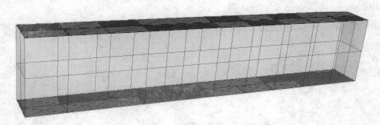

图 5-11　壳结构单元的生成

gen zone brick p0 0 0 0 p1 10 0 0 p2 0 10 p3 0 0 2 size 10 2 2;先建立模型,为壳构 &
件生成提供依附面

sel shell id＝1 crossdiag elem dkt_csth range z －0.1 0.1;在单元体下表面生成交叉 &
斜线壳网结构 dkt_csth

sel shell id＝2 range z 1.9 2.2;在单元体上表面生成交叉排线壳网结构 dkt_cst

plot zone colorby group trans 70;显示模型

plot add sel geom;显示生成的结构单元

当壳结构单元生成后,壳结构单元会自动形成一个局部坐标系,其中,局部坐标系 X 轴方向为节点 1 指向节点 2;局部坐标系 X 轴位于壳平面内,其正方向与 X 轴方向垂直且遵循右手坐标系定则;局部坐标系 Z 轴垂直于壳平面,并与 X,Y 轴形成一个右手坐标系。

壳结构单元的材料参数只有 4 个,分别是各向同性材料参数(isotropic)、厚度(thickness)、密度(density)和热膨胀系数(thexp)。其中,前 2 个参数是必须输入项,而各向同性材料参数(isotropic)又存在弹性模量和泊松比 2 个参数,因此,输入命令时,isotropic 关键字后应紧跟 2 个数值,分别代表弹性模量和泊松比的值。

壳结构单元材料参数的设置命令如下所示:

sel shell prop＋参数名＋参数值＋**range**＋壳结构或壳构件范围

例如:

sel shell prop iso 2e9 0.2 thick 0.1 range id 1;设置编号为 1 的壳单元材料的弹性模量、泊松比和黏聚力分别为 2 GPa、0.2 和 0.1 m。

当需要对壳结构或壳构件进行拆除时,可以采用以下命令:

sel delete shell＋(**range**＋壳结构或壳构件范围)

【例 5-11】 用壳结构单元模拟隧道衬砌管片。

命令:

```
new
;建立隧道模型
gen zone radcy p0 0 0 0 p1 15 0 0 p2 0 2 0 p3 0 0 15 dim 3 3 3 3 size 6 4 18 20 &
              ratio 1 1 1 1.05 group weiyan fill group suidao
gen zone reflect norm －1 0 0 origin 0 0 0
gen zone reflect norm 0 0 －1 origin 0 0 0
;设置土体材料参数
model mohr
prop young 25e6 poisson 0.35 coh 30e3 fric 20 dens 1950
;设置边界条件
fix x range x －15.1 －14.9
fix x range x 15.1 14.9
fix y range y －0.1 0.1
fix y range y 1.9 2.1
fix z range z －14.9 －15.1
;设置重力加速度
set grav 0 0 －10
;初始应力场生成
solve elas
ini xdis 0 ydis 0 zdis 0
```

```
ini state 0
;设置大变形
set large
;开挖隧道单元
model null range group suidao
step 50
;在隧道周边生成一层壳结构单元
sel shell id＝1 range x －3.1 3.1 z －3.1 3.1 y 0.1 0.9
;设置壳结构单元参数
sel shell id＝1 prop iso 25e9 0.25 thick 0.35
;求解至平衡
solve
;保存计算结果
save kjgzh.sav
;显示竖向位移和衬砌弯矩
plot con zdis
plot add sel shcon mx
```

图 5-12 给出了壳结构单元模拟隧道衬砌结构时隧道竖向位移和衬砌弯矩图。从图中可以看出,该隧道开挖后,拱顶处土体竖向位移表现为沉降,最大值为 35.2 mm,拱底处土体竖向位移表现为隆起,最大值为 45.5 mm;衬砌管片在拱顶和拱底处向隧道内弯曲,其弯矩值为 216.9 kN·m,在两侧拱腰处向隧道外弯曲,其弯矩值约为 220 kN·m。

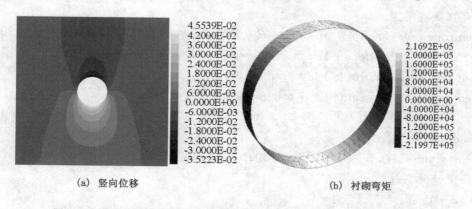

(a)　竖向位移　　　　　　　　　　　　(b)　衬砌弯矩

图 5-12　壳结构单元模拟隧道衬砌结构时隧道竖向位移和衬砌弯矩图

5.3.5　衬砌结构单元

衬砌结构单元(liner)主要用于模拟实际工程中能够与周围岩土材料发生摩擦作用的薄板结构,如衬砌、管片、挡土墙等。衬砌结构单元同样由多个 3 节点构成的三角形平面衬砌构件组成。与壳结构单元相比,衬砌结构单元除了继承壳结构单元的结构性能外,还能模拟衬砌与周边材料在法向和切向上的摩擦交互作用,即它不仅能够承受法向拉压应力,而且还能与周边材料发生分离和重新接触。

衬砌结构单元可设置的壳网结构和有限单元类型均与壳结构单元相同,而生成命令则与壳结构单元类似,即:

(1) **sel liner**+(**id**+衬砌结构单元编号)+(**crossdiag**)+(**elemtype**+有限单元类型)+(**group**+组名)+**range**+衬砌结构单元生成范围。

(2) **sel linersel**+(**cid**+衬砌构件编号)+(**id**+衬砌结构单元编号)+(**elemtype**+有限单元类型)+**nodes**+节点号 1+节点号 2+节点号 3。

与壳结构单元相比,衬砌结构单元的材料参数除了有各向同性材料参数(isotropic)、厚度(thickness)、密度(density)和热膨胀系数(thexp)这 4 个参数外,还有耦合弹簧在法向上的抗拉强度(cs_ncut)、耦合弹簧在法向上的单位面积刚度(cs_nk)、耦合弹簧在切向上的单位面积刚度(cs_sk)、耦合弹簧在切向上的黏聚力(cs_scoh)、耦合弹簧在切向上的残余黏聚力(cs_scohres)、耦合弹簧在切向上的内摩擦角(cs_sfric)、大变形滑动标志(slide)和大变形滑动容差(slide_tol)共 8 个参数。其中,密度(density)、热膨胀系数(thexp)、大变形滑动标志(slide)和大变形滑动容差(slide_tol)是可选输入参数,而其余 8 个参数则为必选输入参数。

衬砌结构单元材料参数的设置命令与壳结构单元类似,为:

sel liner prop+参数名+参数值+**range**+衬砌结构或衬砌构件范围

当需要对衬砌结构或衬砌构件进行拆除时,可以采用以下命令:

sel delete liner+(**range**+衬砌结构或衬砌构件范围)

【**例 5-12**】 用衬砌结构单元模拟隧道衬砌管片。

命令:
```
new
;建立隧道模型
gen zone radcy p0 0 0 0 p1 15 0 0 p2 0 2 0 p3 0 0 15 dim 3 3 3 3 size 6 4 18 20 &
                ratio 1 1 1 1.05 group weiyan fill group suidao
gen zone reflect norm −1 0 0 origin 0 0 0
gen zone reflect norm 0 0 −1 origin 0 0 0
;设置土体材料参数
model mohr
prop young 25e6 poisson 0.35 coh 30e3 fric 20 dens 1950
;设置边界条件
fix x range x −15.1 −14.9
fix x range x 14.9 15.1
fix y range y −0.1 0.1
fix y range y 1.9 2.1
fix z range z −15.1 −14.9
;设置重力加速度
set grav 0 0 −10
;初始应力场生成
solve elas
```

ini xdis 0 ydis 0 zdis 0

ini state 0

;设置大变形

set large

;开挖隧道单元

model null range group suidao

step 50

;在隧道周边生成一层衬砌结构单元

sel liner id＝1 range x －3.1 3.1 z －3.1 3.1 y 0.1 0.9

;设置衬砌结构单元参数

sel liner id＝1 prop iso 25e9 0.25 thick 0.35 cs_ncut 20e3 cs_nk 30e7 cs_sk 30e7

sel liner id＝1 prop cs_scoh 18e3 cs_sfric 12

;求解至平衡

solve

;保存计算结果

save cqjgzh.sav

;显示竖向位移和衬砌弯矩

plot con zdis

plot add sel lincon mx

用衬砌结构单元模拟隧道衬砌结构时,隧道的竖向位移和衬砌弯矩图如图 5-13 所示。与图 5-12 相比,采用衬砌结构单元和壳结构单元模拟相同的支护结构得到的盾构竖向位移和衬砌弯矩分布规律和大小基本相同。然而,由于衬砌结构单元模拟条件下,土体能够在衬砌表面发生滑动,其土体位移和衬砌弯矩的模拟结果要略大于壳结构单元。

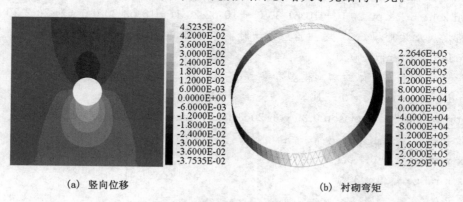

(a) 竖向位移　　　　　　　　　　　　　(b) 衬砌弯矩

图 5-13　衬砌结构单元模拟隧道衬砌条件下隧道的竖向位移和衬砌弯矩图

5.3.6　土工格栅结构单元

土工格栅结构(geogrid)主要用于模拟实际工程中能够与周围岩土材料发生相互摩擦作用的柔性薄膜结构,如土工网织物、土工格栅等。土工格栅结构单元由多个三角形土工格栅构件组成,每个土工格栅构件默认为可以抵抗薄膜荷载而不能抵抗弯曲荷载的 cst 有限单元类型。与壳结构单元相比,土工格栅结构单元增加了切向方向上的摩擦作用;而与衬砌结构单元相比,土工格栅结构单元则少了法向上的分离接合作用。

土工格栅结构单元可设置的壳网结构和有限单元类型与壳结构单元相同,其生成命令为:

(1) **sel geogrid**+(**id**+土工格栅结构单元编号)+(**crossdiag**)+(**elemtype**+有限单元类型)+(**group**+组名)+**range**+土工格栅结构单元生成范围。

(2) **sel geogridsel**+(**cid**+土工格栅构件编号)+(**id**+土工格栅结构单元编号)+(**elemtype**+有限单元类型)+**nodes**+节点号 1+节点号 2+节点号 3。

土工格栅结构单元的材料参数总共有 9 个,分别为各向同性材料参数(isotropic)、厚度(thickness)、耦合弹簧在切向上的单位面积刚度(cs_sk)、耦合弹簧在切向上的黏聚力(cs_scoh)、耦合弹簧在切向上的内摩擦角(cs_sfric)、密度(density)、热膨胀系数(thexp)、大变形滑动标志(slide)和大变形滑动容差(slide_tol)。其中前 5 个是必须输入参数,后 4 个是可选输入参数。

土工格栅结构单元的材料参数设置命令如下所示:

sel geogrid prop+参数名+参数值+**range**+土工格栅结构或土工格栅构件范围

当需要对土工格栅结构或土工格栅构件进行拆除时,可以采用以下命令:

sel delete geogrid+(**range**+土工格栅结构或土工格栅构件范围)

【例 5-13】 用土工格栅加固路堤边坡。

命令:

```
new
;建立路堤边坡模型
gen zone brick p0 0 0 0 p1 20 0 0 p2 0 1 0 p3 0 0 10 p4 20 1 0 p5 0 1 10 p6 10 0 10 &
                p7 10 1 10 size 40 2 20
gen zone brick p0 0 0 −10 p1 20 0 −10 p2 0 1 −10 p3 0 0 0 size 40 2 20
gen zone brick p0 20 0 −10 p1 30 0 −10 p2 20 1 −10 p3 20 0 0 size 20 2 20
;路堤属于后期填筑工程,初始应力场时不存在路堤,故要先设置为空模型
model null range z 0 10
;设置路堤下方土体的本构模型和参数
model mohr range z 0 −10
prop young 20e6 poisson 0.36 coh 20e3 fric 18 dens 1950 range z 0 −10
;设置路堤下方土体的边界条件
fix x range x −0.1 0.1
fix x range x 29.9 30.1
fix y
fix z range z −9.9 −10.1
;设置重力加速度
set grav 0 0 −10
;求解初始应力场
solve
ini xdis 0 ydis 0 zdis 0
```

```
ini state 0
;对路堤填筑土体进行分组以帮助土工格栅结构单元生成
group tz1 range z 0 2
group tz2 range z 2 4
group tz3 range z 4 6
group tz4 range z 6 8
group tz5 range z 8 10
;对路堤填筑土体进行参数设置
model mohr range z 0 10
prop young 25e6 poisson 0.3 coh 15e3 fric 20 dens 2000 range z 0 10
;重新设置路堤土体的边界条件
fix x range x －0.1 0.1
fix y
;生成 4 道土工格栅结构单元
sel geogrid id＝1 group tz1 range z 1.9 2.1 x 8 18
sel geogrid id＝1 group tz2 range z 3.9 4.1 x 6 16
sel geogrid id＝1 group tz3 range z 5.9 6.1 x 4 14
sel geogrid id＝1 group tz4 range z 7.9 8.1 x 2 12
;对土工格栅结构单元进行参数设置
sel geogrid id＝1 prop iso 25e9 0.33 thick 5e－3 cs_sk 30e7 cs_scoh 10.5e3 cs_sfric 14
;求解直至平衡
solve
;保存计算结果
save bpjg.sav
;显示路堤边坡水平位移和土工格栅的轴力
plot con xdis
plot add sel geocon nx
```

图 5-14 所示为土工格栅支护条件下路堤边坡水平位移和土工格栅轴力图。由图可知，土工格栅的应用能够有效减小路堤边坡的水平位移，提高路堤边坡的稳定性。当路堤填土填筑完成后，路堤边坡最大水平位移为 23.4 mm，出现在路堤边坡下方距坡脚约 4.8 m 的位置；土工格栅最大轴力为 28.8 kN，出现在从上至下的第 2 道土工格栅位置。

5.3.7 结构单元在工程模拟中的应用

1. 基坑工程开挖数值模拟分析

随着城市建设的不断发展，城市地下空间的开发与利用迫在眉睫。其中，基坑开挖是城市地下工程结构建设最常见的一种活动，其主要内容涉及工程地质勘察、支护结构设计与施工、土方开挖与回填、地下水控制、信息化施工及周边环境保护等。由于基坑的开挖施工不仅影响着整个地下工程项目的造价，还直接关系到周围管线、道路或建筑物的安全，因此，对基坑工程进行开挖数值模拟分析，得到不同条件下基坑与支护结构的应力变形分布规律，对指导实际工程具有十分重要的意义。在基坑工程开挖数值模拟分析中，常用到的结构单元

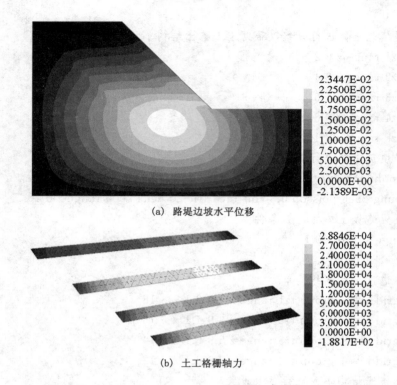

(a) 路堤边坡水平位移

(b) 土工格栅轴力

图 5-14 土工格栅支护条件下路堤边坡水平位移和土工格栅轴力图

有 pile(模拟桩体)、beam(模拟支撑、冠梁、钢围檩等)、cable(模拟锚索、土钉、锚杆)、shell (模拟喷射混凝土层)等。

【例 5-14】 某地铁车站标准段宽 21.3 m、深 18.04 m,主体基坑支护采用 ϕ1 200 mm@ 1 000 mm 钻孔灌注桩加内钢管支撑形式,钻孔灌注桩底埋深 25 m,桩间使用 ϕ600 mm 高压旋喷桩作为止水帷幕,桩顶设 1 200 mm×1 000 mm 冠梁。主体结构标准段由上到下共设置 4 道 ϕ600 mm($t=16$ mm)钢支撑,分别位于地下 -0.5 m、-3.8 m、-7.2 m 以及 -12.9 m 的位置,开挖范围内地层从上至下依次为人工填土、淤泥、粉质黏土、粗砂、砂质黏性土、全风化花岗岩和中风化花岗岩,各土层基本力学参数如表 5-4 所示。

表 5-4 基坑场地范围内土层的基本力学参数

土体名称	厚度/m	弹性模量/MPa	泊松比	黏聚力/kPa	内摩擦角/(°)	密度/(kg/m³)
人工填土	3.5	21.5	0.30	21.0	28.0	1 880
淤泥	8.1	9.5	0.37	10.3	3.5	1 540
粉质黏土	2.6	16.5	0.33	27.8	10.3	1 960
粗砂	5.2	37.0	0.30	5.0	25.0	2 060
砂质黏性土	3.2	20.0	0.28	7.8	26.2	1 860
全风化花岗岩	5.8	128.3	0.25	45.6	32.5	1 910
中风化花岗岩	9.6	551.2	0.22	120.2	36.4	1 980

命令：

```
new
;根据支撑和围护结构位置对基坑模型进行拆解划分,找出关键划分位置点坐标
def moxingcanshu
    array xwz(10) zwz(15)
    xwz(1)=0
    xwz(2)=60
    xwz(3)=61.2
    xwz(4)=71.85
    zwz(1)=0
    zwz(2)=-1.8
    zwz(3)=-4.6
    zwz(4)=-8.0
    zwz(5)=-13.7
    zwz(6)=-18.04
    zwz(7)=-25
    zwz(8)=-50
end
@moxingcanshu
;根据划分位置点坐标进行基坑模型的建立
def jikengjianmo
    loop aa(1,3)
        loop bb(1,7)
            p0_x=xwz(aa)
            p0_y=0
            p0_z=zwz(bb+1)
            p1_x=xwz(aa+1)
            p1_y=0
            p1_z=p0_z
            p2_x=p0_x
            p2_y=2.7
            p2_z=p0_z
            p3_x=p0_x
            p3_y=p0_y
            p3_z=zwz(bb)
            sizex=round((p1_x-p0_x)/0.8)
            sizey=3
            sizez=round((p3_z-p1_z)/0.8)
            if sizex=0 then
```

```
            sizex＝1
        endif
        if sizez＝0 then
            sizez＝1
        endif
        rx＝1
        ry＝1
        rz＝1
        if aa＝1 then
            sizex＝30
            rx＝0.95
        endif
        if bb＝7 then
            sizez＝20
            rz＝0.97
        endif
        command
            gen zone brick p0 @p0_x @p0_y @p0_z p1 @p1_x @p1_y @p1_z p2 &
                @p2_x @p2_y @p2_z p3 @p3_x @p3_y @p3_z size &
                @sizex @sizey @sizez ratio @rx @ry @rz
        endcommand
    endloop
  endloop
end
@jikengjianmo
;对模型单元进行组别划分
group kaiwa1 range x 61.2 71.85 z －1.8 0
group kaiwa2 range x 61.2 71.85 z －4.6 －1.8
group kaiwa3 range x 61.2 71.85 z －8.0 －4.6
group kaiwa4 range x 61.2 71.85 z －13.7 －8.0
group kaiwa5 range x 61.2 71.85 z －18.04 －13.7
group gl range x 60 61.2 z －1 0
group xpz range x 60 61 z －25 －1
;镜像建立另一半模型
gen zone reflect norm 1 0 0 origin 71.85 0 0
;对模型进行保存
save qhwjkmx.sav


new
```

```
;导入模型
restore qhwjkmx.sav
;设置基坑周围土体的物理力学参数
model mohr
pro young 21.5e6 poisson 0.30 fric 28.0 coh 21.0e3 dens 1880 range z −3.5 0
pro young 9.5e6 poisson 0.37 fric 3.5 coh 10.3e3 dens 1540 range z −11.6 −3.5
pro young 16.5e6 poisson 0.33 fric 10.3 coh 27.8e3 dens 1960 range z −14.2 −11.6
pro young 37.0e6 poisson 0.30 fric 25.0 coh 5.0e3 dens 2060 range z −19.4 −14.2
pro young 20.0e6 poisson 0.28 fric 26.2 coh 7.8e3 dens 1860 range z −22.6 −19.4
pro young 128.3e6 poisson 0.25 fric 32.5 coh 45.6e3 dens 1910 range z −28.4 −22.6
pro young 551.2e6 poisson 0.22 fric 36.4 coh 120.2e3 dens 1980 range z −50 −28.4
;设置重力加速度
set grav 0 0 −10
;设置模型边界条件
fix x range x −0.1 0.1
fix x range x 143.6 143.8
fix y range y −0.1 0.1
fix y range y 2.6 2.8
fix z range z −50.1 −49.9
;初始应力场平衡
solve elas
ini xdis 0 ydis 0 zdis 0
ini state 0
;保存模型初始应力场计算结果
save qhwjkcsyl.sav


;设置冠梁本构模型和参数
model elas range group gl
prop young 3e10 poisson 0.25 range group gl
;设置桩土混合材料的本构模型和物理力学参数
model mohr range group xpz
pro young 5e8 poisson 0.25 coh 0.4e6 fric 25 dens 2050 range group xpz
;按桩径为 1 m、桩间距为 1.2 m,在基坑两侧进行钻孔灌注桩支护
sel pile id=1 begin 60.6 0.35 −0.9 end 60.6 0.35 −25 nseg 24
sel pile id=1 begin 60.6 1.35 −0.9 end 60.6 1.35 −25 nseg 24
sel pile id=1 begin 60.6 2.35 −0.9 end 60.6 2.35 −25 nseg 24
sel pile id=1 begin 83.1 0.35 −0.9 end 83.1 0.35 −25 nseg 24
sel pile id=1 begin 83.1 1.35 −0.9 end 83.1 1.35 −25 nseg 24
sel pile id=1 begin 83.1 2.35 −0.9 end 83.1 2.35 −25 nseg 24
```

```
;使用桩结构单元模拟钻孔灌注桩,并设置其材料参数
sel pile id＝1 prop emod 30e9 nu 0.25 xcarea 0.785 perim 3.14 xciy 4.9e－2 xciz &
4.9e－2 xcj 9.8e－2 dens 2500
sel pile id＝1 prop cs_sk 30e10 cs_nk 30e10 cs_scoh 25e3 cs_sfric 18.5 cs_ncoh 25e3 &
cs_nfric 18.5
;求解直至平衡,模拟基坑围护结构施工完成
solve
;保存基坑围护结构施工完成后的计算结果
save qhwjkzkz.sav
;定义施工荷载函数
def ramp
    ramp ＝ min(1.0,float(step)/40000)
end
;在基坑两侧 10 m 范围内施加施工荷载
apply nstress －12e3 his @ramp range x 61.2 51.2
apply nstress －12e3 his @ramp range x 82.5 92.5
;对基坑第 1 步范围内的土体进行开挖
model null range group kaiwa1
;对基坑底部施加施工荷载
apply nstress －20e3 range x 61.3 81.4 z －20 －1 y 0.1 2.6
;模拟无支撑暴露时间
step 500
;使用 beam 单元模拟钢支撑,并设置第 1 道支撑及其参数
sel beam id＝1 begin 61.2 1.35 －0.5 end 82.5 1.35 －0.5 nseg 10
sel beam id＝1 prop emod 2.1e11 nu 0.3 xcarea 9.34e－3 xciy 1.25e－3 xciz 1.25e－3 &
xcj 2.5e－3
solve
;保存基坑第 1 步开挖计算结果
save qhwjkkw1.sav
;对基坑第 1 步范围内的土体进行开挖
model null range group kaiwa2
;对基坑底部施加施工荷载
apply nstress －20e3 range x 61.3 81.4 z －20 －1 y 0.1 2.6
;模拟无支撑暴露时间
step 500
;使用 beam 单元模拟钢支撑,并设置第 2 道支撑及其参数
sel beam id＝2 begin 61.2 1.35 －3.8 end 82.5 1.35 －3.8 nseg 10
sel beam id＝2 prop emod 2.1e11 nu 0.3 xcarea 9.34e－3 xciy 1.25e－3 xciz 1.25e－3 &
xcj 2.5e－3
```

```
solve
;保存基坑第 2 步开挖计算结果
save qhwjkkw2.sav
;对基坑第 3 步范围内的土体进行开挖
model null range group kaiwa3
;对基坑底部施加施工荷载
apply nstress －20e3 range x 61.3 81.4 z －20 －1 y 0.1 2.6
;模拟无支撑暴露时间
step 500
;使用 beam 单元模拟钢支撑,并设置第 3 道支撑及其参数
sel beam id＝3 begin 61.2 1.35 －7.2 end 82.5 1.35 －7.2 nseg 10
sel beam id＝3 prop emod 2.1e11 nu 0.3 xcarea 9.34e－3 xciy 1.25e－3 xciz 1.25e－3 &
xcj 2.5e－3
solve
;保存基坑第 3 步开挖计算结果
save qhwjkkw3.sav
;对基坑第 4 步范围内的土体进行开挖
model null range group kaiwa4
;对基坑底部施加施工荷载
apply nstress －20e3 range x 61.3 81.4 z －20 －1 y 0.1 2.6
;模拟无支撑暴露时间
step 500
;使用 beam 单元模拟钢支撑,并设置第 4 道支撑及其参数
sel beam id＝4 begin 61.2 1.35 －12.9 end 82.5 1.35 －12.9 nseg 10
sel beam id＝4 prop emod 2.1e11 nu 0.3 xcarea 9.34e－3 xciy 1.25e－3 xciz 1.25e－3 &
xcj 2.5e－3
solve
;保存基坑第 4 步开挖计算结果
save qhwjkkw4.sav
;对基坑第 5 步范围内的土体进行开挖
model null range group kaiwa5
;对基坑底部施加施工荷载
apply nstress －20e3 range x 61.3 81.4 z －20 －1 y 0.1 2.6
solve
;保存基坑第 5 步开挖计算结果
save qhwjkkw5.sav
```

当基坑开挖至设计位置时,基坑周边土体变形与支护结构内力分布如图 5-15 所示。由图可知,基坑开挖完成后,基坑最大水平位移出现在基坑两侧距地面约 13.5 m 的位置,其值为 22.0 mm;基坑地表最大沉降出现在距基坑边缘约 8 m 的位置,其值为 18.5 mm;钻孔灌

注桩最大弯矩出现在 -16.4 m 的位置,其值为 711.2 kN・m;钢支撑最大轴力出现在第 3 道支撑位置处,其值为 1 497 kN。

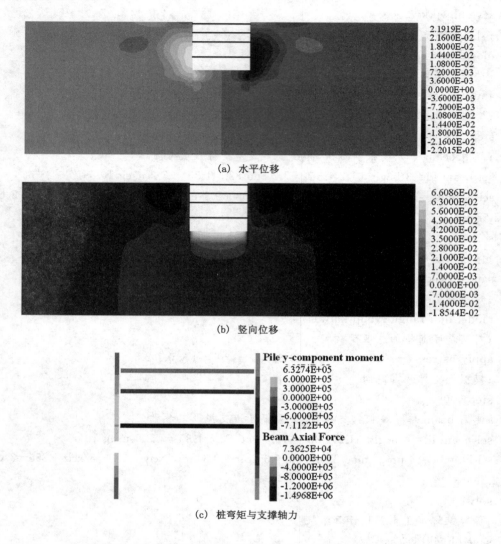

(a) 水平位移

(b) 竖向位移

(c) 桩弯矩与支撑轴力

图 5-15 基坑开挖完成后基坑周边土体变形与支护结构内力图

2. 隧道工程开挖数值模拟分析

隧道是修建于地层内、用以车辆通行的工程构筑物,它的建设流程包括规划、勘察、设计、施工、贯通控制测量等。其中,隧道开挖施工是整个建设流程的重点工作,原因在于它不仅占据了整个建设流程中的主要时间和经费投入,而且其安全稳定性直接决定着整个项目的成败。因此,开展隧道工程开挖施工数值模拟分析,研究其安全稳定问题就显得尤为必要。在隧道工程开挖数值模拟分析中,常用到的结构单元有 cable(模拟锚杆、锚索)、shell(模拟二次衬砌)和 liner(模拟喷射混凝土)。

【例 5-15】 某铁路隧道最大埋深为 750 m,周边地层为 V 级围岩,其断面布置如图 5-16 所示。隧道断面支护采用注浆＋喷射混凝土＋锚杆支护＋二次衬砌支护。隧道断面开挖采用三台阶法,其中上台阶高度约为 5 m,中台阶高度约为 3.3 m,下台阶高度约为 2.1 m。

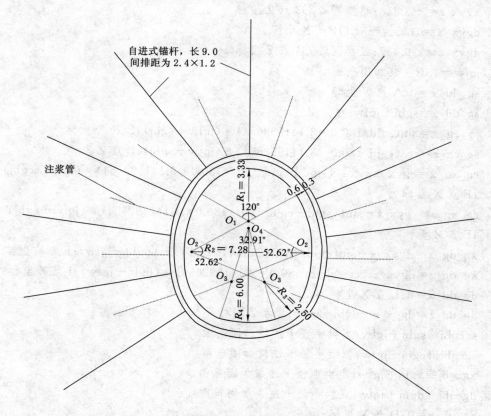

图 5-16　铁路隧道开挖与支护断面图(单位:m)

命令:

```
new
;根据例 3-4 确定铁路隧道模型各关键位置参数和坐标,各符号含义与例 3-4 相同
def dysdcs
    sgjd=60;上拱角度
    sgbj=3.93;上拱半径
    cgjd=52.62;侧拱角度
    cgbj=7.88;侧拱半径
    xgjd=50.927;小拱角度
    xgbj=3.1;小拱半径
    dgjd=16.453;底拱角度
    dgbj=6.6;底拱半径
    sgyx_x=0;上拱圆心 O1 点 X 坐标
    sgyx_z=0;上拱圆心 O1 点 Z 坐标
    cgyx_x=-3.421;侧拱圆心 O2 点 X 坐标
    cgyx_z=-1.975;侧拱圆心 O2 点 Z 坐标
```

xgyx_x＝0.991;小拱圆心 O3 点 X 坐标

xgyx_z＝－3.813;小拱圆心 O3 点 Z 坐标

dgyx_x＝0;底拱圆心 O4 点 X 坐标

dgyx_z＝－0.457;底拱圆心 O4 点 Z 坐标

jgfw＝4.0;注浆加固范围

sg_dd_x＝0;A 点 X 坐标

sg_dd_z＝sgbj＋jgfw;A 点 Z 坐标

sg_cg_x＝sin(sgjd/180.0 * 3.141592654) * (jgfw+sgbj);B 点 X 坐标

sg_cg_z＝cos(sgjd/180.0 * 3.141592654) * (jgfw+sgbj);B 点 Z 坐标

cg_xg_x＝cgyx_x＋cos((sgjd＋cgjd－90)/180.0 * 3.141592654) * (jgfw+cgbj)
;F 点 X 坐标

cg_xg_z＝cgyx_z－sin((sgjd＋cgjd－90)/180.0 * 3.141592654) * (jgfw+cgbj)
;F 点 Z 坐标

xg_dg_x＝dgyx_x＋sin(dgjd/180.0 * 3.141592654) * (dgbj＋jgfw);I 点 X 坐标

xg_dg_z＝dgyx_z－cos(dgjd/180.0 * 3.141592654) * (dgbj＋jgfw);I 点 Z 坐标

dg_dd_x＝0;L 点 X 坐标

dg_dd_z＝dgyx_z－dgbj－jgfw;L 点 Z 坐标

sgcqbj＝sgbj＋jgfw;上拱半径＋注浆加固范围

cgcqbj＝cgbj＋jgfw;侧拱半径＋注浆加固范围

xgcqbj＝xgbj＋jgfw;小拱半径＋注浆加固范围

dgcqbj＝dgbj＋jgfw;底拱半径＋注浆加固范围

sg_p3_x＝0;D 点 X 坐标

sg_p3_z＝30;D 点 Z 坐标

sg_p1_x＝30;C 点 X 坐标

sg_p1_z＝tan((90－sgjd)/180.0 * 3.141592654) * sg_p1_x;C 点 Z 坐标

sg_p6_x＝sg_p1_x;E 点 X 坐标

sg_p6_z＝sg_p3_z;E 点 Z 坐标

cg_p1_x＝sg_p1_x;G 点 X 坐标

cg_p1_z＝cgyx_z－(cg_p1_x－cgyx_x) * tan((sgjd＋cgjd－90)/180.0 * 3.141592654) &
;G 点 Z 坐标

cg_p6_x＝(sg_p6_x＋cg_p1_x)/2.0;H 点 X 坐标

cg_p6_z＝(sg_p6_z＋cg_p1_z)/2.0;H 点 Z 坐标

xg_p1_z＝－1 * sg_p3_z;J 点 Z 坐标

xg_p1_x＝tan(dgjd/180.0 * 3.141592654) * (dgyx_z－xg_p1_z);J 点 X 坐标

xg_p6_x＝cg_p1_x;K 点 X 坐标

xg_p6_z＝xg_p1_z;K 点 Z 坐标

dg_p1_x＝sg_p3_x;M 点 X 坐标

dg_p1_z＝xg_p1_z;M 点 Z 坐标

dg_p6_x＝(dg_p1_x＋xg_p1_x)/2.0;N 点 X 坐标

```
    dg_p6_z＝xg_p1_z;N 点 Z 坐标
end
@dysdcs
;初步建立隧道模型
gen zone cshell p0 @sgyx_x 0 @sgyx_z p1 @sg_cg_x 0 @sg_cg_z p2 @sgyx_x 1.2 &
        @sgyx_z p3 @sg_dd_x 0 @sg_dd_z dim @sgbj @sgbj @sgbj @sgbj &
        group sdjgfw fill group sgsdtt size 10 2 20 15
gen zone radcy p0 @sgyx_x 0 @sgyx_z p1 @sg_p1_x 0 @sg_p1_z p2 @sgyx_x 1.2 &
        @sgyx_z p3 @sg_p3_x 0 @sg_p3_z p4 @sg_p1_x 1.2 @sg_p1_z &
        p5 @sg_p3_x 1.2 @sg_p3_z p6 @sg_p6_x 0 @sg_p6_z p7 @sg_p6_x 1.2 &
        @sg_p6_z dim @sgcqbj @sgcqbj @sgcqbj @sgcqbj size 5 2 20 35 &
        ratio 1 1 1 1.05 group weiyan
gen zone cshell p0 @cgyx_x 0 @cgyx_z p1 @cg_xg_x 0 @cg_xg_z p2 @cgyx_x 1.2 &
        @cgyx_z p3 @sg_cg_x 0 @sg_cg_z dim @cgbj @cgbj @cgbj &
        @cgbj group sdjgfw fill group cgsdtt size 10 2 36 15
gen zone radcy p0 @cgyx_x 0 @cgyx_z p1 @cg_p1_x 0 @cg_p1_z p2 @cgyx_x 1.2 &
        @cgyx_z p3 @sg_p1_x 0 @sg_p1_z p4 @cg_p1_x 1.2 @cg_p1_z &
        p5 @sg_p1_x 1.2 @sg_p1_z p6 @cg_p6_x 0 @cg_p6_z p7 @cg_p6_x &
        1.2 @cg_p6_z dim @cgcqbj @cgcqbj @cgcqbj @cgcqbj size 5 2 36 &
        35 ratio 1 1 1 1.05 group weiyan
gen zone cshell p0 @xgyx_x 0 @xgyx_z p1 @xg_dg_x 0 @xg_dg_z p2 @xgyx_x &
        1.2 @xgyx_z p3 @cg_xg_x 0 @cg_xg_z dim @xgbj @xgbj @xgbj &
        @xgbj group sdjgfw fill group xgsdtt size 10 2 30 10
gen zone radcy p0 @xgyx_x 0 @xgyx_z p1 @xg_p1_x 0 @xg_p1_z p2 @xgyx_x &
        1.2 @xgyx_z p3 @cg_p1_x 0 @cg_p1_z p4 @xg_p1_x 1.2 &
        @xg_p1_z p5 @cg_p1_x 1.2 @cg_p1_z p6 @xg_p6_x 0 @xg_p6_z p7 &
        @xg_p6_x 1.2 @xg_p6_z dim @xgcqbj @xgcqbj @xgcqbj &
        @xgcqbj size 5 2 30 35 ratio 1 1 1 1.05 group weiyan
gen zone cshell p0 @dgyx_x 0 @dgyx_z p1 @dg_dd_x 0 @dg_dd_z p2 @dgyx_x &
        1.2 @dgyx_z p3 @xg_dg_x 0 @xg_dg_z dim @dgbj @dgbj @dgbj &
        @dgbj group sdjgfw fill group dgsdtt size 10 2 20 10
gen zone radcy p0 @dgyx_x 0 @dgyx_z p1 @dg_p1_x 0 @dg_p1_z p2 @dgyx_x &
        1.2 @dgyx_z p3 @xg_p1_x 0 @xg_p1_z p4 @dg_p1_x 1.2 &
        @dg_p1_z p5 @xg_p1_x 1.2 @xg_p1_z p6 @dg_p6_x 0 @dg_p6_z p7 &
        @dg_p6_x 1.2 @dg_p6_z dim @dgcqbj @dgcqbj @dgcqbj @dgcqbj &
        size 5 2 20 35 ratio 1 1 1 1.05 group weiyan
;对隧道内土体模型节点坐标进行变换
def sdjdzbbh
    p_gp＝gp_head
```

```
    bhyxzb_x=0
    bhyxzb_z=-1.67
loop while p_gp # null
    ingr=0
    if gp_isgroup(p_gp,'sgsdtt')=1 then
       csyxzb_x=sgyx_x
       csyxzb_z=sgyx_z
       csbj=sgbj
       ingr=1
    endif
    if gp_isgroup(p_gp,'cgsdtt')=1 then
       csyxzb_x=cgyx_x
       csyxzb_z=cgyx_z
       csbj=cgbj
       ingr=1
    endif
    if gp_isgroup(p_gp,'xgsdtt')=1 then
       bhyxzb_z=-5.01
       csyxzb_x=xgyx_x
       csyxzb_z=xgyx_z
       csbj=xgbj
       ingr=1
    endif
    if gp_isgroup(p_gp,'dgsdtt')=1 then
       bhyxzb_z=-5.01
       csyxzb_x=dgyx_x
       csyxzb_z=dgyx_z
       csbj=dgbj
       ingr=1
    endif
    dxvl=gp_xpos(p_gp)-csyxzb_x
    dzvl=gp_zpos(p_gp)-csyxzb_z
    kvl=sqrt(dxvl*dxvl+dzvl*dzvl)/csbj
    if ingr=1 then
    gp_xpos(p_gp)=(1-kvl)*(bhyxzb_x-csyxzb_x)+gp_xpos(p_gp)
    gp_zpos(p_gp)=(1-kvl)*(bhyxzb_z-csyxzb_z)+gp_zpos(p_gp)
    endif
    p_gp=gp_next(p_gp)
endloop
```

```
end
@sdjdzbbh
;对隧道内土体模型进行补充
gen zone wedge p0 0 0 −5.006 p1 3.85 0 −5.006 p2 0 1.2 −5.006 p3 0 0 −1.67 &
size 10 2 15 group bcsdtt
;坐标变换完成后,对模型相近节点进行融合
gen merge 5e−3
gen merge 1e−2 range group sdjgfw any group weiyan any
;对隧道模型进行重新分组,定义铁路隧道各步开挖范围
group suidaotuti range group dgsdtt any group cgsdtt any group xgsdtt any group &
sgsdtt any group bcsdtt any
group sdttkw1 range z −1.67 4.1 group suidaotuti
group sdttkw2 range z −1.67 −5.01 group suidaotuti
group sdttkw3 range z −7.1 −5.01 group suidaotuti
;根据对称性,通过镜像建立另一半模型
gen zone reflect norm −1 0 0 origin 0 0 0
;保存模型
save tlsdmx.sav


;设置本构模型和参数
model mohr
prop young 2.0e9 poisson 0.35 dens 2000 coh 150e3 fric 25
;定义模型边界条件
fix x range x −30.1 −29.9
fix y range y −0.1 0.1
fix x range x 29.9 30.1
fix y range y 1.1 1.3
fix x y z range z −30.1 −29.9
apply nstress −12e6 range z 29.9 30.1
;人为设置围岩应力分布
ini szz −12.6e6 grad 0 0 20e3
ini sxx −6.8e6 grad 0 0 10.8e3
ini syy −6.8e6 grad 0 0 10.8e3
;设置重力加速度
set grav 0 0 −10
;初始应力场求解
solve
ini xdis 0 ydis 0 zdis 0
ini state 0
```

```
;保存铁路隧道模型初始应力场计算结果
save tlsdcsyl.sav
;定义锚杆自动施工函数,输入值为锚杆起点 X、Y、Z 坐标,锚杆打设角度,锚杆长度
def maoganshigong
    cable_x＝mg_x
    cable_y＝mg_y
    cable_z＝mg_z
    cable_angle＝mg_angle
    cable_prel＝mg_prel
    y＝cable_y
    x1＝cable_x
    x2＝x1＋cos(cable_angle/180.0 ＊ 3.14159265) ＊ cable_prel
    z1＝cable_z
    z2＝z1＋sin(cable_angle/180.0 ＊ 3.14159265) ＊ cable_prel
    command
        sel cable id＝1 beg @x1 @y @z1 end @x2 @y @z2 nseg＝10
        sel cable id＝1 prop emod 200e9 ytension 310e3 ycomp 310e3 xcarea 8.0e－4 &
                    gr_coh 20e3 gr_fric 32 gr_k 3e9 gr_per 0.1
    endcommand
end
;对铁路隧道上台阶岩石进行开挖
model null range group sdttkw1
step 25
;对隧道上台阶一定范围内岩石进行注浆加固
model mohr range group sdjgfw z －1.7 8
prop young 6.0e9 poisson 0.30 dens 2100 coh 1.0e6 fric 31 range group sdjgfw z －1.7 8
;对隧道上台阶岩石进行喷射混凝土支护
sel liner id＝1 range y 0.1 1.1 x －5.0 5.0 z 7 －1.7
sel liner id＝1 prop iso 28e9 0.25 thick 0.3 cs_ncut 1e6 cs_nk 30e9 cs_sk 30e9
sel liner id＝1 prop cs_scoh 0.6e6 cs_sfric 18.6 dens 2400
;根据锚杆间距为 2.4 m、排距为 1.2 m、直径为 32 mm、长度为 9 m,进行隧道上台阶 &
的锚杆施工
set @mg_x＝0 @mg_y＝0.6 @mg_z＝3.93 @mg_angle＝90 @mg_prel＝9
@maoganshigong
set @mg_x＝2.254 @mg_y＝0.6 @mg_z＝3.22 @mg_angle＝52.05 @mg_prel＝9
@maoganshigong
set @mg_x＝3.721 @mg_y＝0.6 @mg_z＝1.355 @mg_angle＝24.59 @mg_prel＝9
@maoganshigong
set @mg_x＝4.391 @mg_y＝0.6 @mg_z＝－0.941 @mg_angle＝7.54 @mg_prel＝9
```

```
@maoganshigong
set @mg_x=−2.254 @mg_y=0.6 @mg_z=3.22 @mg_angle=127.95 @mg_prel=9
@maoganshigong
set @mg_x=−3.721 @mg_y=0.6 @mg_z=1.355 @mg_angle=155.41 @mg_prel=9
@maoganshigong
set @mg_x=−4.391 @mg_y=0.6 @mg_z=−0.941 @mg_angle=172.46 @mg_prel=9
@maoganshigong
step 2000
;保存隧道上台阶开挖以及初期支护的计算结果
save tlsdkw1.sav


;对铁路隧道中台阶岩石进行开挖
model null range group sdttkw2
step 25
;对隧道中台阶一定范围内岩石进行注浆加固
model mohr range group sdjgfw z −1.6 −5.1
prop young 6.0e9 poisson 0.30 dens 2100 coh 1.0e6 fric 31 range group sdjgfw z −1.6 −5.1
;对隧道中台阶岩石进行喷射混凝土支护
sel liner id=1 range y 0.1 1.1 x −5.0 5.0 z −5.1 −1.6
sel liner id=1 prop iso 28e9 0.25 thick 0.3 cs_ncut 1e6 cs_nk 30e9 cs_sk 30e9
sel liner id=1 prop cs_scoh 0.6e6 cs_sfric 18.6 dens 2400
;隧道中台阶锚杆施工
set @mg_x=4.342 @mg_y=0.6 @mg_z=−3.333 @mg_angle=−9.92 @mg_prel=9
@maoganshigong
set @mg_x=−4.342 @mg_y=0.6 @mg_z=−3.333 @mg_angle=189.92 @mg_prel=9
@maoganshigong
step 2000
;保存隧道中台阶开挖以及初期支护的计算结果
save tlsdkw2.sav


;对铁路隧道下台阶岩石进行开挖
model null range group sdttkw3
step 25
;对隧道下台阶一定范围内岩石进行注浆加固
model mohr range group sdjgfw z −1.6 −12
prop young 6.0e9 poisson 0.30 dens 2100 coh 1.0e6 fric 31 range group sdjgfw z −1.6 −12
;对隧道下台阶岩石进行喷射混凝土支护
sel liner id=1 range y 0.1 1.1 x −5.0 5.0 z −7.1 −4.6
sel liner id=1 prop iso 28e9 0.25 thick 0.3 cs_ncut 1e6 cs_nk 30e9 cs_sk 30e9
```

```
sel liner id＝1 prop cs_scoh 0.6e6 cs_sfric 18.6 dens 2400
;下台阶的锚杆施工
set @mg_x＝3.559 @mg_y＝0.6 @mg_z＝－5.551 @mg_angle＝－34.7 @mg_prel＝9
@maoganshigong
set @mg_x＝－3.559 @mg_y＝0.6 @mg_z＝－5.551 @mg_angle＝214.7 @mg_prel＝9
@maoganshigong
step 2000
;保存隧道下台阶开挖以及初期支护的计算结果
save tlsdkw3.sav


;删除临时支护
sel dele liner range z －1.6 －1.7 x －4.4 4.4
sel dele liner range z －5.1 －4.9 x －3.8 3.8
;施工二次衬砌结构
sel shell id＝2 range y 0.1 1.1 x －5 5 z －7.1 4.1
sel shell id＝2 pro iso 31.5e9 0.2 thick 0.6
;求解支撑平衡
set mech ratio 1e－4
solve
;保存整个铁路隧道的开挖施工数值模拟结果
save tlsdcqzh.sav
```

当隧道二次衬砌施工完成后,隧道周边围岩位移与支护结构内力分布如图 5-17 所示。可以看出,隧道最大水平位移出现在隧道两侧拱腰偏下的位置,其值为 28.6 mm;隧道最大沉降出现在上拱中心位置,其值为 39.3 mm;衬砌最大弯矩为 140 kN·m,锚杆最大轴力为310 kN。

3. 加筋挡土墙施工模拟

加筋挡土墙主要由填料、布置于填料中的筋体以及墙面板三部分组成。它具有施工简便、快速、节约土地、美观以及抗震性能好等优点,目前被广泛应用于填方边坡处理中。其施工步骤依次为地基加固、排水处理、基础浇(砌)筑、墙面板拼装、筋带铺设、填料填筑与压实、墙顶封闭等,其中墙面板拼装、筋带铺设、填料填筑与压实这 3 道工序是交叉进行的。在加筋挡土墙施工模拟中,常用到的结构单元有 pile(模拟地基加固桩体)、liner(模拟挡土墙)和geogrid(模拟筋带)等。

【例 5-16】 某高速公路路堤填筑高度为 6 m、顶面宽度为 25 m,为保证路基以及路堤的安全稳定,分别采用加筋碎石桩和加筋挡土墙对路基和路堤进行加固,如图 5-18 所示(根据对称性,取一半进行分析)。加筋碎石桩结构桩径为 0.8 m、高度为 6 m,桩间距为 2.4 m,主要材料为碎石以及外包土工格栅。加筋挡土墙结构则包括混凝土基础、混凝土面板以及土工格栅三大部分,其中,混凝土基础宽度为 1 m、高 0.5 m;混凝土面板厚度为 0.2 m,其底

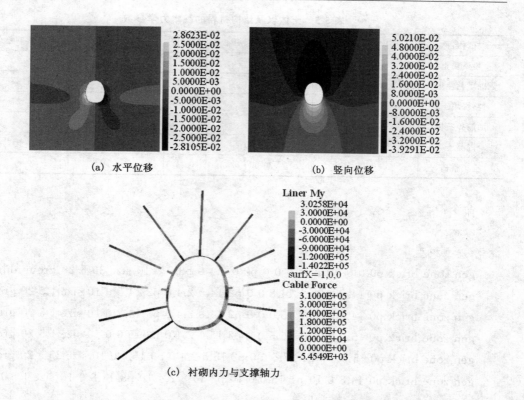

(a) 水平位移

(b) 竖向位移

(c) 衬砌内力与支撑轴力

图 5-17　隧道二次衬砌施工完成后隧道周边围岩位移与支护结构内力图

部与混凝土基础连接;土工格栅宽度为 8 m,竖向间距为 1 m,一侧端头与混凝土面板连接。路基土体由上至下 10 m 范围内分别为 6 m 厚的粉质黏土、4 m 厚的砾质黏性土;路堤填土则为粉煤灰加固黏土,分 6 次填筑,每次填筑高度为 1 m。工程土体以及各结构材料的力学参数如表 5-5 所示。

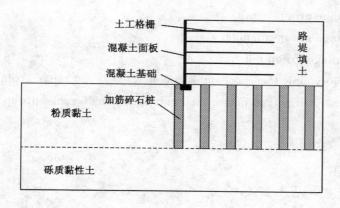

图 5-18　高速公路路堤横断面示意图

表 5-5　土体以及结构材料的基本力学参数

材料名称	密度/(kg/m³)	弹性模量/MPa	泊松比	黏聚力/kPa	内摩擦角/(°)
粉质黏土	1 750	15	0.35	15	20
砾质黏性土	1 980	45	0.30	45	25
路堤填土	1 850	45	0.30	20	27
加筋碎石桩	2 200	300	0.25	—	—
混凝土	2 400	30 000	0.20	—	—
土工格栅	—	20 000	0.34		

命令：

new

;建立模型

gen zone brick p0 0 0 0 p1 14.5 0 0 p2 0 2.4 0 p3 0 0 10 size 30 5 20 group diji

gen zone brick p0 14.5 0 0 p1 14.8 0 0 p2 14.5 2.4 0 p3 14.5 0 10 size 1 5 20 group diji

gen zone brick p0 14.8 0 0 p1 15.0 0 0 p2 14.8 2.4 0 p3 14.8 0 10 size 1 5 20 group diji

gen zone brick p0 15.0 0 0 p1 15.5 0 0 p2 15.0 2.4 0 p3 15.0 0 10 size 1 5 20 group diji

gen zone brick p0 15.5 0 0 p1 27.5 0 0 p2 15.5 2.4 0 p3 15.5 0 10 size 25 5 20 group diji

gen zone brick p0 14.8 0 10 p1 15.0 0 10 p2 14.8 2.4 10 p3 14.8 0 16 size 1 5 12 &

　　　　group mianban

gen zone brick p0 15.0 0 10 p1 15.5 0 10 p2 15.0 2.4 10 p3 15.0 0 16 size 1 5 12 &

　　　　group tiantu

gen zone brick p0 15.5 0 10 p1 27.5 0 10 p2 15.5 2.4 10 p3 15.5 0 16 size 25 5 12 &

　　　　group tiantu

;设置路基土体本构模型以及材料参数

model null range group tiantu

model null range group mianban

model mohr range group diji

prop dens 1750 young 15e6 poisson 0.35 coh 15e3 fric 20 range group diji z 4 10

prop dens 1980 young 45e6 poisson 0.3 coh 45e3 fric 25 range group diji z 4 0

;设置重力加速度

set grav 0 0 —10

;设置边界条件

fix x range x —0.1 0.1

fix x range x 27.4 27.6

fix y range y —0.1 0.1

fix y range y 2.3 2.4

fix z range z —0.1 0.1

```
;求解初始应力
solve
ini xdis 0 ydis 0 zdis 0
ini state 0
save shushiyingli.sav


;根据桩间距 2.4 m,进行加筋碎石桩的施工模拟
def ztsg
  loop aa(1,6)
    ztxzb=27.5-1.2-(aa-1)*2.4
    command
      sel pile id=1 begin @ztxzb 1.2 10 end @ztxzb 1.2 4 nseg 6
    endcommand
  endloop
end
@ztsg
;设置加筋碎石桩参数,桩径 0.8 m
sel pile id=1 prop emod 3e8 nu 0.25 xcarea 0.5024 perim 2.512 xciy 6.4e-3 xciz &
6.4e-3 xcj 12.8e-3
sel pile id=1 pro cs_sk 5e9 cs_nk 5e9 cs_scoh 18e3 cs_sfric 12 cs_ncoh 18e3 cs_nfric &
12 dens 2200
;求解直至平衡,模拟加筋碎石桩施工完成
solve
save jjsszsg.sav


;设置混凝土基础本构模型和参数
group jichu range z 9.5 10 x 14.5 15.5
model elas range group jichu
prop young 30e9 poisson 0.2 dens 2500 range group jichu
;定义路堤填筑函数,共分 6 次填筑,每填筑一层、施工一层混凝土面板和土工格栅
def ldtz
  loop aa(1,6)
    ;每层土的填筑位置
    ttwzsd=1*aa+0.1+10
    ttwzs=1*aa-0.1+10
    ttwzx=(aa-1)*1+10.1
    ;定义存档名称
```

```
savename='ldtz'+string(aa)+'.sav'
command
    ;单层土层填筑,设置填土的本构模型和材料参数
    model mohr range group tiantu z @ttwzx @ttwzs
    prop dens 1850 young 45e6 poisson 0.3 coh 20e3 fric 27 range group tiantu &
        z @ttwzx @ttwzs
    ;对填土进行边界条件设置
    fix x range x 27.4 27.6
    fix y range y -0.1 0.1
    fix y range y 2.3 2.4
    ;混凝土面板单元生成以及材料参数设置
    model elas range group mianban z @ttwzx @ttwzs y 0.1 2.3
    prop young 30e9 poisson 0.2 dens 2400 range group mianban z @ttwzx &
        @ttwzs y 0.1 2.3
    ;求解至平衡,模拟单层土体填筑完成
    solve
    ;保存当前土层填筑结果
    save @savename
endcommand
if aa<6 then
    command
        ;土工格栅铺设以及材料参数设置
        sel geog id=1 range z @ttwzs @ttwzsd x 15.01 23.2 y 0.1 2.3
        sel geog id=1 prop iso(20e9,0.34) thick 5e-3 cs_sk=45e7 cs_scoh 14e3 &
                cs_sfric 19
    endcommand
    endif
    endloop
end
@ldtz
;显示模型的水平位移
plot con xdis
```

图 5-19 给出了路堤填筑完成后边坡土体位移及土工格栅轴力分布图。由图可以看出，路堤填筑完成后，由于加筋碎石桩以及加筋挡土墙的使用，整个路堤以及路基稳定性良好，其最大水平位移为 13.1 mm，出现在混凝土基础下方约 2 m 的位置；最大竖向位移为 39.6 mm，出现在路堤中心正下方与路基交界的位置；土工格栅最大拉力为 32.2 kN，出现在第一层土工格栅中间位置。

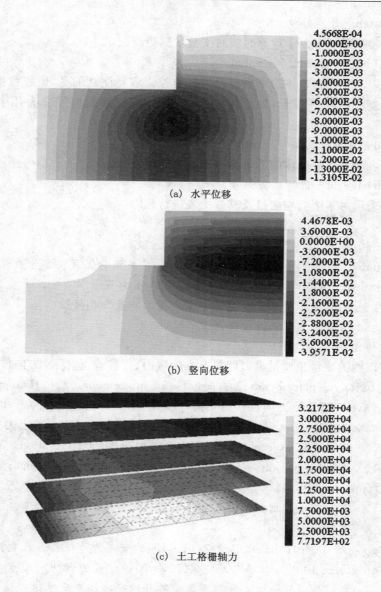

图 5-19　路堤填筑完成后边坡土体位移及土工格栅轴力分布图

5.4　变量数据的监测

在工程活动数值模拟过程中,我们常常需要对工程结构以及周边土体的应力、位移、水压等进行监测,以便了解这些变量数据随计算时步的变化规律。在 FLAC³ᴰ 中,可以采用 history 命令对模型节点、单元、接触面以及结构单元等对象的变量数据进行监测。

5.4.1　监测数据控制

监测数据控制命令主要是对模型整体的不平衡力、不平衡速率以及监测频率进行监测或者设置,具体如下所示:

（1）**hist nstep**＋计算时步。

上述命令表示每隔多少个计算时步对变量数据更新记录 1 次。

（2）**hist id**＋监控数据编号＋**unbal**。

上述命令表示对模型整体的不平衡力进行监控。需要注意的是，监控数据编号应为整型数且不能重复使用同一编号，即监控变量有几个，监控数据编号应为几个不重复的整形数。

（3）**hist id**＋监控数据编号＋**ratio**。

上述命令表示对模型整体的不平衡速率进行监控记录。

（4）**hist delete**＋**id**＋监控数据编号。

上述命令表示对某个监控变量及其数据表进行删除。

例如：

hist nstep 50；每隔 50 步更新记录一次所有变量数据

hist id 1 unbal；对模型整体不平衡力进行监测，并将记录保存在 1 号监测数据表格中

hist id 2 ratio；对模型整体不平衡速率进行监测，并将记录保存在 2 号监测数据表格中

plot hist 1 vs 2；显示 1 号和 2 号监测数据之间的相互变化规律

hist delete id 1；删除 1 号监测数据内容

5.4.2　节点数据监测

节点数据监测的变量主要是模型网格节点的应力、位移等，包括 X 方向位移（xdisplacement）、Y 方向位移（ydisplacement）、Z 方向位移（zdisplacement）、总位移（displacement）、X 方向位移速率（xvelocity）、Y 方向位移速率（yvelocity）、Z 方向位移速率（zvelocity）、总位移速率（velocity）、X 方向节点力（xforce）、Y 方向节点力（yforce）、Z 方向节点力（zforce）、总节点力（force）、X 方向加速度（xacceleration）、Y 方向加速度（yacceleration）、Z 方向加速度（zacceleration）、X 坐标（xposition）、Y 坐标（yposition）、Z 坐标（zposition）、温度（temperature）和水压力（ppressure）。具体监测命令如下：

hist id＋监测数据编号＋**gp**＋监测变量名＋节点坐标

例如：

hist id 3 gp disp 0 0 10；对最靠近坐标（0，0，10）的节点的总位移进行监测

hist id 4 gp xforce 10 0 0；对最靠近坐标（10，0，0）的节点的 X 方向节点力进行监测

plot hist 3 4；同时显示 3 号和 4 号监测数据随开挖时步的变化规律

5.4.3　单元数据监测

单元数据监测的变量主要是模型实体单元的应力、位移等，包括 XX 方向应力（sxx）、YY 方向应力（syy）、ZZ 方向应力（szz）、XZ 方向应力（sxz）、XY 方向应力（sxy）、YZ 方向应力（syz）、最大主应力（smax）、中间主应力（smid）、最小主应力（smin）、剪应变量（ssi）、剪应变率（ssr）、体应变量（vsi）、体应变率（vsr）和水压力（ppressure）。具体监测命令如下：

hist id＋监测数据编号＋**zone**＋监测变量名＋**id**＋单元编号

例如：

hist id 5 zone szz id 3；对 3 号单元的竖向应力进行监测

hist id 6 zone smin id 5；对 5 号单元的最小主应力进行监测

5.4.4　接触面数据监测

接触面数据监测的变量主要是接触面单元的应力、位移等,包括法向位移(ndisplacement)、法向应力(nstress)、切向位移(sdisplacement)和切向应力(sstress)。具体监测命令如下:

hist id＋监测数据编号＋**interface**＋接触面编号＋监测变量名＋**id**＋接触面构件单元编号

例如:

hist id 7 inter 1 ndisp id 3;对 1 号接触面单元的第 3 个构件的法向位移进行监测

hist id 8 inter 2 sstress id 5;对 2 号接触面单元的第 5 个构件的切向应力进行监测

5.4.5　结构单元数据监测

结构单元数据监测的变量主要是不同结构单元节点或构件的应力、位移等。

(1) 节点(node)

监测变量名分为 X 方向位移(xdisp)、Y 方向位移(ydisp)、Z 方向位移(zdisp)、X 方向位移速率(xvel)、Y 方向位移速率(yvel)、Z 方向位移速率(zvel)、X 方向不平衡力(xfob)、Y 方向不平衡力(yfob)、Z 方向不平衡力(zfob)、X 方向旋转位移(xrdisp)、Y 方向旋转位移(yrdisp)、Z 方向旋转位移(zrdisp)、X 方向旋转速率(xrvel)、Y 方向旋转速率(yrvel)、Z 方向旋转速率(zrvel)、X 方向旋转不平衡力(xrfob)、Y 方向旋转不平衡力(yrfob)、Z 方向旋转不平衡力(zrfob)、X 方向坐标(xpos)、Y 方向坐标(ypos)和 Z 方向坐标(zpos)。具体监测命令如下:

hist id＋监测数据编号＋**sel node**＋监测变量名＋**id**＋节点编号

例如:

hist id 9 sel node xdisp id 1;对 1 号节点的 X 方向位移进行监测

hist id 10 sel node zrfob id 2;对 2 号节点的 Z 方向旋转不平衡力进行监测

(2) 梁结构单元(beam)

监测变量名分为 X 方向力(force fx)、Y 方向力(force fy)、Z 方向力(force fz)、X 方向力矩(moment mx)、Y 方向力矩(moment my)和 Z 方向力矩(moment mz)。具体监测命令如下:

hist id＋监测数据编号＋**sel beam**＋监测变量名＋构件坐标或(**cid**＋梁构件编号)

例如:

hist id 11 sel beam force fx cid 1;对 1 号梁构件的 X 方向力进行监测

hist id 12 sel beam moment my 0 0 0;对最靠近坐标(0,0,0)的梁构件的 Y 方向力 & 矩进行监测

(3) 锚杆结构单元(cable)

监测变量名分为轴力(force)、应力(stress)、屈服状态(yield)、剪切耦合弹簧位移(grout displacement)、剪切耦合弹簧滑动状态(grout slip)和剪切耦合弹簧应力(grout stress)。其中,屈服状态返回值 0、1、2 分别表示从未屈服、现在屈服和屈服;剪切耦合弹簧滑动状态返回值 0、1、2 分别表示从不滑动、现在滑动和过去滑动。具体监测命令如下:

hist id＋监测数据编号＋**sel cable**＋监测变量名＋构件坐标或(**cid**＋锚杆构件编号)

例如:

hist id 13 sel cable force cid 4;对 4 号锚杆构件的轴力进行监测

hist id 14 sel cable yield 5 0 0；对最靠近坐标(5,0,0)的锚杆构件屈服状态进行监测

（4）桩结构单元(pile)

监测变量名分为法向耦合弹簧位移（coupling disp normal）、法向耦合弹簧应力（coupling stress normal）、法向耦合弹簧屈服状态（coupling yield normal）、切向耦合弹簧位移（coupling disp shear）、切向耦合弹簧应力（coupling stress shear）、切向耦合弹簧屈服状态（coupling yield shear）、X 方向力（force fx）、Y 方向力（force fy）、Z 方向力（force fy）、X 方向力矩（moment mx）、Y 方向力矩（moment my）和 Z 方向力矩（moment mz）。具体监测命令如下：

hist id＋监测数据编号＋**sel pile**＋监测变量名＋构件坐标或（**cid**＋桩构件编号）

例如：

hist id 15 sel pile coupling disp shear cid 8；对 8 号桩构件的切向耦合弹簧位移进行监测

hist id 16 sel pile moment my 0 5 0；对最靠近坐标(0,5,0)的桩构件 Y 方向力矩进行监测

（5）壳结构单元(shell)

监测变量名分为 X 方向合成弯曲应力（sres mx）、Y 方向合成弯曲应力（sres my）、XY 方向合成弯曲应力（sres mxy）、X 方向合成轴应力（sres nx）、Y 方向合成轴应力（sres ny）、XY 方向合成轴应力（sres nxy）、X 方向合成剪应力（sres qx）、Y 方向合成剪应力（sres qy）、XX 方向应力（stress xx）、YY 方向应力（stress yy）、ZZ 方向应力（stress zz）、XY 方向应力（stress xy）、XZ 方向应力（stress xz）、YZ 方向应力（stress yz）、第 1 主应力（pstress 1）、第 2 主应力（pstress 2）和第 3 主应力（pstress 3）。具体监测命令如下：

① **hist id**＋监测数据编号＋**sel recover**＋合成应力变量名＋**surfx**＋合成方向＋构件坐标或（**cid**＋壳构件编号）。

② **hist id**＋监测数据编号＋**sel recover**＋应力变量名＋**depth_fac**＋壳层深度＋构件坐标或（**cid**＋壳构件编号）。

例如：

hist id 17 sel recover sres my surfx 1 0 0 cid 15；对 15 号壳构件的 Y 方向合成弯曲 &应力进行监测

hist id 18 sel recover pstress 1 depth_fac 0 0 5 5；对最靠近坐标(0,5,5)的壳构件的 &第 1 主应力进行监测

（6）衬砌结构单元(liner)

衬砌结构单元的监测变量名除了上述壳结构单元的合成弯曲应力、各方向应力以及最大主应力外，还有与桩单元相同的耦合弹簧的应力、位移和屈服状态变量。因而，衬砌结构单元常用变量的监测命令如下：

① **hist id**＋监测数据编号＋**sel liner**＋耦合弹簧变量名＋构件坐标或（**cid**＋衬砌构件编号）。

② **hist id**＋监测数据编号＋**sel recover**＋合成应力变量名＋**surfx**＋合成方向＋构件坐标或（**cid**＋衬砌构件编号）。

③ **hist id**＋监测数据编号＋**sel recover**＋应力变量名＋**depth_fac**＋壳层深度＋构件坐标或（**cid**＋衬砌构件编号）。

例如：

hist id 19 sel liner coupling disp normal cid 105；对 105 号衬砌构件法向耦合弹簧位 &
移进行监测

hist id 20 sel recover sres mx surfx 0 0 1 cid 104；对 104 号衬砌构件的 X 方向合成 &
弯曲应力进行监测

hist id 21 sel recover stress zz depth_fac 0.1 5 5 5；对最靠近坐标(5,5,5)的衬砌构 &
件的 ZZ 向应力进行监测

（7）土工格栅结构单元（geogrid）

土工格栅的应力监测变量与壳结构单元、衬砌结构单元相同，但是耦合弹簧应力监测变量只有 3 个，分别为耦合弹簧位移（coupling disp）、耦合弹簧应力（coupling stress）和耦合弹簧屈服状态（coupling yield）。具体监测命令如下：

① **hist id**＋监测数据编号＋**sel geogrid**＋耦合弹簧变量名＋构件坐标或（**cid**＋土工格栅构件编号）。

② **hist id**＋监测数据编号＋**sel recover**＋合成应力变量名＋**surfx**＋合成方向＋构件坐标或（**cid**＋土工格栅构件编号）。

③ **hist id**＋监测数据编号＋**sel recover**＋应力变量名＋**depth_fac**＋壳层深度＋构件坐标或（**cid**＋土工格栅构件编号）。

例如：

hist id 22 sel geog coupling disp cid 115；对 115 号土工格栅构件耦合弹簧位移进行监测

hist id 23 sel recover sres nx surfx 0 1 0 cid 110；对 110 号土工格栅构件的 X 方向 &
合成轴应力进行监测

hist id 24 sel recover stress xx depth_fac 0.1 3 0 0；对最靠近坐标(3,0,0)的土工格 &
栅构件的 XX 向应力进行监测

5.4.6　函数变量监测

函数变量监测的变量主要是自定义函数。要求编写函数过程中，函数名本身是一个参数名并参与运算。具体监测命令如下：

$$\textbf{hist id}＋监测数据编号＋@＋自定义函数名$$

例如：

def dypjyl；自定义一个函数

　p_z＝z_near(5,5,5)

　dypjyl＝sqrt(z_sxx(p_z) * z_sxx(p_z)＋z_syy(p_z) * z_syy(p_z)＋z_szz(p_z) * &
z_szz(p_z))

　end

hist id 25 @dypjyl；对函数 dypjyl 进行监测

5.4.7　监测应用分析

【例 5-17】　对隧道开挖过程中关键节点或单元的位移和应力进行监测

new

;建立模型

gen zone radcy p0 0 0 0 p1 20 0 0 p2 0 10 0 p3 0 0 15 dim 3 3 3 3 size 6 2 20 25 &
　　　　ratio 1 1 1 1.03 group weiyan fill group sudiao

```
gen zone reflect norm —1 0 0 origin 0 0 0
gen zone reflect norm 0 0 —1 origin 0 0 0
;初始应力场生成
model mohr
prop dens 2000 young 25e6 poisson 0.38 coh 18e3 fric 26
fix x range x —20.1 —19.9
fix x range x 19.9 20.1
fix y range y —0.1 0.1
fix y range y 0.9 1.1
fix z range z —15.1 —14.9
set grav 0 0 —10
solve elas
ini xdis 0 ydis 0 zdis 0 xvel 0 yvel 0 zvel 0
ini state 0
;监控点布置
hist id=1 gp zdisp 0 0 3;监测隧道拱顶竖向位移
hist id=2 gp zdisp 0 0 —3;监测隧道拱底竖向位移
hist id=3 gp xdisp —3 0 0;监测左侧拱腰水平位移
hist id=4 gp xdisp 3 0 0;监测右侧拱腰水平位移
hist id=5 gp zdis —5 0 15;监测隧道中心上方地表竖向位移
hist id=6 gp zdis 0 0 15;监测隧道左上方地表竖向位移
hist id=7 gp zdis 5 0 15;监测隧道右上方地表竖向位移
hist id=8 zone szz id 1192;监测隧道拱顶处土体单元的竖向应力
hist id=9 zone szz id 3671;监测隧道拱底处土体单元的竖向应力
hist id=10 zone sxx id 1481;监测隧道拱腰处土体单元的水平应力
hist id=11 zone sxx id 241;监测隧道拱腰处土体单元的水平应力
;开挖隧道围岩
model null range group sudiao
step 2000
save sdkwjc.sav
;显示 1-4 监测号变量随开挖时步的变化规律
plot hist 1 2 3 4
```

隧道开挖过程中土体应力和位移随开挖时步的变化曲线如图 5-20 所示。无支护情况下，随着开挖进行，隧道周边土体径向位移逐渐增大而径向应力则逐渐减小；隧道上方地表沉降则随着隧道上方土体向隧道内不断涌入而逐渐增大，且中心处沉降增大速率要明显大于两边。

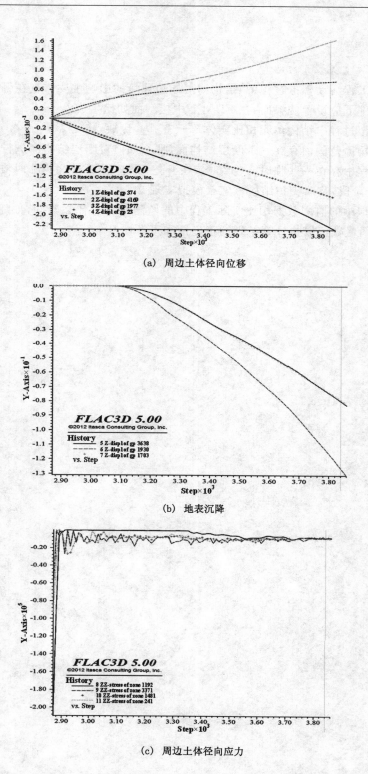

(a) 周边土体径向位移

(b) 地表沉降

(c) 周边土体径向应力

图 5-20　隧道开挖过程中周边土体应力和位移随开挖时步的变化曲线

思考题与习题

1. 在人类工程活动模拟过程中,结构物对周边环境的影响主要体现在哪些方面?

2. 什么条件下应设置接触面,在 FLAC^{3D} 中接触面如何生成?

3. 数值模拟过程中结构单元相比实体单元有哪些优缺点?

4. 若工程场地范围内存在一个断层结构面,那么如何对断层结构面进行模拟分析?

5. 假定工程中存在一些临时支护结构,在开挖后期,需要对这些临时支护结构进行拆除,那么在开挖阶段,临时支护结构该怎么模拟实现?

6. 数值模拟中的监测数据相比实际工程中的监测数据有什么异同,如何利用实际工程中的监测数据衡量数值模拟计算结果的正确性和可靠性?

第 6 章　FLAC³ᴰ 模拟数据提取与分析

　　工程数值模拟实际上就是基于现有的基础理论方程,使用计算机模拟还原整个工程的施工过程,为实际工程设计或施工提供一定的理论数据支持或指导意见。因此,工程数值模拟结束后,必须要对数值计算结果进行数据处理,并利用图、表、文字等方法对工程相关问题进行定性和定量的分析,使计算数据更加直观、清晰、易懂,达到方便工程查阅和使用的目的。本章针对 FLAC³ᴰ 的网格节点、实际单元、接触面单元、结构单元以及监测变量,以它们的应力、位移等数据作为研究对象,介绍它们在不同需求条件下的提取、处理和分析流程。

　　本章学习要点:

　　(1) 模拟数据的提取方法。

　　(2) 常用计算数据的显示命令。

　　(3) 模拟数据的描述分析过程。

6.1　模拟数据的提取

6.1.1　点数据的提取

　　点数据的提取主要是针对有限个网格节点、实体单元、结构单元以及接触面单元的应力、位移等,提取结果以列表的形式反馈。具体提取方法可以分为打印查阅记录法、打印保存记录法及自动筛选保存法 3 种。

　　1. 打印查阅记录法

　　这种方法适用于个数较少的点数据提取。具体操作步骤如下。

　　(1) 用下述命令显示模型网格、接触面单元和结构单元,将鼠标移到需要打印的节点位置,根据软件右下角信息窗口的显示信息,记录下当前鼠标位置网格节点、实体单元、结构单元以及接触面单元的 id 号或 cid 号。

　　plot zone colorby group;显示模型单元和网格节点

　　ploc inter;显示接触面单元构件

　　plot sel geom;显示结构单元构件

　　(2) 使用 print 命令打印不同编号下网格节点、实体单元、结构单元以及接触面单元的应力、位移等数据。

　　① **print gp**＋节点打印内容＋(**range**＋节点 id 号范围)。

　　上述命令中,节点打印内容主要包括节点坐标(position)、节点位移速率(velocity)、节点位移(displacement)、节点力(force)、节点加速度(acceleration)和节点水压(pp)。

　　例如:

　　print gp disp range id 1;打印 1 号节点的位移

print gp force range id 1 10；打印 1～10 号节点的作用力

② **print zone**＋单元打印内容＋（**range**＋单元 id 号范围）。

上述命令中，单元打印内容主要包括各向应力（stress）、主应力（principal）、塑性屈服情况（state）、体积（volume）、应变（strain）、全应变率张量（fsr）和全应变率张量增量（fsi）。

例如：

print zone stress id 1；打印 1 号单元的应力

print zone strain range id 10 15；打印 10～15 号单元的应变

③ **print inter**＋接触面 id 号＋接触面单元打印内容＋（**range**＋接触面构件 cid 号范围）。

上述命令中，接触面单元打印内容主要包括面积（area）、位移（displacement）、坐标位置（position）、主应力（prestress）、节点屈服情况（state）、累积剪切位移（shear）、小应变累积位移（small）、应力（stress）和位移速率（velocity）。

例如：

print int 1 stress range cid 3；打印 1 号接触面 3 号构件单元的应力

print int 1 vel range cid 4 8；打印 1 号接触面 4～8 号构件单元的位移速率

④ **print sel**＋结构单元类型＋结构单元打印内容＋（**range**＋结构 id 或构件 cid 号范围）。

上述命令中，结构单元类型主要有锚杆结构单元（cable）、梁结构单元（beam）、桩结构单元（pile）、壳结构单元（shell）、衬砌结构单元（liner）、土工格栅结构单元（geogrid）、结构单元节点（node）以及面单元全类型（recover）。

• 对于锚杆结构单元，其打印内容包括轴力（force）、黏结剂约束应力（grout confinement）、黏结剂位移（grout displacement）、黏结剂滑动状态（grout slip）、黏结剂应力（grout stress）、长度（length）、节点力（nforce）、坐标位置（position）、轴向应力（stress）、体积（volume）和屈服情况（yield）。

例如：

print sel cable force range cid 1；打印 1 号锚杆构件的轴力

print sel cable grout disp range cid 1 3；打印 1～3 号锚杆构件的黏结剂位移

• 对于梁结构单元，其打印内容包括轴力（force）、力矩（moment）、长度（length）、节点力（nforce）、坐标位置（position）和体积（volume）。

例如：

print sel beam moment range cid 1；打印 1 号梁构件的弯矩

print sel beam nforce range cid 11 15；打印 11～15 号梁构件的节点力

• 对于桩结构单元，其打印内容包括耦合弹簧约束应力（coupling confinement）、耦合弹簧法向位移（coupling displacement normal）、耦合弹簧剪切位移（coupling displacement shear）、耦合弹簧法向应力（coupling stress normal）、耦合弹簧切向应力（coupling stress shear）、耦合弹簧法向屈服状态（coupling yield normal）、耦合弹簧切向屈服状态（coupling yield shear）、轴力（force）、长度（length）、力矩（moment）、节点力（nforce）、坐标位置（position）和体积（volume）。

例如：

print sel pile coupling stress normal range cid 2；打印 2 号桩构件的耦合弹簧法向应力

print sel pile moment range cid 10 12；打印 10～12 号桩构件的弯矩

・对于壳结构单元,其打印内容主要包括长度(length)、节点力(nforce)、坐标位置(position)和体积(volume)。

例如:

print sel shell nforce range cid 3;打印 3 号壳构件的节点力

・对于衬砌结构单元,其打印内容包括耦合弹簧法向位移(coupling displacement normal)、耦合弹簧剪切位移(coupling displacement shear)、耦合弹簧法向应力(coupling stress normal)、耦合弹簧切向应力(coupling stress shear)、耦合弹簧切向屈服状态(coupling yield shear)、长度(length)、节点力(nforce)、坐标位置(position)和体积(volume)。

例如:

print sel liner coup disp norm range cid 2 8;打印 2~8 号衬砌构件的耦合弹簧法向位移

・对于土工格栅结构单元,其打印内容包括耦合弹簧约束应力(coupling confinement)、耦合弹簧位移(coupling displacement)、耦合弹簧应力(coupling stress)、耦合弹簧屈服状态(coupling yield)、长度(length)、节点力(nforce)、坐标位置(position)和体积(volume)。

例如:

print sel geog coup disp range cid 6 12;打印 6~12 号土工格栅构件的耦合弹簧位移

・对于结构单元节点,其打印内容包括位移(disp)、不平衡力(fob)、质量(mass)、位置(pos)、刚度(stiffness)和位移速率(vel)。

例如:

print sel node disp range id 1;打印 1 号节点的位移

・对于面单元全类型(包括壳结构单元、衬砌结构单元以及土工格栅结构单元),其打印内容主要有 X 方向合成弯曲应力(sres mx)、Y 方向合成弯曲应力(sres my)、XY 方向合成弯曲应力(sres mxy)、X 方向合成轴应力(sres nx)、Y 方向合成轴应力(sres ny)、XY 方向合成轴应力(sres nxy)、X 方向合成剪应力(sres qx)、Y 方向合成剪应力(sres qy)、XX 方向应力(stress xx)、YY 方向应力(stress yy)、ZZ 方向应力(stress zz)、XY 方向应力(stress xy)、XZ 方向应力(stress xz)、主应力(pstress)和深度(depth)。在这一项数据提取过程中,特别需要注意的是,提取之前要先用命令"sel recover surface surfx+三维坐标向量+range+节点范围"为所选节点生成初始表面坐标系;然后再使用命令"sel recover sres/stress+结构单元类型+range+选择范围"初始化生成所选面单元构件的合成应力,否则提取结果为空。

例如:

sel recover surface surfx 1 0 0;设置结构单元的表面坐标系

sel recover sres liner;初始化生成 liner 结构单元的合成应力

sel recover stressliner;初始化生成 liner 结构单元的各向应力

print sel recover sres mx range cid 1;打印 1 号构件弯曲应力 mx,这个构件可能是三种面单元的任意一种

print sel recover pstress range cid 1 5;打印 1~5 号构件单元的主应力

(3) 对打印得到的应力、位移等数据进行人工查阅并主观筛选,将筛选后的数据手动记录保存在 Excel 或 txt 文档中。

【例 6-1】　根据例 5-11 计算得到的结果,采用打印查阅记录法提取隧道在拱顶、拱底处

的竖向位移,在地表处的最大沉降及隧道衬砌在两侧拱腰处的轴力。

命令:

new

restore kjgzh.sav;读入例 5-11 隧道开挖后的保存文档

plot zone colorby group;显示网格节点,用鼠标找到隧道拱顶、拱底以及地表中心位 & 置网格节点的编号

  print gp disp range id 556;打印拱顶位置网格节点的位移

  print gp disp range id 5336;打印拱底位置网格节点的位移

  print gp disp range id 2414;打印隧道正上方中心地表位置网格节点的位移

  print gp disp range id 4354;打印隧道左上方距中心 5 m 的地表位置网格节点的位移

  print gp disp range id 1914;打印隧道右上方距中心 5 m 的地表位置网格节点的位移

  ;pause;暂停执行命令

  ;continue;继续执行命令

plot sel geom;显示全部结构单元构件,移动鼠标找到隧道两侧拱腰位置壳结构的编号

sel recover surface surfx 1 0 0;设置结构单元所有节点的表面坐标系

sel recover sres liner;初始化生成衬砌结构单元的合成应力

print sel recover sres nx range cid 224;打印隧道左侧拱腰位置处壳构件的合成轴力大小

print sel recover sres nx range cid 9;打印隧道右侧拱腰位置处壳构件的合成轴力大小

  图 6-1 给出了命令窗口下打印得到的不同位置网格节点位移以及壳构件的轴力值。隧道开挖完成后,拱顶处土体的竖向沉降值为 18.4 mm,拱底处土体的隆起值为 26.8 mm,地表最大沉降值出现在隧道正上方中心,为 9.5 mm;衬砌在左侧拱腰处的轴力为 1 266 kN,在右侧拱腰处的轴力为 1 034 kN。

```
flac3d>print gp disp range id 556
Gridpoint Displacement ...
  id    X-Dis    Y-Dis    Z-Dis

  556 (-4.403192e-05, 0.000000e+00,-1.836421e-02)
flac3d>print gp disp range id 5336
Gridpoint Displacement ...
  id    X-Dis    Y-Dis    Z-Dis

  5336 ( 2.217606e-05, 0.000000e+00, 2.680985e-02)
flac3d>print gp disp range id 2414
Gridpoint Displacement ...
  id    X-Dis    Y-Dis    Z-Dis

  2414 ( 1.071225e-06, 0.000000e+00,-9.454234e-03)
flac3d>print gp disp range id 4354
Gridpoint Displacement ...
  id    X-Dis    Y-Dis    Z-Dis

  4354 ( 2.263223e-03, 0.000000e+00,-5.358269e-03)
flac3d>print gp disp range id 1914
Gridpoint Displacement ...
  id    X-Dis    Y-Dis    Z-Dis

  1914 (-2.263334e-03, 0.000000e+00,-5.366982e-03)
```

(a) 网格节点位移

```
flac3d>print sel recover sres nx range cid 224
Stress resultant (Nx ) at centroid & nodes of each shell-type SEL...
  (expressed in the surface coord system, x'y'z', at each node)
sel-cid node   Nx    axis  x-comp  y-comp   z-comp

 224 ctrd  -1.266e+06
     171  -1.400e+06  x': (1.609e-01,4.483e-04,-9.870e-01)
                      y': (0.000e+00,1.000e+00,4.542e-04)
                      z': (9.870e-01,-7.307e-05,1.609e-01)
     166  -1.201e+06  x': (8.816e-02,1.709e-03,-9.961e-01)
                      y': (0.000e+00,1.000e+00,1.716e-03)
                      z': (9.961e-01,-1.513e-04,8.816e-02)
     169  -1.752e+06  x': (1.752e-01,1.156e-03,-9.845e-01)
                      y': (2.711e-20,1.000e+00,1.175e-03)
                      z': (9.845e-01,-2.058e-04,1.752e-01)
flac3d>print sel recover sres nx range cid 9
Stress resultant (Nx ) at centroid & nodes of each shell-type SEL...
  (expressed in the surface coord system, x'y'z', at each node)
sel-cid node   Nx    axis  x-comp  y-comp   z-comp

  9 ctrd  -1.034e+06
     8  -8.344e+05  x': (1.888e-01,-1.582e-03,-9.820e-01)
                    y': (0.000e+00,-1.000e+00,1.611e-03)
                    z': (-9.820e-01,-3.043e-04,-1.888e-01)
    10  -1.120e+06  x': (2.602e-01,-6.651e-04,-9.655e-01)
                    y': (-2.711e-20,-1.000e+00,6.888e-04)
                    z': (-9.655e-01,-1.793e-04,-2.602e-01)
     7  -1.149e+06  x': (1.744e-01,-9.712e-04,-9.847e-01)
                    y': (0.000e+00,-1.000e+00,9.863e-04)
                    z': (-9.847e-01,-1.720e-04,1.744e-01)
```

(b) 壳构件轴力

图 6-1   不同位置网格节点位移以及壳构件轴力值

2. 打印保存记录法

由于打印保存记录法需要先在 FLAC³ᴰ命令窗口中将要提取的数据打印出来,再由人工逐一进行查阅、筛检、记录、保存。当提取的数据较多时,FLAC³ᴰ当前命令窗口下就难以全部打印显示所有数据,导致一部分数据会被覆盖而不能查阅。为此,FLAC³ᴰ提供了一种执行命令自动保存功能,该功能可以对 FLAC³ᴰ命令栏中已执行和显示的命令数据进行自动保存。利用该功能并结合打印查阅记录法,我们就可以对多个点数据进行提取、查阅和记录。具体操作步骤如下:

(1) 使用"set log on"命令开启 FLAC³ᴰ命令自动保存功能。

(2) 使用"set logfile＋文件名＋.log"命令,将其后 FLAC³ᴰ所执行的所有命令保存到指定的 log 文件中。

(3) 使用打印保存记录法对多个点数据进行打印。

(4) 使用"set log off"命令关闭 FLAC³ᴰ命令自动保存功能。

(5) 使用 txt 记事本打开当前文件夹下相应的 log 文件,就可以对已打印的所有点数据进行查阅、筛选和记录。

【例 6-2】　根据例 5-11 计算得到的结果,采用打印保存记录法提取隧道在拱顶、拱底处的竖向位移,在两个拱腰处的水平位移,隧道地表在中心 10 m 范围内的沉降值,隧道衬砌在拱顶、拱底以及两侧拱腰处的轴力和弯矩值。

命令:

```
new
restore kjgzh.sav;读入例 5-11 隧道开挖后的保存文档
set log on;打开命令自动保存功能
set logfile 1.log;将其后所执行的命令自动保存到 1.log 这个文件中
plot zone colorby group;显示模型网格节点
;打印隧道拱顶、拱底以及两侧拱腰处节点的位移
print gp disp range id 556
print gp disp range id 5336
print gp disp range id 7166
print gp disp range id 4826
;打印隧道正上方 10 m 范围内地表的位移
print gp disp range id 4354
print gp disp range id 4454
print gp disp range id 4554
print gp disp range id 4654
print gp disp range id 4754
print gp disp range id 2414
print gp disp range id 2314
print gp disp range id 2214
print gp disp range id 2114
print gp disp range id 2014
```

print gp disp range id 1914

plot sel geom;显示结构单元构件

;打印隧道拱顶、拱底以及两侧拱腰处壳构件的轴力

sel recover surface surfx 1 0 0

sel recover sres liner

print sel recover sres nx range cid 213

print sel recover sres nx range cid 17

print sel recover sres nx range cid 224

print sel recover sres nx range cid 9

;打印隧道拱顶、拱底以及两侧拱腰处壳构件的弯矩

print sel recover sres mx range cid 213

print sel recover sres mx range cid 17

print sel recover sres mx range cid 224

print sel recover sres mx range cid 9

set log off;关闭命令自动保存功能

当所有数据在命令窗口中打印完毕后,1.log 文件保存的数据如图 6-2 所示。可以发现,该 log 文件能够对 FLAC³ᴰ窗口中显示的所有数据进行保存,可以方便所有点数据的查看和记录。

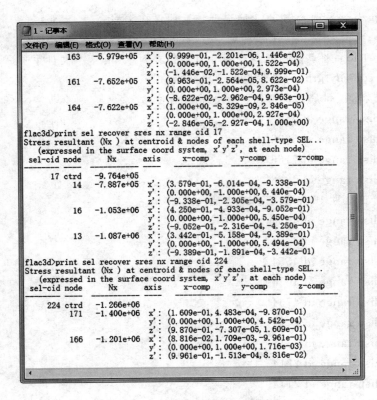

图 6-2　log 文件保存的打印数据

3. 自动筛选保存法

上述两种数据提取方法需要查找指定位置的网格节点、实体单元、接触面单元以及结构单元的 id 编号,并逐一记录打印。然而,对于复杂模型,这两种数据提取方法难以达到巨大数据量的提取要求。为提高点数据提取的效率,可利用 FLAC³ᴰ 自带的 fish 语言,对需要提取的点数据进行自动筛选和保存,即自动筛选保存法,其具体操作步骤如下:

(1) 利用 fish 函数遍历模型中所有的网格节点、实体单元、接触面单元以及结构单元,利用编号、坐标、参数值等变量对这些点进行筛选。

(2) 利用 fish 语言对满足筛选条件的各点的位移、应力等数据进行提取,提取使用的数据变量名如表 3-1～表 3-5 所示。

(3) 利用 status 字符串函数将提取到的结果保存到 txt 文档中,生成的 txt 文档默认保存在 FLAC³ᴰ程序所在文件夹下。

【例 6-3】　根据例 5-11 计算得到的结果,采用自动筛选保存法提取隧道在拱顶、拱底处的竖向位移,在两个拱腰处的水平位移,隧道周边土体在拱顶、拱底以及两侧拱腰位置的主应力差值,隧道衬砌在拱顶、拱底以及两侧拱腰处的轴力和弯矩值,隧道模型在整个地表的沉降分布值。

命令:

new

restore kjgzh.sav;导入存档

;定义 1 个函数,提取隧道拱顶、拱底、两侧拱腰处土体以及衬砌的数据

def lssjtq

　;定义 5 个数组,分别用于存储 4 个位置的隧道位移、隧道单元主应力差值、衬砌 &
轴力、衬砌弯矩以及 16 个相关数据的文字输出

　array sdwy(4) sdzylc(4) cqzl(4) cqwj(4) sjzh(16)

　p_gp=gp_near(0,1,3);找到最靠近隧道拱顶的网格节点

　sdwy(1)=gp_zdisp(p_gp);提取该网格节点的竖向位移,并存入数组中

　p_gp=gp_near(0,1,−3);找到最靠近隧道拱底的网格节点

　sdwy(2)=gp_zdisp(p_gp);提取该网格节点的竖向位移,并存入数组中

　p_gp=gp_near(−3,1,0);找到最靠近隧道左侧拱腰的网格节点

　sdwy(3)=gp_xdisp(p_gp);提取该网格节点的水平位移,并存入数组中

　p_gp=gp_near(3,1,0);找到最靠近隧道右侧拱腰的网格节点

　sdwy(4)=gp_xdisp(p_gp);提取该网格节点的水平位移,并存入数组中

　p_z=z_near(0,1,3);找到最靠近隧道拱顶的实体单元

　sdzylc(1)=abs(z_sig1(p_z)−z_sig3(p_z));提取该单元的最大和最小主应力差, &
并存入数组中

　p_z=z_near(0,1,−3);找到最靠近隧道拱底的实体单元

　sdzylc(2)=abs(z_sig1(p_z)−z_sig3(p_z));提取该单元的最大和最小主应力差, &
并存入数组中

　p_z=z_near(−3,1,0);找到最靠近隧道左侧拱腰的实体单元

　sdzylc(3)=abs(z_sig1(p_z)−z_sig3(p_z));提取该单元的最大和最小主应力差, &

并存入数组中

 p_z＝z_near(3,1,0);找到最靠近隧道右侧拱腰的实体单元

 sdzylc(4)＝abs(z_sig1(p_z)－z_sig3(p_z));提取该单元的最大和最小主应力差,&

并存入数组中

 command

  sel recover surface surfx 1 0 0;设置结构单元的表面坐标系

  sel recover sres liner range id 1;初始化生成 liner 结构单元的合成应力

  sel recover stresslinerrange id 1;初始化生成 liner 结构单元的各向应力

 endcommand

 p_s＝s_near(0,1,3);找到最靠近隧道拱顶的衬砌构件

 cqzl(1)＝sst_sres(p_s,0,4);提取该构件的合成轴力 nx

 cqwj(1)＝sst_sres(p_s,0,1);提取该构件的合成弯矩 mx

 p_s＝s_near(0,1,－3);找到最靠近隧道拱底的衬砌构件

 cqzl(2)＝sst_sres(p_s,0,4);提取该构件的合成轴力 nx

 cqwj(2)＝sst_sres(p_s,0,1);提取该构件的合成弯矩 mx

 p_s＝s_near(－3,1,0);找到最靠近隧道左侧拱腰的衬砌构件

 cqzl(3)＝sst_sres(p_s,0,4);提取该构件的合成轴力 nx

 cqwj(3)＝sst_sres(p_s,0,1);提取该构件的合成弯矩 mx

 p_s＝s_near(3,1,0);找到最靠近隧道右侧拱腰的衬砌构件

 cqzl(4)＝sst_sres(p_s,0,4);提取该构件的合成轴力 nx

 cqwj(4)＝sst_sres(p_s,0,1);提取该构件的合成弯矩 mx

 ;通过循环命令,将这 16 个零散数据转化为字符串格式,并全部添加进同一个数组中

 loop aa(1,4)

  sjzh(aa)＝string(sdwy(aa))

 endloop

 loop aa(5,8)

  sjzh(aa)＝string(sdzylc(aa－4))

 endloop

 loop aa(9,12)

  sjzh(aa)＝string(cqzl(aa－8))

 endloop

 loop aa(13,16)

  sjzh(aa)＝string(cqwj(aa－12))

 endloop

 ;使用 status 命令,输出字符串数组数据,并将输出结果保存到 lssj.txt 文件中

 status＝open('lssj.txt',1,1)

 status＝write(sjzh,16)

 status＝close

 end

```
@lssjtq
;定义地表沉降提取函数
def dbcjsjtq
  ;定义两个数组,分别用于存储地表节点的 X 方向坐标和 Z 方向位移
  array dbxzb(100) dbcj(100)
  p_gp＝gp_head;找到首个网格节点内存地址
  num＝0;符合筛选要求的节点数为 0
  loop while p_gp≠null;遍历所有节点
    if abs(gp_ypos(p_gp)－1)＜0.1 then;节点需满足 Y 方向坐标等于 1
      if abs(gp_zpos(p_gp)－15)＜0.1 then;节点需满足 Z 方向坐标等于 15
        num＝num＋1;符合筛选要求的节点数增加 1
        dbxzb(num)＝string(gp_xpos(p_gp));记录该节点的 X 坐标并将其数据 &
类型转换为字符串格式
        dbcj(num)＝string(gp_zdisp(p_gp));记录该节点 Z 方向位移并将其数据 &
类型转换为字符串格式
      endif
    endif
    p_gp＝gp_next(p_gp);下一个节点内存地址
  endloop
  ;通过冒泡法对符合要求的节点按 X 坐标从小到大进行排序
  loop bb(1,num－1)
    zjzb＝dbxzb(bb)
    zjcj＝dbcj(bb)
    loop cc(bb+1,num)
      if float(dbxzb(cc))＜float(zjzb) then
        dbxzb(bb)＝dbxzb(cc)
        dbcj(bb)＝dbcj(cc)
        dbxzb(cc)＝zjzb
        dbcj(cc)＝zjcj
        zjzb＝dbxzb(bb)
        zjcj＝dbcj(bb)
      endif
    endloop
  endloop
;将地表网格节点 X 坐标存入 dbzbsj.txt 文档中
status＝open('dbzbsj.txt',1,1)
status＝write(dbxzb,num)
status＝close
;将地表网格节点 Z 方向位移存入 dbcjsj.txt 文档中
```

```
status＝open('dbcjsj.txt',1,1)
status＝write(dbcj,num)
status＝close
```
end

@dbcjsjtq

图 6-3 为自动筛选保存法提取得到的隧道相关数据。与打印查阅记录法和打印保存记录法对比可知，采用自动筛选保存法提取得到的隧道位移、应力以及结构内力等相关数据准确可靠，而且不需要人工进行查阅、筛选，具有数据提取量大、效率高等优点。

(a) 隧道零散位置的数据　　　　(b) 地表节点坐标　　　　(c) 地表节点位移

图 6-3　自动筛选保存法提取得到的隧道相关数据

6.1.2　面数据的提取

这一类数据提取主要是针对多个位置连续的实体单元、接触面单元、结构单元的应力位移等的分布特征，提取结果以图片形式反馈。其常用提取方法为显示保存法，即先采用 plot 命令显示应力位移等数据云图，然后再用截图或者自动保存的方法对这些数据云图进行保存。

1. 实体单元

对于实体单元，显示其应力、位移等数据云图常用的命令有以下几种：

（1）**plot**＋（**add**）＋**contour**＋云图数据名＋（**range**＋实体单元范围）

该命令显示的单元云图数据以插值的形式表示，整体比较平滑。云图数据名包括位移速率（vel）、X 方向位移速率（xvel）、Y 方向位移速率（yvel）、Z 方向位移速率（zvel）、总加速度（acceleration）、X 方向加速度（xacceleration）、Y 方向加速度（yacceleration）、Z 方向加速度（zacceleration）、总位移（disp）、X 方向位移（xdisp）、Y 方向位移（ydisp）、Z 方向位移（zdisp）、水压力（gpppressure）、不平衡力（fob）、温度（temperature）和饱和度（saturation）。如增加 add 关键字则表示在已有显示云图的基础上再增加后面的显示内容。

例如：

plot con zdis range y 0 1；显示 Y 坐标在 0～1 m 范围内所有单元的竖向位移

plot con xvel range group weiyan；新增一个窗口显示组名为 weiyan 的所有单元的 &

X 方向位移速率

plot add con gpppressure range z 0 3；在第 2 个窗口中增加显示 Z 坐标在 0～3 m 范 &

围内所有单元的水压力

plot add con fob range plane norm 0 1 0 origin 0 0 0 above；增加显示指定平面上方 &
所有单元的不平衡力

（2）**plot＋（add）＋bcontour＋单元数据名＋（range＋实体单元范围）**

该命令主要显示单元体应力和材料参数的实际数据，而不是经过插值化处理后的插值
云图数据。其单元数据名包括密度（density）、流体模型参数（flproperty property＋流体参
数名）、平均应力（meanstress）、本构模型参数（property property＋材料参数名）、最大主应
变增量（simaximum）、最大剪应变增量（simaxshear）、中间主应变增量（simiddle）、最小主应
变增量（siminimum）、应变增量范数（sinorm）、中间主应变（sintermediate）、八面体应变增
量（sioctahedral）、主应变增量空间中张量点到原点的距离（sitotalmeasure）、体积应变增量
（sivolumetric）、米塞斯应变增量（sivonmises）、XX 应变增量（sixx）、XY 应变增量（sixy）、
XZ 应变增量（sixz）、YY 应变增量（siyy）、YZ 应变增量（siyz）、ZZ 应变增量（sizz）、最大主应
力（smaximum）、最大剪应力（smaxshear）、中间主应力（smiddle）、最小主应力
（sminimum）、应力范数（snrom）、八面体剪应力（soctahedral）、最大主应变率
（srmaximum）、最大剪应变率（srmaxshear）、中间主应变率（srmiddle）、最小主应变率
（srminimum）、应变率范数（srnorm）、八面体应变率（sroctahedral）、主应变率空间中张量点
到原点的距离（srtotalmeasure）、体积应变率（srvolumetric）、米塞斯应变率（srvonmises）、
XX 应变率（srxx）、XY 应变率（srxy）、XZ 应变率（srxz）、YY 应变率（sryy）、YZ 应变率
（sryz）、ZZ 应变率（srzz）、主应力空间中张应力点到原点的距离（stptalmeasure）、米塞斯应
力（svonmises）、XX 应力（sxx）、XY 应力（sxy）、XZ 应力（sxz）、YY 应力（syy）、YZ 应力
（syz）、ZZ 应力（szz）、热力学参数（thproperty property＋热力学参数名）和水压力（zppres-
sure）。

例如：

plot bcon dens range y 0 1 z 2 4；显示 Y 坐标在 0～1 m、Z 坐标在 2～4 m 范围内所 &
有单元的密度值

plot bcon smin range group suidao；显示组名为 suidao 的所有单元的实际最小主应力

（3）**plot＋（add）＋zone colorby＋数据变量名＋（range＋实体单元范围）**

该命令主要显示单元体的模型相关变量值，具体可显示的数据变量名有密度
（density）、组名（group）、材料本构模型（model）、塑性区（state）、材料参数（property
property ＋材料参数名）、流体参数（flproperty property ＋流体参数名）、热力学参数
（thproperty property ＋热力学参数名）、网格类型（type）。

例如：

plot zone colorby group；显示所有单元的组名并用不同的颜色加以区分

plot zone colorby state range group tuti；显示组名为 tuti 的单元塑性区，并用不同
颜 &
色表示不同屈服类型

（4）**plot＋（add）＋zcontour＋单元数据名＋（range＋实体单元范围）**

该命令显示的数据内容和单元数据名均与第（2）部分一致，但其是经过插值处理后的云
图数据。

【**例 6-4**】 根据例 5-6 计算得到的结果,采用显示保存法提取模型黏聚力的插值云图和实际分布图,模型在 $Y=0.5$ m 这个平面上的竖向位移分布云图和最小主应力分布云图,以及整个模型的塑性区。

命令:

new

restore dgsdkw.sav;导入隧道开挖存档

pl zcon pro pro coh;显示隧道周边土体黏聚力插值分布云图

pause;暂停进行截图,然后用 continue 命令继续

pl bcon pro pro coh;显示隧道周边土体黏聚力实际分布图

pause;暂停进行截图,然后用 continue 命令继续

pl con zdis range planenorm 0 1 0 origin 0 0.5 0 dist 0.2;显示隧道周边土体竖向位移云图

pause;暂停进行截图,然后用 continue 命令继续

plot bcon simaxshear;显示隧道周边土体最大剪应变增量云图

pause;暂停进行截图,然后用 continue 命令继续

plot zone colorby state;显示隧道周边土体塑性区分布云图

隧道开挖后周边土体的黏聚力、竖向位移、剪应变增量分布及塑性区分布如图 6-4 所示。由图可知,黏聚力插值云图是黏聚力数值计算结果(实际图)的一种插值过渡处理,能够使单元体的黏聚力在整个模型范围内显示更加平滑,有利于数据的分析。当隧道开挖后,隧道最大沉降为 22.3 mm,出现在拱顶中心位置;最大隆起则为 46.0 mm,出现在隧道拱底位置;最大剪应变增量出现在隧道拱顶和拱底两侧对角线的位置附近,其值在 0.06~0.14 之间;隧道围岩塑性屈服区则主要出现在隧道拱顶和拱底两侧大约对角线以外的粉砂层中,并以剪切破坏为主。

2. 接触面单元

接触面单元能够提取到的数据包括法向相对位移(int ndisp)、法向应力(int nstress)、节点渗透量(int penetration)、切向相对位移(int sdisp)、切向应力(int sstress)、法向滑动状态(int normal)和切向滑动状态(intslip shear)。其云图显示命令如下:

plot+(**add**)+接触面单元数据+(**range**+接触面单元范围)

例如:

plot int nstress range id 1;显示 1 号接触面单元的法向应力

plot int sdisp range z 0 3;显示 Z 坐标在 0~3 m 范围内所有接触面单元的切向相对位移

plot intslip shear range cid 1 50;显示编号在 1~50 范围内的接触面单元构件的切 &向滑动状态

【**例 6-5**】 根据例 5-6 计算得到的结果,提取隧道衬砌周边接触面单元的切向位移以及法向应力分布云图。

命令:

new

restore dgsdkw.sav;导入隧道开挖存档

pl int sdisp;显示隧道衬砌与周边土体接触面单元的切向相对位移分布图

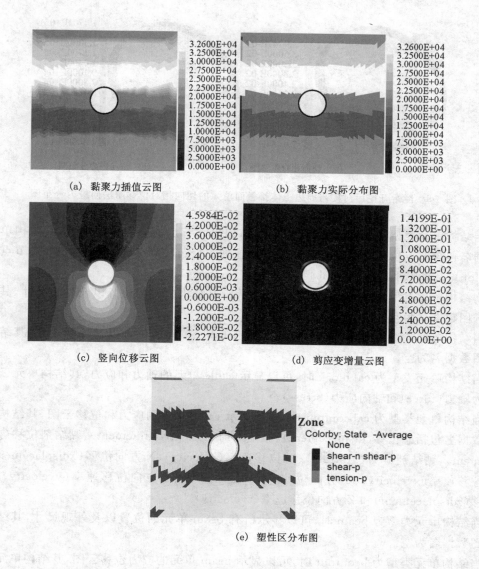

(a) 黏聚力插值云图　　　　　　(b) 黏聚力实际分布图

(c) 竖向位移云图　　　　　　　(d) 剪应变增量云图

(e) 塑性区分布图

图 6-4　隧道开挖后周边土体的面数据图

pause；暂停进行截图，然后用 continue 命令继续

pl int nstress；显示隧道衬砌与周边土体接触面单元的法向应力分布图

图 6-5 为隧道开挖后衬砌与周边土体接触面单元的切向相对位移与法向应力分布图。从图中可以看出，接触面单元的最大切向位移为 39.7 mm，出现在隧道拱底位置；接触面法向最大应力也出现在隧道拱底位置，为 0.15 MPa。

3. 结构单元

对于结构单元，显示其应力、位移等数据云图的命令如下：

plot＋（**add**）＋**sel**＋结构单元类型＋结构单元云图数据名＋（**range**＋结构单元范围）

上述命令中，结构单元类型包括 vector、geometry、cable、cabblock、cabcontour、beam、bcontour、pile、pstate、pcontour、shell、shcontour、geogrid、geocontour、liner 和 lincontour。

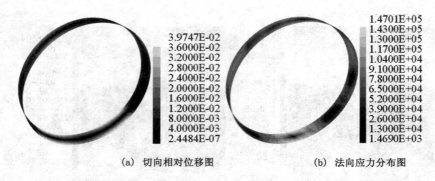

| (a) 切向相对位移图 | (b) 法向应力分布图 |

图 6-5　隧道开挖后衬砌与周边土体接触面单元的切向相对位移与法向应力分布图

当结构单元类型为 vector 时,可以显示结构单元节点的应力位移情况,其结构单元云图数据名包含节点位移(displacement)、节点施加力(fap)、节点施加弯矩(map)、节点不平衡力(fob)、节点不平衡弯矩(mob)和节点速率(velocity)。

当结构单元类型为 geometry 时,可以显示所有结构单元的位置以及外观尺寸,其结构单元云图数据名为空。

当结构单元类型为 cable 时,可以显示所有 cable 单元的位置以及外观尺寸,其结构单元云图数据名为空。

当结构单元类型为 cabblock 时,可以显示 cable 单元的轴力和应力,其结构单元云图数据名为轴力(force)和轴向应力(stress)。

当结构单元类型为 cabcontour 时,可以显示 cable 单元的应力和位移云图,其结构单元云图数据名包括总位移(displacement)、黏结剂约束力(grconfinement)、黏结剂位移(grdisplacement)、黏结剂应力(grstress)、总位移速率(velocity)、X 方向位移(xdisplacement)、X 方向位移速率(xvelocity)、Y 方向位移(ydisplacement)、Y 方向位移速率(yvelocity)、Z 方向位移(zdisplacement)和 Z 方向位移速率(zvelocity)。

当结构单元类型为 beam 时,可以显示所有 beam 单元的位置以及外观尺寸,其结构单元云图数据名为空。

当结构单元类型为 bcontour 时,可以显示 beam 单元的应力位移云图,其结构单元云图数据名包括轴力(axialforce)、轴向应力(axialstress)、X 方向力(fx)、Y 方向力(fy)、Z 方向力(fz)、X 方向弯矩(mx)、Y 方向弯矩(my)、Z 方向弯矩(mz)、总位移(displacement)、总位移速率(velocity)、X 方向位移(xdisplacement)、X 方向位移速率(xvelocity)、Y 方向位移(ydisplacement)、Y 方向位移速率(yvelocity)、Z 方向位移(zdisplacement)和 Z 方向位移速率(zvelocity)。

当结构单元类型为 pile 时,可以显示所有 pile 单元的位置以及外观尺寸,其结构单元云图数据名为空。

当结构单元类型为 pstate 时,可以显示 pile 单元耦合弹簧的屈服情况,其结构单元云图数据名为法向耦合弹簧屈服状态(ncyield)和切向耦合弹簧屈服状态(scyield)。

当结构单元类型为 pcontour 时,可以显示 pile 单元的应力位移云图,其结构单元云图数据名包括切向应力(scstress)、法向应力(ncstress)、X 方向力(fx)、Y 方向力(fy)、Z 方向力(fz)、X 方向弯矩(mx)、Y 方向弯矩(my)、Z 方向弯矩(mz)、总位移(displacement)、总位移速率(velocity)、X 方向位移(xdisplacement)、X 方向位移速率(xvelocity)、Y 方向位移(ydisplacement)、Y 方向位移速率(yvelocity)、Z 方向位移(zdisplacement)和 Z 方向位移速率(zvelocity)。

当结构单元类型为 shell 时,可以显示所有 shell 单元的位置以及外观尺寸,其结构单元云图数据名为空。

当结构单元类型为 shcontour 时,可以显示 shell 单元的应力位移云图,其结构单元云图数据名包括最大纤维应力(maxfiberstress)、最大膜应力(maxmembranestress)、最大弯矩(maxmoment)、最小纤维应力(minfiberstress)、最小膜应力(minmembranestress)、最小弯矩(minmoment)、X 方向合成弯曲应力(mx)、Y 方向合成弯曲应力(my)、XY 方向合成弯曲应力(mxy)、X 方向合成轴应力(nx)、Y 方向合成轴应力(ny)、XY 方向合成轴应力(nxy)、X 方向合成剪应力(qx)、Y 方向合成剪应力(qy)、XX 方向应力(sxx)、YY 方向应力(syy)、ZZ 方向应力(szz)、XY 方向应力(sxy)、XZ 方向应力(sxz)、YZ 方向应力(syz)、最大主应力(smax)、中间主应力(sint)、最小主应力(smin)、总位移(displacement)、总位移速率(velocity)、X 方向位移(xdisplacement)、X 方向位移速率(xvelocity)、Y 方向位移(ydisplacement)、Y 方向位移速率(yvelocity)、Z 方向位移(zdisplacement)和 Z 方向位移速率(zvelocity)。

当结构单元类型为 geogrid 时,可以显示所有 geogrid 单元的位置以及外观尺寸,其结构单元云图数据名为空。

当结构单元类型为 geocontour 时,可以显示 geogrid 单元的应力位移云图,其结构单元云图数据名与 shell 结构单元的 shcontour 显示内容一致,但多了一个耦合弹簧应力(cpstress)。

当结构单元类型为 liner 时,可以显示所有 liner 单元的位置以及外观尺寸,其结构单元云图数据名为空。

当结构单元类型为 lincontour 时,可以显示 liner 结构单元的应力位移云图,其结构单元云图数据名与 shell 结构单元的 shcontour 显示内容一致,但多了 4 个耦合弹簧应力:法向耦合弹簧外侧应力(cpnstress_1)、法向耦合弹簧内侧应力(cpnstress_2)、切向耦合弹簧外侧应力(cpsstress_1)以及切向耦合弹簧内侧应力(cpsstress_2)。

例如:

plot sel geom;显示所有结构单元位置以及外观尺寸

plot sel pcon mx range id 1;显示 1 号桩结构单元 X 方向的弯矩

plot sel lincon cpnstress_1 range cid 1 10;显示 1~10 号衬砌构件的法向耦合弹簧外侧应力

plot sel shcon maxmoment range x 0 10;显示 X 坐标在 0~10 m 范围的壳结构单元 &
的最大弯矩

【例 6-6】　根据例 5-12 计算得到的结果,提取衬砌结构单元的位移、轴力、剪力以及弯矩图。

命令:

new

restore cqjgzh.sav;导入隧道开挖存档

plot sel lincon disp；显示隧道衬砌结构单元的总位移分布图

pause；暂停进行截图，然后用 continue 命令继续

plot sel lincon nx；显示隧道衬砌结构单元的轴力分布图

pause；暂停进行截图，然后用 continue 命令继续

plot sel lincon qx；显示隧道衬砌结构单元的剪力分布图

pause；暂停进行截图，然后用 continue 命令继续

plot sel lincon mx；显示隧道衬砌结构单元的弯矩分布图

隧道开挖后衬砌结构单元的位移与内力分布如图 6-6 所示。由图可知，衬砌结构单元的最大位移为 11.7 mm，最大轴力为 1 400.4 kN，最大剪力为 315.0 kN，最大弯矩则为 229.3 kN·m。

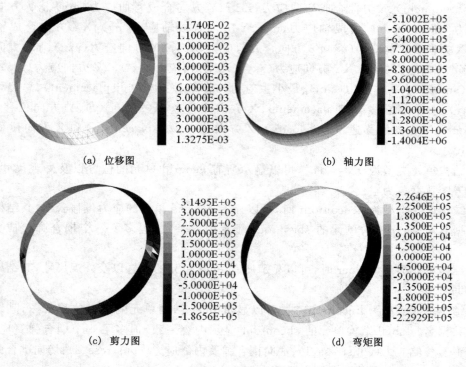

图 6-6　隧道开挖后衬砌结构单元的位移与内力分布图

4. 数据云图的自动保存

当提取的云图数据较多时，逐个进行显示-截图-数据提取，效率较低。FLAC[3D]提供了一种数据云图自动保存功能，其实现步骤如下。

（1）显示模型实体单元、结构单元以及接触面单元的应力、位移等数据云图，其命令如本节前文内容所示。为使显示的数据云图更加美观，可以在显示命令后面加上外围边框（wireframe）、最大值（maximum）、最小值（minimum）和等高线间距（interval）等参数。

例如：

plot con zdis wireframe on；显示实体单元竖向位移云图并加上外围边框

plot sel lincon mx max 1e6 min 0 inter 1e5；显示衬砌结构单元 mx 云图，并设置其 &最大值、最小值分别为 1 MPa 和 0 MPa，并每隔 0.1 MPa 变化一种显示颜色

(2) 设置数据云图的观察角度和距离、背景色、比例大小、视图中心位置等信息,使显示的数据云图全面、美观,其命令为:

plot set＋视角参数＋参数值

上述命令中,视角参数包括背景色(background)、窗口标题名称(name)、视图中心(center)、观察位置(eye)、观察距离(dist)、比例(magnification)、模型倾向(ddir)和模型倾角(dip)等。

例如:

plot set back white;设置背景色为白色

plot set center 100 0 0;设置视图中心点坐标为(100,0,0)

plot set dd 90 dip 90;设置模型倾向和倾角均为 90 度。

(3) 使用图片保存命令,对 FLAC³ᴰ视图窗口中的云图进行自动保存,其命令为:

plot＋**bitmap**＋(**size**＋图像尺寸)＋**filename**＋图名＋图片后缀名

上述命令中,图片后缀名包括 bmp、png、ppm、xbm 和 xpm,单独执行此命令时,图片默认自动保存在 FLAC³ᴰ程序所在文件夹下。

例如:

plot bitmap size 1024 768 filename shili.bmp;设置图片保存类型为 bmp 格式,像素 &为 1 024×768

【例 6-7】　根据例 5-12 计算得到的结果,利用图片自动保存的方法提取隧道周边土体的竖向位移云图、水平方向位移云图,衬砌结构单元的位移、轴力、剪力以及弯矩图。

命令:

```
new
;导入隧道开挖存档
restore cqjgzh.sav
;显示模型竖向位移和水平位移并保存
plot con xdis
plot bitmap file sdsxwy.bmp
plot con zdis
plot bitmap file sdspwy.bmp
;显示衬砌内力图并保存
plot sel lincon disp
plot set center 0 0.5 0
plot set eye －7 －8.5 2.8
plot bitmap file sdcqwy.bmp
plot sel lincon nx
plot set center 0 0.5 0
plot set eye －7 －8.5 2.8
plot bitmap file sdcqzl.bmp
plot sel lincon qx
plot set center 0 0.5 0
```

plot set eye －7 －8.5 2.8

plot bitmap file sdcqjl.bmp

plot sel lincon mx

plot set center 0 0.5 0

plot set eye －7 －8.5 2.8

plot bitmap file sdcqwj.bmp

隧道开挖后,其周边土体位移与衬砌内力云图数据的自动保存结果如图 6-7 所示。

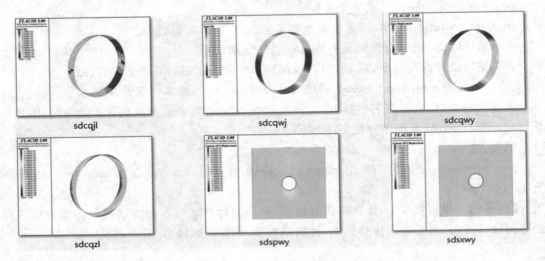

图 6-7　隧道周边土体位移与衬砌内力云图数据的自动保存结果

6.1.3　监测变量数据的提取

监测变量数据的提取结果以图片或列表的形式反馈。常用的提取命令如下:

(1) **plot hist**＋监测变量 1＋监测变量 2＋…＋监测变量 n

上述命令表示显示监测变量 $1,2,\cdots,n$ 随开挖时步的变化曲线。

(2) **plot hist**＋监测变量 1＋监测变量 2＋…＋监测变量 n＋**vs**＋监测变量 m

上述命令表示显示监测变量 $1,2,\cdots,n$ 随监测变量 m 的变化曲线。

(3) **histwrite** ＋监测变量 1＋监测变量 2＋…＋监测变量 n＋**file**＋文件名＋文件后缀名

上述命令表示将监测变量 $1,2,\cdots,n$ 随开挖时步的变化数据写入指定的文件名中,文件后缀名为".txt"和".dat"。

(4) **histwrite** ＋监测变量 1＋监测变量 2＋…＋监测变量 n＋**vs**＋监测变量 m＋**file**＋文件名＋文件后缀名

上述命令表示将监测变量 $1,2,\cdots,n$ 随监测变量 m 的变化数据写入指定的文件名中,文件后缀名为".txt"和".dat"。单独执行保存命令时,生成文件默认保存在 FLAC[3D]程序目录下。

例如:

plot hist 1 2 vs 3;显示监测数据变量 1 和 2 随监测变量 3 的变化曲线

hist write 1 2 3 file jcsj.txt;将监测数据变量 1、2、3 随开挖时步的变化数据写入 jcsj.txt &

文档中

【例 6-8】　根据例 5-17 计算结果,显示并保存地表沉降随隧道拱顶位移的变化曲线和变化数据。

命令:

new

restore sdkwjc.sav;导入存档

plot hist −5 −6 −7 vs −1;显示监测变量 5、6、7 随监测变量 1 的变化曲线,负号表 &
示将数据值乘以负 1。

hist write −5 −6 −7 vs −1 file dbcj.txt;将监测变量 5、6、7 随监测变量 1 的变化 &
数据保存入 dbcj.txt 文档中

图 6-8 给出了隧道地表沉降随隧道拱顶位移的变化数据和变化曲线。由图可知,使用监测变量能够很好地提取各个节点监测变量随工程活动的变化历程数据和曲线,有助于工程关键位置应力、位移等数据信息的分析说明。

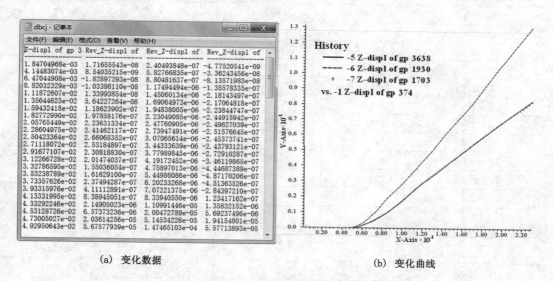

(a) 变化数据　　　　　　　　　　　　　　(b) 变化曲线

图 6-8　隧道地表沉降随隧道拱顶位移的变化数据和变化曲线

6.2　模拟数据的分析

6.2.1　图表绘制

数值模拟提取的点数据通常以文本文件形式保存,我们需要对这些点数据进行再次归类处理,让其以表格和图片的形式体现。当点数据比较零散,在空间或时间范围内呈非连续分布时,一般将这些数据纳入 Word 表格中。而当点数据量较多,在空间或时间范围内呈连续分布时,我们可以用 Excel、Origin 等软件对其进行绘制。

例如,一条隧道分上下台阶法开挖,当上台阶开挖后,隧道拱顶的沉降值为 15 mm,地表最大沉降值为 8 mm,锚杆最大轴力为 35 kN;当下台阶开挖后,隧道拱顶的沉降值为 25 mm,地表最大沉降值为 16 mm,锚杆最大轴力为 56 kN。汇总这些数据,形成表格,如表

6-1 所示。

表 6-1　不同隧道开挖时间节点下隧道周边土体位移和锚杆轴力

隧道开挖时间节点	拱顶沉降值/mm	地表最大沉降值/mm	锚杆最大轴力/kN
上台阶开挖完成	15	8	35
下台阶开挖完成	25	16	56

再例如,某地铁基坑由上至下共分 4 步开挖完成,每步开挖完成后,其围护结构的水平位移分布如表 6-2 所示。由于这些数据在空间上分布具有一定的连续性,可用 Excel 和 Origin 软件将其绘制成图片,如图 6-9 所示。

表 6-2　不同开挖分步下基坑围护结构的水平位移值　　　　单位:mm

围护结构深度位置/m	第 1 步开挖	第 2 步开挖	第 3 步开挖	第 4 步开挖
−25.000 0	0.106 28	0.798 44	2.045 12	4.068 89
−23.993 3	0.165 84	1.108 26	2.666 85	5.070 81
−22.998 3	0.228 17	1.437 15	3.325 95	6.115 54
−22.015 0	0.300 84	1.814 03	4.063 76	7.212 75
−21.031 7	0.389 89	2.247 09	4.868 61	8.346 04
−20.048 3	0.499 00	2.732 85	5.708 54	9.472 02
−19.065 0	0.632 02	3.268 96	6.556 31	10.550 90
−18.081 7	0.793 71	3.858 27	7.398 08	11.532 40
−17.090 0	0.993 19	4.513 47	8.231 26	12.364 50
−16.140 0	1.224 66	5.195 86	8.992 47	12.959 70
−15.243 3	1.483 13	5.872 55	9.646 32	13.293 80
−14.350 0	1.778 84	6.543 42	10.195 30	13.382 50
−13.350 0	2.141 69	7.228 60	10.637 30	13.188 90
−12.335 7	2.500 66	7.772 20	10.844 60	12.692 80
−11.321 4	2.816 63	8.099 03	10.794 90	11.992 80
−10.307 1	3.058 90	8.162 97	10.443 80	11.050 80
−9.400 0	3.192 08	7.976 65	9.858 24	9.985 84
−8.600 0	3.230 04	7.614 66	9.130 48	8.877 06
−7.600 0	3.162 97	6.920 24	7.977 11	7.303 72
−6.550 0	2.950 68	5.946 08	6.535 03	5.488 27
−5.500 0	2.592 00	4.820 27	4.994 07	3.653 54
−4.450 0	2.092 92	3.531 14	3.332 58	1.762 99
−3.650 0	1.625 01	2.440 14	1.980 65	0.271 60
−2.800 0	1.055 11	1.189 15	0.469 29	−1.361 81
−1.800 0	0.312 44	−0.374 84	−1.385 84	−3.336 75
−1.000 0	−0.318 36	−1.673 40	−2.910 16	−4.945 83
0.000 0	−1.116 22	−3.307 94	−4.825 16	−6.964 03

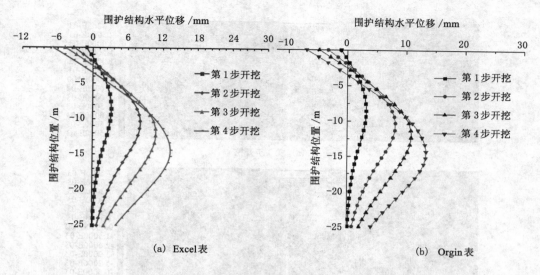

(a) Excel 表　　　　　　　　　　　(b) Orgin 表

图 6-9　不同开挖分步下围护结构的水平位移分布曲线

6.2.2　图表说明

当模拟数据的图表绘制完毕后,需要对图表中的数据进行定性、定量分析以及文字说明,使模拟计算结果更加明确、具体和生动。例如,对于数据表,文字说明的内容包括不同条件下变量数据的具体数值以及相应的变化比例或幅度、引起变量数据数值变化的原因、工程上的建议等。对于数据云图或曲线,文字说明的内容包括最大和最小值的数值大小以及出现位置、最大值到最小值之间的递减分布规律、数据之所以呈这样分布的原因或机理、根据数据具体变化和分布规律对工程给出一定的建议。

下面根据例 5-14 的基坑分步开挖结果(提取后的数据如表 6-3 和图 6-10 所示),说明基坑支撑轴力以及周边土体水平位移随基坑开挖步数的变化规律。

表 6-3　不同开挖分步下各道支撑的轴力值

基坑开挖分步	支撑轴力值/kN			
	第 1 道	第 2 道	第 3 道	第 4 道
第 1 步	45.0	—	—	—
第 2 步	79.4	330.9	—	—
第 3 步	63.1	597.0	406.8	—
第 4 步	−13.3	739.8	918.7	686.0
第 5 步	−73.6	731.2	1 110.7	1 496.8

由表 6-3 可知,基坑第 1 步开挖完成后,第 1 道钢支撑的轴力值为 45.0 kN;基坑第 2 步开挖完成后,第 1 道钢支撑的轴力值增加了 34.4 kN,第 2 道钢支撑的轴力值为 330.9 kN;基坑第 3 步开挖完成后,第 1 道钢支撑的轴力值减小为 63.1 kN,第 2 道钢支撑的轴力值增加至 597.0 kN,第 3 道钢支撑轴力值为 406.8 kN;基坑第 4 步开挖完成后,第 1 道钢支撑因桩顶向坑外偏移而开始受拉,其轴力值为 −13.3 kN,第 2 道钢支撑的轴力值继续增加至

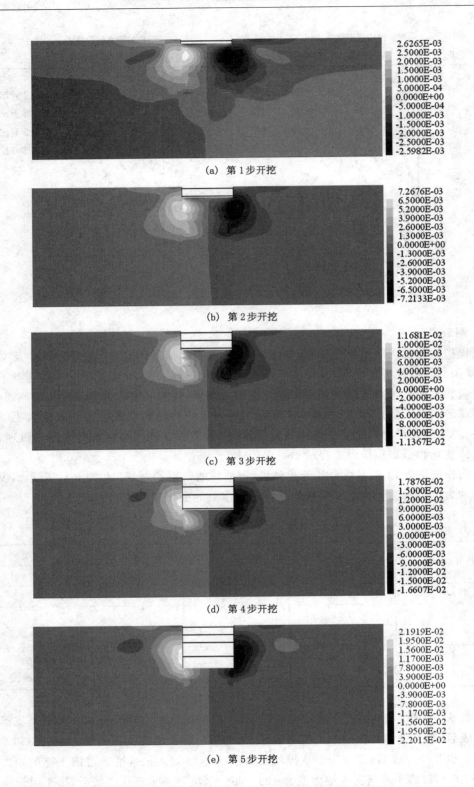

(a) 第 1 步开挖

(b) 第 2 步开挖

(c) 第 3 步开挖

(d) 第 4 步开挖

(e) 第 5 步开挖

图 6-10　不同开挖分步下基坑周边土体的水平位移云图

739.8 kN,第 3 道钢支撑轴力值增加至 918.7 kN,第 4 道钢支撑轴力值为 686.0 kN;基坑开挖至基底后,第 1 道钢支撑拉力继续增大,为 −73.6 kN,第 2 道钢支撑轴力值基本保持不变,第 3 道钢支撑轴力值增加至 1 110.7 kN,第 4 道钢支撑轴力值增加了 810.8 kN 至 1 496.8 kN。这说明,随着基坑深度的增加,第 1 道钢支撑的轴力值会先略增大后迅速减小,而第 2 道钢支撑轴力值则逐渐增大后趋于稳定,第 3 道和第 4 道钢支撑轴力值则一开始就相对较大。原因在于,随着基坑开挖深度的增加,基坑外侧土压力会逐渐增大,导致越靠下的支撑,其轴力值会相对越大;而下部钢支撑的架设则会分担其上几道钢支撑一部分支承压力,导致上部钢支撑的轴力值有所减小。由各道钢支撑的轴力值大小可知,第 3 道和第 4 道钢支撑轴力值较大,容易引起钢支撑失稳,因此实际施工中,应加大这两道钢支撑的监测力度,同时在可能的情况下,减小这两道钢支撑的水平间距。

　　由图 6-10 可以看出:在水平方向上,越靠近基坑位置的土体,其水平位移就越大;当土体距基坑边缘距离达到 15 m 以上时,其水平位移则可忽略不计。在垂直方向上,受基坑开挖深度以及主动土压力的变化影响,围护结构水平位移沿垂向呈"弓形"分布,即围护结构水平位移在中部位置较大而在两端相对较小;随着基坑开挖深度的增加,围护结构水平最大位移逐渐增大且其出现位置也逐渐下移。当基坑第 1 步开挖完成后,围护结构最大水平位移为 2.6 mm,出现在墙深 7.1 m 的位置;当基坑第 2~5 步开挖完成后,围护结构最大水平位移分别为 7.3 mm、11.7 mm、17.9 mm、21.9 mm,分别出现在墙深 9.5 m、10.5 m、10.5 m、14.5 m 的位置。可见第 2~5 步开挖对围护结构水平位移影响最大,在此期间内应减小土体的开挖扰动并及时架设支撑,防止围护结构位移增长过快,同时还需加大围护结构水平位移监测频率。从围护结构最大变形上看,第 5 步开挖后各处围护结构最大水平位移均小于警戒值 30 mm,说明此基坑围护结构稳定性相对较好,能够保证基坑安全。如在开挖期间发现围护结构水平位移增长速率过快,则应对围护结构采取一定的保护措施,如加大支撑预应力、减小钢支撑水平和竖向间距、对围护结构外侧土体进行加固等。

思考题与习题

　　1. 点数据的类型以及常用的提取方法有哪些?

　　2. 如何在同一个视图下同时显示实体单元和结构单元?

　　3. 数据云图自动保存过程中应注意哪些问题?

　　4. 如何操作才能获得多个监测变量在某个时间节点上的具体数值?

　　5. 模拟数据描述分析的要点有哪些?

第7章 FLAC³ᴰ在实际工程中的应用分析

数值模拟的最终目的是分析和解决实际工程中遇到的各种复杂问题。因此,其开展必须以实际工程为基础,根据各个实际工程的特点和难点做相应的研究变化。本章综合前面几章内容,介绍几个实际工程的 FLAC³ᴰ 数值模拟分析案例,包括岩石单三轴压缩试验、基于强度折减法的边坡稳定性计算、考虑蠕变影响的软土基坑开挖时空效应研究、流固耦合作用下近断层隧道围岩稳定性分析以及季节性冻土路基工程的阴阳坡效应分析。

学习要点:

(1) 了解不同工程数值模拟分析的步骤和要点;

(2) 能够举一反三,对实际相近的岩土工程问题进行模拟分析。

7.1 岩石单三轴压缩试验

7.1.1 试验情况说明

岩石单三轴压缩试验一般用于测试岩石的弹性模量、单轴抗压强度、岩石的抗剪强度指标(内摩擦角和黏聚力)等物理力学参数,为该类岩石条件下的工程活动开展提供基础数据。试验所用的试样为圆柱体,要求其高度与直径之比为 2～2.5,大多数试样采用直径 50 mm、高 100 mm 的尺寸。岩石单三轴压缩试验的步骤为:在给定的围压下(单轴压缩时围压为 0),以一定的速率对试样轴向进行压缩,直至试样破坏。

实际工程中存在一组岩石试样。为测试其基本物理力学参数,对其进行了单三轴压缩试验,试验所用的围压大小分别为 0 MPa、5 MPa、15 MPa 和 20 MPa,不同围压下岩石的全应力应变曲线如图 7-1 所示。根据应力应变比、峰值强度以及残余强度,可算得该岩石的弹性模量为 4.5 GPa,黏聚力为 8.6 MPa,内摩擦角为 33.8°,残余黏聚力为 3.44 MPa,残余内摩擦角为 29.1°。

由图 7-1 可知,岩石在达到峰值强度后,其承载能力会迅速降低,出现应变软化现象。如采用莫尔-库仑模型模拟岩石,则岩石在破坏后的变形受力状态会与实际工程存在较大的差别,导致一些问题的研究结果难以满足工程要求。实际岩石材料的本构模型最好设置为应变软化模型,但由于应变软化模型的一些参数无法直接从岩石单三轴压缩试验中获得,如黏聚力和内摩擦角随剪切应变参数的变化关系,因此,需要建立岩石试样数值模拟模型,并对其进行单三轴压缩数值模拟分析,根据岩石的单三轴压缩全应力应变曲线,反演分析得到岩石在应变软化模型下的其他材料参数。

7.1.2 数值模拟分析过程

首先,根据岩石试样的形状和尺寸,建立岩石试样数值模拟模型,如图 7-2 所示;其次,

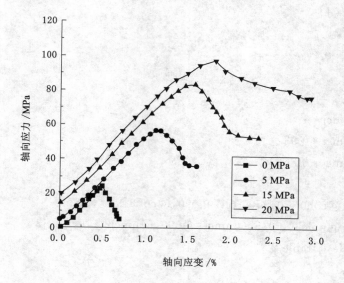

图 7-1　岩石单三轴压缩全应力应变曲线

设置岩石试样本构模型为应变软化模型,输入应变软化模型材料参数(某个具体参数值不确定的情况下,先查阅相关资料确定一个初始值);再次,对岩石试样模型表面施加围压并计算,使岩石在围压下保持平衡;从次,清除岩石试样位移,对岩石试样轴向一端以一定的位移速率进行加载压缩,在此过程中,监测记录该岩石试样轴向一端的应力和位移;最后,将监测得到的轴向应力应变关系曲线同实际曲线进行对比分析,看两者是否相近,如差别较大,则对应变软化模型中不确定的材料参数进行调整并重新计算,直至数值模拟监测得到的结果与实际大体一致。当围压为 5 MPa 时,岩石三轴压缩的具体数值模拟命令如下所示。

图 7-2　岩石单三轴
压缩试样模型

命令:

```
new
;建立岩石单三轴压缩模型
gen zone cyl p0 0 0 0 p1 0.025 0 0 p2 0 0.1 0 p3 0 0 0.025 size 20 50 30
gen zone reflect norm －1 0 0 origin 0 0 0
gen zone reflect norm 0 0 －1 origin 0 0 0
;设置岩石本构模型为应变软化模型并输入相应的参数
model strainsoftening
prop dens 2400 young 4.5e9 poisson 0.3 coh 8.6e6 fric 33.8 tens 2.5e6
;设置岩石黏聚力和内摩擦角随剪应变参数的变化关系
def yingbianruanhua
    njl＝8.6e6
```

```
        coh0＝njl * 1
        coh1＝njl * 0.7
        coh2＝njl * 0.4

        nmcj＝33.8
        nmcj0＝nmcj * 1
        nmcj1＝nmcj * 0.93
        nmcj2＝nmcj * 0.86
command
        table 1 0,@coh0 0.045,@coh1 0.090,@coh2 1,@coh2
        table 2 0,@nmcj0 0.045,@nmcj1 0.090,@nmcj2 1,@nmcj2
        prop ctable 1 ftable 2
endcommand
end
@yingbianruanhua
;施加围压以及约束
set grav 0 －10 0
apply nstress －5e3
fix x y z range y 0.099 0.101
;设置大变形模型
set large
solve
;位移清零
ini xdis 0 ydis 0 zdis 0
ini xvel 0 yvel 0 zvel 0
;计算岩石试样顶面的平均轴向应力
group dcwy range y 0 0.002
def pingjunyingli
        p_z＝zone_head
        num＝0
        zyl＝0
        loop while p_z≠null
            if z_isgroup(p_z,'dcwy')＝1 then
                num＝num+1
                zyl＝zyl+z_syy(p_z)
            endif
            p_z＝z_next(p_z)
```

```
    endloop
    pingjunyingli＝－zyl/num
end
@pingjunyingli
;监测试样顶面轴向平均应力与位移
hist nstep 300
hist id＝1 @pingjunyingli
hist id＝2 gp ydisp 0 0 0
;对模型顶面以一定的位移速率进行加载
fix yvel 3e－8 range y －0.001 0.001
;进行加载计算,直至试样顶部位移达到一定值
step 60000
;保存此次计算结果
save dzys.sav
```

7.1.3　数值模拟分析结果

根据实际岩石单三轴压缩全应力应变曲线,采用应变软化模型进行反演分析,得到岩石单三轴压缩数值模拟试验结果如图 7-3 所示。实际岩石各个试样的初始损伤不可能完全一致,其在不同围压下的物理力学参数就会存在一定的波动,这就导致特定参数下的数值模拟试验结果不可能做到与实际完全一致,因此,只要保证数值计算结果与实际相差在允许范围内(10％),就可以认为此次数值模拟计算结果是可靠的,其设定的物理力学参数也是可信的。显然,图 7-3 所示的数值模拟试验结果与实际基本保持一致,此时,岩石黏聚力和内摩擦角在峰后阶段的变化趋势如表 7-1 所示。可知,岩石残余黏聚力和内摩擦角在不同围压下均保持一致,但围压越大,岩石黏聚力和内摩擦角随剪切应变的减小速率就越小。

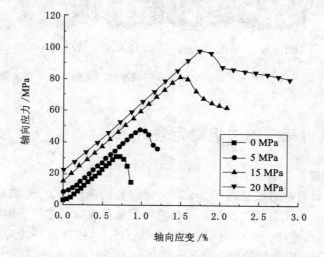

图 7-3　岩石单三轴压缩数值模拟全应力应变曲线

表 7-1 不同围压下岩石黏聚力和内摩擦角随剪切应变的变化值

围压 /MPa	剪切应变	黏聚力 /MPa	内摩擦角 /(°)	围压 /MPa	剪切应变	黏聚力 /MPa	内摩擦角 /(°)
0	0	8.60	33.80	15	0	8.60	33.80
	0.025	6.02	31.45		0.060	6.02	31.45
	0.050	3.44	29.10		0.120	3.44	29.10
	1.000	3.44	29.10		1.000	3.44	29.10
5	0	8.60	33.80	20	0	8.60	33.80
	0.045	6.02	31.45		0.085	6.02	31.45
	0.090	3.44	29.10		0.170	3.44	29.10
	1.00	3.44	29.10		1.000	3.44	29.10

图 7-4 为不同围压下岩石试样在峰后残余阶段的塑性区分布云图（黑色表示塑性屈服区）。可以看出，不同围压下岩石试样均在峰后阶段产生明显的宏观贯通裂隙面（裂隙面与水平面夹角为 45°～55°），导致岩石试样在高轴向应力下沿着裂隙面发生相对滑动，岩石承载能力降低。围压越大，围岩鼓胀变形越大，其塑性特征也越明显，同时，岩石试样在破坏后的碎裂块数也越多。

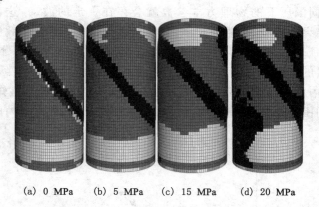

(a) 0 MPa (b) 5 MPa (c) 15 MPa (d) 20 MPa

图 7-4 不同围压下岩石试样在峰后残余阶段的塑性区分布云图

7.2 基于强度折减法的边坡稳定性计算

7.2.1 边坡工程概况

某高速公路三级台阶边坡总高度为 27 m，每级台阶高度为 9 m，坡脚为 45°，两级相邻台阶间平台宽度为 2.5 m，如图 7-5 所示。台阶坡面采用全黏结锚杆＋钢筋网＋喷射混凝土进行加固。其中，钻孔直径为 50 mm，锚杆间距为 1.5 m，锚杆直径为 20 mm，打设角度为 20°，长度在上、中、下台阶位置分别为 3.0 m、4.0 m 和 5.0 m；喷射混凝土等级为 C20，厚度为 50 mm；钢筋网网孔尺寸为 20 cm×20 cm，钢筋直径为 6.5 mm。边坡施工场地范围内土体由坡顶往下依次为素填土、粉质黏土、全风化花岗岩、强风化花岗岩和中风化花岗岩，各层土体基本物理力学参数如表 7-2 所示。

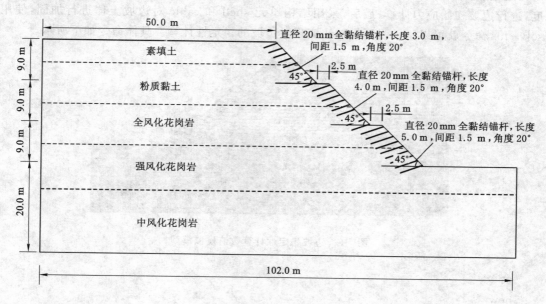

图 7-5　台阶边坡加固示意图

表 7-2　边坡场地范围内不同土层的物理力学参数

土体名称	厚度/m	弹性模量 /MPa	泊松比	黏聚力 /kPa	内摩擦角 /(°)	密度 /(kg/m³)
素填土	5.0	12.6	0.38	13.3	18.8	1 770
粉质黏土	9.0	18.7	0.34	16.0	19.6	1 860
全风化花岗岩	9.0	67.2	0.30	38.6	25.5	2 010
强风化花岗岩	10.0	120.8	0.28	63.5	28.4	2 050
中风化花岗岩	20.0	218.5	0.26	120.4	30.3	2 100

7.2.2　基于强度折减法的边坡稳定性计算过程

（1）强度折减法

强度折减法的基本原理是对土体的抗剪强度指标——黏聚力和内摩擦角进行逐渐减小〔同时乘以折减系数 ξ，如式（7-1）所示〕，并将折减后的土体黏聚力和内摩擦角作为新的土体参数进行重新迭代计算。当折减系数递减至某个值时，边坡土体将达到极限平衡状态，产生连续的剪切滑动面，进而发生失稳破坏，此时可以认为，边坡的整体稳定系数 K 等于 $1/\xi$，其潜在滑动面为当前边坡土体产生的连续滑动面。

$$\begin{cases} C_k = C\xi \\ \varphi_k = \varphi\xi \end{cases}$$

(7-1)

式中，C,φ 为实际土体的黏聚力和内摩擦角；C_k,φ_k 为折减后土体的黏聚力和内摩擦角。

（2）边坡稳定性计算过程

首先根据上述工程情况，采用 FLAC³ᴰ建立边坡稳定性计算模型，如图 7-6 所示；然后，定义边坡土体本构模型为莫尔-库仑模型并输入相应的材料参数,设置边界条件和重力加速度,进行边坡初始应力计算;最后,采用结构单元 shell 和 cable 对边坡土体进行加固,使用 solve fos 命令就可以基于强度折减法实现对边坡的稳定性计算。具体命令如下所示。

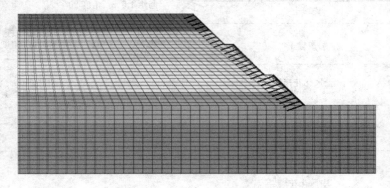

图 7-6　边坡稳定性计算数值模拟模型

命令:

new

;建立边坡模型

gen zone brick p0 0 0 −9 p1 59 0 −9 p2 0 1.5 −9 p3 0 0 0 p4 59 1.5 −9 p5 0 1.5 0 &
　　　　p6 50 0 0 p7 50 1.5 0 size 30 1 9

gen zone brick p0 0 0 −18 p1 70.5 0 −18 p2 0 1.5 −18 p3 0 0 −9 p4 70.5 1.5 −18 &
　　　　p5 0 1.5 −9 p6 59 0 −9 p7 59 1.5 −9 size 30 1 9

gen zone wedge p0 59 0 −9 p1 70.5 0 −18 p2 59 1.5 −9 p3 61.5 0 −9 size 9 1 2

gen zone brick p0 0 0 −27 p1 82 0 −27 p2 0 1.5 −27 p3 0 0 −18 p4 82 1.5 −27 &
　　　　p5 0 1.5 −18 p6 70.5 0 −18 p7 70.5 1.5 −18 size 30 1 9

gen zone wedge p0 70.5 0 −18 p1 82 0 −27 p2 70.5 1.5 −18 p3 73 0 −18 size 9 1 2

gen zone brick p0 0 0 −47 p1 82 0 −47 p2 0 1.5 −47 p3 0 0 −27 size 30 1 15

gen zone brick p0 82 0 −47 p1 102 0 −47 p2 82 1.5 −47 p3 82 0 −27 size 8 1 15

;设置土体本构模型为莫尔-库仑模型,输入相应的本构模型参数

model mohr

prop young 12.6e6 poisson 0.38 coh 13.3e3 fric 18.8 dens 1770 range z −5 0

prop young 18.7e6 poisson 0.34 coh 16.0e3 fric 19.6 dens 1860 range z −14 −5

prop young 67.2e6 poisson 0.30 coh 38.6e3 fric 25.5 dens 2010 range z −23 −14

prop young 120.8e6 poisson 0.28 coh 63.5e3 fric 28.4 dens 2050 range z −33 −23

prop young 218.5e6 poisson 0.26 coh 120.4e3 fric 30.3 dens 2100 range z −47 −33

;设置重力加速度以及边界条件

set grav 0 0 −10

fix x range x −0.1 0.1

fix x range x 101.9 102.1

fix y

```
fix x y z range z -47.1 -46.9
;求解初始应力场
solve elas
ini xdis 0 ydis 0 zdis 0
ini xvel 0 yvel 0 zvel 0
save bpcsyl.sav


;边坡无支护情况下稳定性分析
new
restore bpcsyl.sav
;采用折减法进行边坡稳定性计算,并将计算结果保存至 bqwdxs 存档中
solve fos file bqwdxs.sav
;读取 bpwdfx 存档,显示边坡加固后的稳定性分析结果
restore bpwdfx.sav
plot zcon simaxshear;显示剪应变增量云图
plot add vel;显示边坡土体单元的位移速率图
plot add fos;显示安全稳定系数


;边坡锚喷支护情况下稳定性分析
new
restore bpcsyl.sav
;打设锚杆
def shezhimaogan
  mgjd=20
  mgcd=3.0
  mgjj=1.5
  loop aa(1,9)
    mgqsxzb=50+0.255+(aa-1)*mgjj/1.414
    mgqsyzb=0.75
    mgqszzb=0-0.255-(aa-1)*mgjj/1.414
    mgzdxzb=mgqsxzb-mgcd*cos(mgjd/180.0*3.14)
    mgzdyzb=mgqsyzb
    mgzdzzb=mgqszzb-mgcd*sin(mgjd/180.0*3.14)
    command
      sel cable begin @mgqsxzb @mgqsyzb @mgqszzbend @mgzdxzb @mgzdyzb &
      @mgzdzzb nseg 10
    end_command
  end_loop
  mgcd=4.0
```

```
    loop bb(1,9)
        mgqsxzb=61.5+0.255+(bb-1)*mgjj/1.414
        mgqsyzb=0.75
        mgqszzb=-9-0.255-(bb-1)*mgjj/1.414
        mgzdxzb=mgqsxzb-mgcd*cos(mgjd/180.0*3.14)
        mgzdyzb=mgqsyzb
        mgzdzzb=mgqszzb-mgcd*sin(mgjd/180.0*3.14)
        command
            sel cable begin @mgqsxzb @mgqsyzb @mgqszzbend @mgzdxzb @mgzdyzb &
            @mgzdzzb nseg 10
        end_command
    end_loop
    mgcd=5.0
    loop cc(1,9)
        mgqsxzb=73+0.255+(cc-1)*mgjj/1.414
        mgqsyzb=0.75
        mgqszzb=-18-0.255-(cc-1)*mgjj/1.414
        mgzdxzb=mgqsxzb-mgcd*cos(mgjd/180.0*3.14)
        mgzdyzb=mgqsyzb
        mgzdzzb=mgqszzb-mgcd*sin(mgjd/180.0*3.14)
        command
            sel cable begin @mgqsxzb @mgqsyzb @mgqszzbend @mgzdxzb @mgzdyzb &
            @mgzdzzb nseg 10
        end_command
    end_loop
end
@shezhimaogan
;输入锚杆参数
sel cable prop emod 2e11 xcarea 3.14e-4 gr_coh 20e3 gr_fric 30 gr_per 0.157 gr_k &
5e9 ytens 200e3
;施工钢筋网喷混凝土
sel shell id=1 range x 50 82 z -27 0 y 0.1 1.4
sel shell id=1 prop iso 25.5e9 0.2 thick 0.05
;采用折减法进行边坡稳定性计算,并将计算结果保存至 bqjgwdxs 存档中
solve fos file bqjgwdxs.sav
;读取 bqjgwdxs 存档,显示边坡加固后的稳定性分析结果
restore bqjgwdxs.sav
plot zcon simaxshear;显示剪应变增量云图
plot add vel;显示边坡土体单元的位移速率图
```

plot add fos；显示安全稳定系数

7.2.3　边坡稳定性计算分析结果

图 7-7 给出了有无支护条件下边坡稳定性系数以及潜在滑动面示意图。由图 7-7 可知，台阶边坡未采用任何支护条件下，其整体稳定系数值等于 1.22，满足不了安全储备（一级边坡稳定系数值应大于 1.35）的要求；其潜在滑动面为一个圆弧面，该面起始位置为坡顶边缘后 10 m，终点位置为中级台阶中上部位置。当采用锚杆＋钢筋网＋喷射混凝土对各级台阶进行加固后，台阶边坡潜在的滑动面位置往里侧以及下侧移动了将近 1 m，而且其稳定系数达到了 1.48，满足工程施工以及后期运营的稳定要求。可见，对台阶边坡使用锚喷支护方法能够有效提高边坡的整体稳定性。

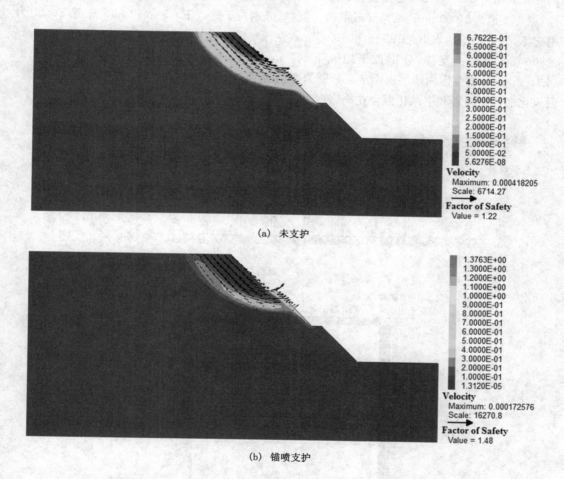

(a)　未支护

(b)　锚喷支护

图 7-7　有无支护条件下边坡稳定性系数以及潜在滑动面示意图

7.3 考虑蠕变影响的软土基坑开挖时空效应研究

7.3.1 基坑工程概况

深圳某地铁车站全长 830 m,三层双柱三跨,车站标准段宽度 25.7 m,底板埋深约 18.1 m。车站南端 110 m 为明挖段基坑,东侧围护桩设计为 36.5 mϕ1 200 mm@1 300 mm 钻孔灌注桩加 21.2 mϕ900 mm 旋喷桩止水帷幕,西侧和南侧围护桩设计为 28.2 mϕ1 500 mm@1 600 mm 钻孔灌注桩加 21.2 mϕ900 mm 旋喷桩止水帷幕,底板下方沿车站纵向分别设置 2 排 31.2 m ϕ1 200 mm 和 ϕ1 500 mm 的抗拔桩,如图 7-8 所示。整个基坑在南北两端头段各设置 4 道支撑(第 1、2 道为 1 000 mm×800 mm 混凝土支撑,分别位于地表下 0.5 m 和 7.15 m;第 3、4 道为钢支撑,分别位于地表下 11.65 m 和 15.65 m),在标准段设置 3 道支撑(第 1、2 道为 1 000 mm ×800 mm 混凝土支撑,分别位于地表下 0.5 m 和 7.15 m;第 3 道为钢支撑,位于地表下 14.15 m)。场地范围内地层由上至下分别为海积淤泥、黏土、砂质黏性土、全风化混合花岗岩、强风化混合花岗岩和中风化混合花岗岩。

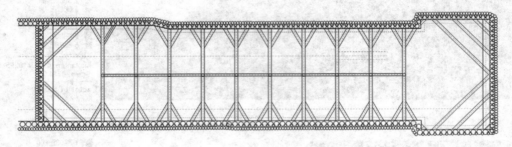

(a) 平面图

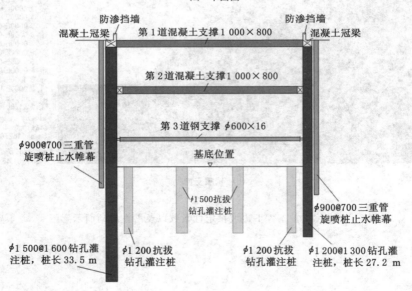

(b) 断面图

图 7-8　地铁车站深基坑设计图

7.3.2　考虑蠕变影响的软土基坑开挖数值模拟分析过程

1. 数值模拟模型建立

根据实际工程情况并考虑模型计算时间,取基坑工程一部分进行三维数值模拟分析,根据基坑开挖影响范围,取模型横向范围为 235 m,纵向范围为 179.5 m,竖向范围为 70 m,模型单元 168 112 个,节点 178 640 个,如图 7-9 所示。

图 7-9　深基坑开挖三维数值模拟模型

2. 数值模拟分析过程

(1) 土体本构模型以及相关参数

前海湾站海积淤泥具有强度低、含水量高、流变性大等特点。因此,为体现海积淤泥基坑变形随开挖时间逐渐发展演化的蠕变特性,可采用 FLAC³ᴰ软件中的 cvisc 黏弹塑性流变模型来模拟海积淤泥。cvisc 流变模型是由 burgers 流变模型与莫尔-库仑弹塑性模型串联组合而成的复合模型,其一维应力状态下的流变模型如图 7-10 所示。

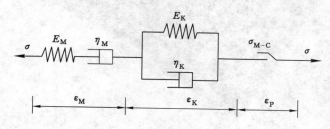

图 7-10　cvisc 流变模型示意图

cvisc 流变模型相应的流变方程为:

$$\varepsilon = \frac{\sigma}{E_{\mathrm{M}}} + \left[\frac{\sigma}{\eta_{\mathrm{M}}}\right] + \frac{\sigma}{E_{\mathrm{K}}}\left[1 - \mathrm{e}^{-\frac{E_{\mathrm{K}}}{\eta_{\mathrm{K}}}T}\right] + \varepsilon_{\mathrm{P}} \qquad (7\text{-}2)$$

式中,E_{M},η_{M},E_{K},η_{K} 分别为 Maxwell 体和 Kelvin 体的弹性模量和黏性系数;ε_{P} 为塑性应变。

由于海积淤泥以外的其他地层在基坑开挖过程中蠕变效应不明显,因此可采用莫尔-库仑模型模拟。根据勘察报告,取各土层的力学参数如表 7-3 和表 7-4 所示。

表 7-3　海积淤泥地层物理力学参数

土体名称	H/m	B/MPa	E_K/MPa	η_K/(GPa·s)	φ/(°)	γ/(kN/m³)	C/kPa	E_M/MPa	η_M/(GPa·s)
淤泥	8.1	33.3	4.915	0.623 2	5.5	15.8	10	5.185	688.6

注：H——厚度；B——体积模量；C——黏聚力；φ——内摩擦角；γ——重力密度。

表 7-4　海积淤泥以外的其余地层物理力学参数表

土体名称	H/m	E/MPa	μ	C/kPa	φ/(°)	γ/(kN/m³)
黏土	2.2	48	0.32	35.0	10.3	18.7
砂质黏性土	8.6	112	0.30	27.5	25.0	18.6
全风化混合花岗岩	2.8	280	0.28	35.0	25.9	19.5
强风化混合花岗岩	6.5	720	0.25	50.0	35.4	21.5
中风化混合花岗岩	50.0	1 600	0.23	120.0	43.7	23.5

注：E——弹性模量；μ——泊松比。

（2）基坑开挖与围护结构施工

根据"纵向分段、竖向分层、由上至下、中间拉槽、先支后挖"的基坑开挖施工原则,将整个基坑模型分成 12 次开挖,每次开挖时间根据土方开挖量进行确定,分步开挖效果如图 7-11所示。

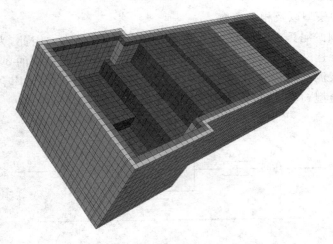

图 7-11　基坑分步开挖效果图（第 4 次开挖结束后）

此外,为了更好地模拟基坑围护结构与土、围护结构与围护结构之间的相互作用,基坑灌注桩、混凝土支撑、钢支撑以及抗拔桩采用结构单元进行模拟,而冠梁、旋喷桩则用实体单元进行模拟,各围护结构参数如表 7-5 所示。

① 钻孔灌注桩和抗拔桩在基坑开挖前进行施工,基坑开挖过程中,每开挖 1 步则截断该步开挖露出的抗拔桩。

② 每开挖 1 步,架设当前开挖范围内的混凝土支撑以及钢支撑。

表 7-5　基坑围护结构参数

名称	单元类型	$\gamma/(kN/m^3)$	E/GPa	μ
冠梁	实体	25.0	32.5	0.25
旋喷桩	实体	20.0	0.8	0.25
混凝土支撑	beam	25.0	32.5	0.25
灌注桩	pile	25.0	30.0	0.25
钢支撑	beam	78.0	210.0	0.25
抗拔桩	pile	25.0	30.0	0.20

命令：

```
;基坑开挖三维模型建立
new
;根据土层以及基坑位置尺寸,确定模型各个方向的控制界限坐标
def jianmocanshu
    array xwz(20) ywz(20) zwz(20)
    xwz(1)=0
    xwz(2)=100
    xwz(3)=100.9
    xwz(4)=102.4
    xwz(5)=103.3
    xwz(6)=104.8
    xwz(7)=130.5
    xwz(8)=131.7
    xwz(9)=132.6
    xwz(10)=132.9
    xwz(11)=134.1
    xwz(12)=135
    xwz(13)=235

    ywz(1)=0
    ywz(2)=100
    ywz(3)=100.9
    ywz(4)=102.1
    ywz(5)=120.6
    ywz(6)=121.8
    ywz(7)=122.7
    ywz(8)=179.5

    zwz(1)=-70
```

```
      zwz(2)=-33.5
      zwz(3)=-27.156
      zwz(4)=-22.4
      zwz(5)=-21.2
      zwz(6)=-18.913
      zwz(7)=-18.093
      zwz(8)=-16.45
      zwz(9)=-14.95
      zwz(10)=-12.45
      zwz(11)=-7.95
      zwz(12)=-6.65
      zwz(13)=-1.3
      zwz(14)=0
end
@jianmocanshu
;使用循环命令建立基坑开挖三维模型
def jianmo
  loop ans_i(1,12)
    loop ans_j(1,7)
      loop ans_k(1,13)
        ans_xnum=ans_i+1
        ans_ynum=ans_j+1
        ans_znum=ans_k+1
        zcz_x0=xwz(ans_i)
        zcz_y0=ywz(ans_j)
        zcz_z0=zwz(ans_k)
        zcz_x1=xwz(ans_xnum)
        zcz_y1=zcz_y0
        zcz_z1=zcz_z0
        zcz_x2=zcz_x0+incrs
        zcz_y2=ywz(ans_ynum)
        zcz_z2=zcz_z0
        zcz_x3=zcz_x0
        zcz_y3=zcz_y0
        zcz_z3=zwz(ans_znum)
        hfzs_x=round((zcz_x1-zcz_x0)/1.5)
        if hfzs_x=0 then
          hfzs_x=1
        end_if
```

```
        hfzs_y＝round((zcz_y2－zcz_y0)/1.5)
        if hfzs_y＝0 then
          hfzs_y＝1
        end_if
        hfzs_z＝round((zcz_z3－zcz_z0)/2.0)
        if hfzs_z＝0 then
          hfzs_z＝1
        end_if
        hfzs_xratio＝1
        hfzs_yratio＝1
        hfzs_zratio＝1
        if ans_k＝1 then
          hfzs_z＝10
          hfzs_zratio＝0.9524
        end_if
        if ans_i＝1 then
          hfzs_x＝25
          hfzs_xratio＝0.9524
        end_if
        if ans_i＝12 then
          hfzs_x＝25
          hfzs_xratio＝1.05
        end_if
        if ans_j＝1 then
          hfzs_y＝25
          hfzs_yratio＝0.9524
        endif
        command
          gen zone brick p0 @zcz_x0 @zcz_y0 @zcz_z0 p1 @zcz_x1 @zcz_y1 &
                    @zcz_z1 p2 @zcz_x2 @zcz_y2 @zcz_z2 p3 @zcz_x3 &
                    @zcz_y3 @zcz_z3 size @hfzs_x @hfzs_y @hfzs_z ratio &
                    @hfzs_xratio @hfzs_yratio @hfzs_zratio
        end_command
      end_loop
    end_loop
  end_loop
end
@jianmo
;对模型进行组别划分
```

group kw1 range z 0 −1.3 x 117.65 132.9 y 102.1 120.6

group kw2 range z 0 −1.3 x 117.65 102.4 y 102.1 120.6

group kw2 range z −1.3 −7.95 x 117.65 132.9 y 102.1 120.6

group kw3 range z 0 −1.3 x 102.4 132.9 y 120.6 119.2

group kw3 range z 0 −1.3 x 104.8 130.5 y 120.6 125.5

group kw3 range z −1.3 −7.95 x 117.65 102.4 y 102.1 120.6

group kw3 range z −7.95 −12.45 x 117.65 132.9 y 102.1 120.6

group kw4 range z 0 −1.3 x 104.8 130.5 y 134.5 125.5

group kw4 range z −1.3 −7.95 x 102.4 132.9 y 120.6 119.2

group kw4 range z −1.3 −7.95 x 104.8 130.5 y 120.6 125.5

group kw4 range z −7.95 −12.45 x 117.65 102.4 y 102.1 120.6

group kw4 range z −16.45 −12.45 x 117.65 132.9 y 102.1 120.6

group kw5 range z 0 −1.3 x 104.8 130.5 y 143.5 134.5

group kw5 range z −7.95 −1.3 x 104.8 130.5 y 134.5 125.5

group kw5 range z −12.45 −7.95 x 102.4 132.9 y 120.6 119.2

group kw5 range z −12.45 −7.95 x 104.8 130.5 y 120.6 125.5

group kw5 range z −16.45 −12.45 x 117.65 102.4 y 102.1 120.6

group kw5 range z −16.45 −18.913 x 117.65 132.9 y 102.1 120.6

group kw6 range z 0 −1.3 x 104.8 130.5 y 152.5 143.5

group kw6 range z −7.95 −1.3 x 104.8 130.5 y 143.5 134.5

group kw6 range z −7.95 −12.45 x 104.8 130.5 y 134.5 125.5

group kw6 range z −12.45 −16.45 x 102.4 132.9 y 120.6 119.2

group kw6 range z −12.45 −16.45 x 104.8 130.5 y 120.6 125.5

group kw6 range z −16.45 −18.913 x 117.65 102.4 y 102.1 120.6

group kw7 range z 0 −1.3 x 104.8 130.5 y 161.5 152.5

group kw7 range z −7.95 −1.3 x 104.8 130.5 y 152.5 143.5

group kw7 range z −7.95 −12.45 x 104.8 130.5 y 143.5 134.5

group kw7 range z −16.45 −12.45 x 104.8 130.5 y 134.5 125.5

group kw7 range z −18.913 −16.45 x 102.4 132.9 y 120.6 119.2

group kw8 range z 0 −1.3 x 104.8 130.5 y 170.5 161.5

group kw8 range z −7.95 −1.3 x 104.8 130.5 y 161.5 152.5

group kw8 range z −7.95 −12.45 x 104.8 130.5 y 152.5 143.5

group kw8 range z −16.45 −12.45 x 104.8 130.5 y 143.5 134.5

group kw9 range z 0 −1.3 x 104.8 130.5 y 179.5 170.5

group kw9 range z −7.95 −1.3 x 104.8 130.5 y 170.5 161.5

group kw9 range z −7.95 −12.45 x 104.8 130.5 y 161.5 152.5

group kw9 range z −16.45 −12.45 x 104.8 130.5 y 152.5 143.5

group kw10 range z −7.95 −1.3 x 104.8 130.5 y 179.5 170.5

group kw10 range z −7.95 −12.45 x 104.8 130.5 y 170.5 161.5

```
group kw10 range z −16.45 −12.45 x 104.8 130.5 y 161.5 152.5
group kw11 range z −7.95 −12.45 x 104.8 130.5 y 179.5 170.5
group kw11 range z −16.45 −12.45 x 104.8 130.5 y 170.5 161.5
group kw12 range z −16.45 −12.45 x 104.8 130.5 y 179.5 170.5

group xpz range z −22.4 0 x 100 102.4 y 100 122.7
group xpz range z −22.4 0 x 100 135 y 100 102.1
group xpz range z −22.4 0 x 132.9 135 y 100 122.7
group xpz range z −21.2 0 x 102.4 104.8 y 122.7 179.5
group xpz range z −21.2 0 x 130.5 132.6 y 122.7 179.5
group xpz range z −22.4 0 x 102.4 104.8 y 120.6 122.7
group xpz range z −22.4 0 x 130.5 132.9 y 120.6 122.7

group gl range z −1 0 x 100.9 102.4 y 100.9 122.1
group gl range z −1 0 x 100.9 134.1 y 100.9 102.1
group gl range z −1 0 x 132.9 134.1 y 100.9 121.8
group gl range z −1 0 x 103.3 104.8 y 120.6 179.5
group gl range z −1 0 x 130.5 131.7 y 120.6 179.5
group gl range z −1 0 x 102.4 104.8 y 122.1 120.6
group gl range z −1 0 x 130.5 134.1 y 120.6 121.8
save jibenmoxing.sav

;初始应力计算
new
;导入基坑网格模型
restore jibenmoxing.sav
;打开蠕变分析模型
config creep
;模型边界条件设置
fix x range x −0.1 0.1
fix x range x 234.9 235
fix y range y −0.1 0.1
fix y range y 179.4 179.5
fix z range z −69.9 −70.1
;设置重力加速度
set grav 0 0 −10
;对海积淤泥进行蠕变本构模型设置并赋相应的蠕变参数
model cvisc range z 0 −8.1
prop ksh 4.915e6 kvis 623.2e6 msh 5.185e6 mvis 688.6e9 range z 0 −8.1
```

```
prop bulk 31.25e6 coh 10e3 fric 5.5 dens 1580 range z 0 −8.1
;对海积淤泥以外的其他地层进行本构模型设置并赋参数值
mod mohr range z −8.1 −70
pro young 48e6 poisson 0.32 fric 10.3 coh 35e3 dens 1870 range z −8.1 −10.3
pro young 112e6 poisson 0.30 fric 25.0 coh 27.5e3 dens 1860 range z −10.3 −18.9
pro young 280e6 poisson 0.28 fric 25.9 coh 35e3 dens 1950 range z −18.9 −21.7
pro young 720e6 poisson 0.25 fric 35.4 coh 50e3 dens 2150 range z −21.7 −28.2
pro young 1600e6 poisson 0.23 fric 43.7 coh 120e3 dens 2350 range z −28.2 −70
;设置蠕变时步
set creep dt 300
;初始应力计算平衡
solve
save chushiyingli.sav
;进行钻孔灌注桩以及抗拔桩施工
new
;导入初始应力计算完成后的模型
rest chushiyingli.sav
;位移以及塑性区清零
ini xd 0 yd 0 zd 0
ini xv 0 yv 0 zv 0
ini stat 0
;确定基坑周边每根桩的坐标位置
def set_pile_jx
  arrayseg(5) pile_x(200) pile_y(200) pile_z(6) kbzpile_x(100) kbzpile_y(100)
  ;钻孔灌注桩坐标位置
  loop aa(1,13)
    pile_x(aa)=102.4−0.75
    pile_y(aa)=100.9+0.75+(aa−1) * 1.6
  end_loop
    pile_x(14)=104.8−1.63
    pile_y(14)=120.6+0.75
  loop aa(15,50)
    pile_x(aa)=104.8−0.75
    pile_y(aa)=120.6+2.08+(aa−15) * 1.6
  endloop
  loop aa(51,74)
    pile_x(aa)=100.9+2.14+(aa−51) * 1.3
    pile_y(aa)=102.1−0.6
  endloop
```

```
  loop aa(75,89)
    pile_x(aa)=132.9+0.6
    pile_y(aa)=100.9+1.695+(aa-75)*1.3
  endloop
    pile_x(90)=134.1-1.78
    pile_y(90)=120.6+0.6
loop aa(91,135)
    pile_x(aa)=130.5+0.6
    pile_y(aa)=120.6+1.035+(aa-91)*1.3
endloop
    ;抗拔桩坐标位置
    kbzpile_x(1)=102.4+1.6
    kbzpile_y(1)=102.1+1.6
    kbzpile_x(2)=132.9-1.6
    kbzpile_y(2)=102.1+1.6
    kbzpile_x(3)=102.4+1.6
    kbzpile_y(3)=102.1+1.6+7.5
    kbzpile_x(4)=132.9-1.6
    kbzpile_y(4)=102.1+1.6+7.5
    kbzpile_x(5)=102.4+3.4+0.6
    kbzpile_y(5)=102.1+9.1+9
    kbzpile_x(6)=132.9-3.4-0.6
    kbzpile_y(6)=102.1+9.1+9
loop bb(7,13)
    kbzpile_x(bb)=102.4+3.4+0.6
    kbzpile_y(bb)=102.1+9.1+9+8.2+(bb-7)*8
endloop
loop bb(14,20)
    kbzpile_x(bb)=132.9-3.4-0.6
    kbzpile_y(bb)=102.1+9.1+9+8.2+(bb-14)*8
endloop
    kbzpile_x(21)=102.4+3.4+6.8
    kbzpile_y(21)=102.1+1.75
    kbzpile_x(22)=102.4+3.4+6.8+7.7
    kbzpile_y(22)=102.1+1.75
    kbzpile_x(23)=102.4+3.4+6.8
    kbzpile_y(23)=102.1+1.6+7.5
    kbzpile_x(24)=102.4+3.4+6.8+7.7
    kbzpile_y(24)=102.1+1.6+7.5
```

```
    kbzpile_x(25)=102.4+3.4+6.8
    kbzpile_y(25)=102.1+9.1+9
    kbzpile_x(26)=102.4+3.4+6.8+7.7
    kbzpile_y(26)=102.1+9.1+9
loop bb(27,33)
    kbzpile_x(bb)=102.4+3.4+6.8
    kbzpile_y(bb)=102.1+9.1+9+8.2+(bb-27)*8
endloop
loop bb(34,40)
    kbzpile_x(bb)=102.4+3.4+6.8+7.7
    kbzpile_y(bb)=102.1+9.1+9+8.2+(bb-34)*8
endloop
;钻孔灌注桩关键节点 Z 坐标
pile_z(1)=-0.99
pile_z(2)=-11.65
pile_z(3)=-14.15
pile_z(4)=-15.65
pile_z(5)=-28.156
pile_z(6)=-36.5
;钻孔灌注桩每段的划分数目
loop ii(1,5)
    seg(ii)=round(pile_z(ii)-pile_z(ii+1))
endloop
;1.2 m 和 1.5 m 桩径的钻孔灌注桩参数设置
;钻孔灌注桩通用参数
pile_dens=2.5e3
pile_emod=30e9
pile_miu=0.25
pile_cs_nfric=25.0
pile_cs_sfric=20.0
pile_cs_nk=60e9
pile_cs_sk=60e9
;1.5 m 钻孔灌注桩专用参数
pile_xcarea1=1.7671
pile_xciy1=0.2485
pile_xciz1=0.2485
pile_xcj1= pile_xciy1+pile_xciz1
pile_per1=4.7124
pile_cs_ncoh1=30e3 * pile_per1
```

```
    pile_cs_scoh1＝30e3 * pile_per1
    ;1.2 m 钻孔灌注桩专用参数
    pile_xcarea2＝1.1310
    pile_xciy2＝0.101788
    pile_xciz2＝0.101788
    pile_xcj2＝ pile_xciy2＋pile_xciz2
    pile_per2＝3.77
    pile_cs_ncoh2＝30e3 * pile_per2
    pile_cs_scoh2＝30e3 * pile_per2
end
@set_pile_jx
;1.2 m 直径的钻孔灌注桩围护结构施工
def dazhuang1
  loop ii(51,135)
    loop jj(1,4)
      beg_x＝pile_x(ii)
      beg_y＝pile_y(ii)
      beg_z＝pile_z(jj)
      end_x＝beg_x
      end_y＝beg_y
      end_z＝pile_z(jj＋1)
      pile_seg＝seg(jj)
      command
        sel pile id 2 beg @beg_x @beg_y @beg_z end @end_x @end_y @end_z &
        nseg @pile_seg
      endcommand
    endloop
  endloop
  ;设定桩底与土的接触方式为固定约束
  psn＝nd_head
  loop while psn # null
    zpos＝nd_pos(psn,1,3)
    tt＝nd_id(psn)
    lp＝nd_link(psn)
    hh＝lk_id(lp)
    if abs(zpos＋28.156)＜0.1 then
    command
      sel link attach xrdir＝free yrdir＝free zrdir＝free xdir＝rigid ydir＝rigid &
      zdir＝rigid range id @hh
```

```
          endcommand
        endif
        psn=nd_next(psn)
      endloop
  end
  @dazhuang1
  ;1.5 m 直径的钻孔灌注桩围护结构施工
  def dazhuang2
    loop ii(1,50)
      loop jj(1,5)
        beg_x=pile_x(ii)
        beg_y=pile_y(ii)
        beg_z=pile_z(jj)
        end_x=beg_x
        end_y=beg_y
        end_z=pile_z(jj+1)
        pile_seg=seg(jj)
        command
          sel pile id 1 beg @beg_x @beg_y @beg_z end @end_x @end_y @end_z &
            nseg @pile_seg
        endcommand
      endloop
    endloop
    ;对桩底进行固定
    psn=nd_head
    loop while psn # null
      zpos=nd_pos(psn,1,3)
      tt=nd_id(psn)
      lp=nd_link(psn)
      hh=lk_id(lp)
      if abs(zpos+36.5)<0.1 then
      command
        sel link attach xrdir=free yrdir=free zrdir=free xdir=rigid ydir=rigid &
        zdir=rigid range id @hh
      endcommand
      endif
      psn=nd_next(psn)
    endloop
  end
```

```
@dazhuang2
;1.2 m 直径的抗拔桩施工
def dazhuang3
  loop ii(1,20)
    beg_x＝kbzpile_x(ii)
    beg_y＝kbzpile_y(ii)
    beg_z＝0
    end_x＝beg_x
    end_y＝beg_y
    end_z＝－31.2
    pile_seg＝31
    command
      sel pile id 2 beg @beg_x @beg_y @beg_z end @end_x @end_y @end_z &.
      nseg @pile_seg
    endcommand
  endloop
end
@dazhuang3
;1.5 m 直径的抗拔桩施工
def dazhuang4
  loop ii(21,40)
    beg_x＝kbzpile_x(ii)
    beg_y＝kbzpile_y(ii)
    beg_z＝0
    end_x＝beg_x
    end_y＝beg_y
    end_z＝－31.2
    command
      sel pile id 1 beg @beg_x @beg_y @beg_z end @end_x @end_y @end_z &.
      nseg @pile_seg
    endcommand
  endloop
end
@dazhuang4
;钻孔灌注桩参数设置
sel pile prop dens @pile_dens emod @pile_emod nu @pile_miucs_nk @pile_cs_nkrange id 1
sel pile prop xcarea @pile_xcarea1 xciy @pile_xciy1 xciz @pile_xciz1 xcj @pile_xcj1 range id 1
sel pile prop per @pile_per1 cs_ncoh @pile_cs_ncoh1 cs_scoh @pile_cs_scoh1 range id 1
sel pile prop cs_nfric @pile_cs_nfric cs_sfric @pile_cs_sfric cs_sk @pile_cs_sk range id 1
```

```
sel pile prop dens @pile_dens emod @pile_emod nu @pile_miu cs_nk @pile_cs_nk range id 2
sel pile prop xcarea @pile_xcarea2 xciy @pile_xciy2 xciz @pile_xciz2 xcj @pile_xcj2 range id 2
sel pile prop per @pile_per2 cs_ncoh @pile_cs_ncoh2 cs_scoh @pile_cs_scoh2 range id 2
sel pile prop cs_nfric @pile_cs_nfric cs_sfric @pile_cs_sfric cs_sk @pile_cs_sk range id 2
;旋喷桩参数设置
model mohr rang group xpz
pro young 1.2e9 poisson 0.25 coh 100e4 fri 25 dens 1.85e3 tension 15e4 rang gr xpz
;冠梁参数设置
model elas range gr gl
pro young 3.25e10 poisson 0.25 dens 2500 range gr gl
;求解直至平衡
solve
save dazhuang.sav


;基坑开挖
new
restore dazhuang.sav
;设置蠕变时步
set creep dt 100
;确定各道钢支撑的位置
def gzcwzcs
    array gzcxwz_beg(40) gzcywz_beg(40) gzcxwz_end(40) gzcywz_end(40)
    loop aa(1,6)
        gzcywz_beg(aa)=102.1-0.6
        gzcxwz_end(aa)=132.9+0.6
    endloop
        gzcxwz_beg(6)=117.65+0.01
        gzcxwz_beg(5)=gzcxwz_beg(6)+2.6
        gzcxwz_beg(4)=gzcxwz_beg(5)+2.75
        gzcxwz_beg(3)=gzcxwz_beg(4)+2.8
        gzcxwz_beg(2)=gzcxwz_beg(3)+2.8
        gzcxwz_beg(1)=gzcxwz_beg(2)+2.2
        gzcywz_end(6)=15.25+102.1
        gzcywz_end(5)=gzcywz_end(6)-2.6
        gzcywz_end(4)=gzcywz_end(5)-2.75
        gzcywz_end(3)=gzcywz_end(4)-2.8
        gzcywz_end(2)=gzcywz_end(3)-2.8
        gzcywz_end(1)=gzcywz_end(2)-2.2
    loop aa(7,12)
```

```
    gzcywz_end(aa)=102.1-0.6
    gzcxwz_beg(aa)=102.4-0.75
  endloop
    gzcxwz_end(12)=117.65
    gzcxwz_end(11)=gzcxwz_end(12)-2.6
    gzcxwz_end(10)=gzcxwz_end(11)-2.75
    gzcxwz_end(9)=gzcxwz_end(10)-2.8
    gzcxwz_end(8)=gzcxwz_end(9)-2.8
    gzcxwz_end(7)=gzcxwz_end(8)-2.2
    gzcywz_beg(12)=15.25+102.1
    gzcywz_beg(11)=gzcywz_beg(12)-2.6
    gzcywz_beg(10)=gzcywz_beg(11)-2.75
    gzcywz_beg(9)=gzcywz_beg(10)-2.8
    gzcywz_beg(8)=gzcywz_beg(9)-2.8
    gzcywz_beg(7)=gzcywz_beg(8)-2.2
    gzcxwz_beg(13)=102.4-0.75
    gzcywz_beg(13)=120.6+0.75-2.4
    gzcxwz_end(13)=102.4-0.75+2.4
    gzcywz_end(13)=120.6+0.75
    gzcxwz_beg(14)=132.9+0.6-2.4
    gzcywz_beg(14)=120.6+0.6
    gzcxwz_end(14)=132.9+0.6
    gzcywz_end(14)=120.6+0.6-2.4
  loop aa(15,16)
    gzcxwz_beg(aa)=104.8-0.75
    gzcywz_beg(aa)=120.6+0.2+(aa-15)*1.9
    gzcxwz_end(aa)=130.5+0.6
    gzcywz_end(aa)=120.6+0.2+(aa-15)*1.9
  endloop
  loop aa(17,35)
    gzcxwz_beg(aa)=104.8-0.75
    gzcywz_beg(aa)=125.1+(aa-17)*3
    gzcxwz_end(aa)=130.5+0.6
    gzcywz_end(aa)=125.1+(aa-17)*3
  endloop
end
@gzcwzcs
;设置混凝土支撑自动架设函数
def shezhitongzhicheng
```

```
        beamqs＝gzcqs
        beamzj＝gzczj
        beamid＝gzcid
        loop aa(beamqs,beamzj)
          beg_x＝gzcxwz_beg(aa)
          beg_y＝gzcywz_beg(aa)
          beg_z＝gzczwz
          end_x＝gzcxwz_end(aa)
          end_y＝gzcywz_end(aa)
          end_z＝beg_z
          command
            sel beam id @beamid beg @beg_x @beg_y @beg_z end @end_x @end_y &
            @end_z nseg 1
          endcommand
        endloop
    end
    ;设置钢支撑自动架设函数并施加预应力
    def shezhigangzhicheng
        beamqs＝gzcqs
        beamzj＝gzczj
        beamid＝gzcid
    st_dens＝7.85e3
    st_emod＝2.1e11
    st_miu＝0.3
    st_xcarea＝0.01487104
    st_xciy＝0.0006519
    st_xciz＝0.0006519
        st_xcj＝0.0013038
        loop aa(beamqs,beamzj)
          beg_x＝gzcxwz_beg(aa)
          beg_y＝gzcywz_beg(aa)
          beg_z＝gzczwz
          end_x＝gzcxwz_end(aa)
          end_y＝gzcywz_end(aa)
          end_z＝beg_z
          zc_cd＝sqrt((end_x－beg_x)*(end_x－beg_x)＋(end_y－beg_y)*(end_y－beg_y))
          jzcd＝yuyingli*zc_cd/(st_emod*st_xcarea)/2
          dian1x_vel＝(end_x－beg_x)/zc_cd*jzcd
          dian1y_vel＝(end_y－beg_y)/zc_cd*jzcd
```

```
dian2x_vel＝-（end_x-beg_x）/zc_cd * jzcd
dian2y_vel＝-（end_y-beg_y）/zc_cd * jzcd
command
    sel beam id @beamid beg @beg_x @beg_y @beg_z end @end_x @end_y &
    @end_z nseg 1
    sel beam prop dens @st_dens emod @st_emod nu @st_miuxcj @st_xcj &
    range id @beamid
    sel beam propxcarea @st_xcarea xciy @st_xciy xciz @st_xciz range id &
    @beamid
endcommand
gzcntr1＝nd_near（beg_x,beg_y,gzczwz）
gzcnid1＝nd_id（gzcntr1）
gzclid1＝lk_id（nd_link（gzcntr1））
gzcntr2＝nd_near（end_x,end_y,gzczwz）
gzcnid2＝nd_id（gzcntr2）
gzclid2＝lk_id（nd_link（gzcntr2））
command
    sel delete link range id @gzclid1
    sel delete link range id @gzclid2
    sel node ini xvel @dian1x_vel range id @gzcnid1
    sel node ini yvel @dian1y_vel range id @gzcnid1
    sel node ini xvel @dian2x_vel range id @gzcnid2
    sel node ini yvel @dian2y_vel range id @gzcnid2
    sel node fix x y z range id @gzcnid1
    sel node fix x y z range id @gzcnid2
    set creep off
    step 1
    set creep on
    sel node ini xvel 0 range id @gzcnid1
    sel node ini yvel 0 range id @gzcnid1
    sel node ini xvel 0 range id @gzcnid2
    sel node ini yvel 0 range id @gzcnid2
    sel node free x y z range id @gzcnid1
    sel node free x y z range id @gzcnid2
sel link id＝@gzclid1 @gzcnid1 target zone
sel link attach xdir＝rigid ydir＝rigid zdir＝rigid xrdir＝rigid yrdir＝rigid zrdir＝ &
rigid range id @gzclid1
sel link id＝@gzclid2 @gzcnid2 target zone
sel link attach xdir＝rigid ydir＝rigid zdir＝rigid xrdir＝rigid yrdir＝rigid zrdir＝ &
```

```
rigid range id @gzclid2
    endcommand
  endloop
end
;开挖基坑第 1 步土体
model null range group kw1
;基坑周边施加施工扰动荷载
apply nstress －3e3 range x 132.9 147.9 y 102.1 120.6
apply nstress －3e3 range x 117.65 132.9 y 102.1 87.1
apply nstress －3e3 range cyl end1 132.9 102.1 －0.1 end2 132.9 102.1 0.1 rad 15 &
          x 132.9 147.9 y 102.1 87.1
;设置开挖时间为 1.5 d
step 1296
;删除第 1 步开挖露出的抗拔桩
sel dele pile range z 0 －1.3 x 117.65 132.9 y 102.1 120.6
;进行第 1 步混凝土支撑的设置
set @gzczwz＝－0.5 @gzcqs＝2 @gzczj＝2 @gzcid＝1
@shezhitongzhicheng
set @gzczwz＝－0.5 @gzcqs＝4 @gzczj＝4 @gzcid＝1
@shezhitongzhicheng
set @gzczwz＝－0.5 @gzcqs＝6 @gzczj＝6 @gzcid＝1
@shezhitongzhicheng
;设置混凝土支撑以及钢围檩的参数
sel beam prop dens 7800 emod 2.1e11 nu 0.25 xcarea 0.051 range id 5
sel beam prop xciy 2.2e－3 xciz 3.3e－3 xcj 5.5e－3 range id 5
sel beam prop dens 2500 emod 3.25e10 nu 0.25 xcarea 0.8 range id 1 2
sel beam prop xciy 0.043 xciz 0.067 xcj 0.11 range id 1 2
;设置支护时间为 0.5 d
step 432
save kaiwa1.sav

;开挖基坑第 2 步土体
model null range group kw2
;基坑周边施加施工扰动荷载
apply nstress －3e3 range x 102.4 87.4 y 102.1 120.6
apply nstress －3e3 range x 102.4 117.65 y 102.1 87.1
apply nstress －3e3 range cyl end1 102.4 102.1 －0.1 end2 102.4 102.1 0.1 rad 15 x &
          87.4 102.4 y 102.1 87.1
;设置开挖时间为 6 d
```

step 5184

;删除第 2 步开挖露出的抗拔桩

sel dele pilerange z 0 −1.3 x 117.65 102.4 y 102.1 120.6

sel dele pilerange z −1.3 −7.95 x 117.65 132.9 y 102.1 120.6

;进行第 2 步混凝土支撑的设置

set @gzczwz=−7.15 @gzcqs=2 @gzczj=2 @gzcid=2
@shezhitongzhicheng

set @gzczwz=−7.15 @gzcqs=4 @gzczj=4 @gzcid=2
@shezhitongzhicheng

set @gzczwz=−7.15 @gzcqs=6 @gzczj=6 @gzcid=2
@shezhitongzhicheng

set @gzczwz=−0.5 @gzcqs=8 @gzczj=8 @gzcid=1
@shezhitongzhicheng

set @gzczwz=−0.5 @gzcqs=10 @gzczj=10 @gzcid=1
@shezhitongzhicheng

set @gzczwz=−0.5 @gzcqs=12 @gzczj=12 @gzcid=1
@shezhitongzhicheng

;设置混凝土支撑以及钢围檩的参数

sel beam prop dens 7800 emod 2.1e11 nu 0.25 xcarea 0.051 range id 5

sel beam prop xciy 2.2e−3 xciz 3.3e−3 xcj 5.5e−3 range id 5

sel beam prop dens 2500 emod 3.25e10 nu 0.25 xcarea 0.8 range id 1 2

sel beam prop xciy 0.043 xciz 0.067 xcj 0.11 range id 1 2

;设置支护时间为 2 d

step 1728

save kaiwa2.sav

;开挖基坑第 3 步土体

model null range group kw3

;基坑周边施加施工扰动荷载

apply nstress −3e3 range x 104.8 89.8 y 120.6 125.5

apply nstress −3e3 range x 130.5 145.5 y 120.6 125.5

;设置开挖时间为 6 d

step 5184

;删除第 3 步开挖露出的抗拔桩

sel dele pile range z 0 −1.3 x 102.4 132.9 y 120.6 119.2

sel dele pile range z 0 −1.3 x 104.8 130.5 y 120.6 125.5

sel dele pile range z −1.3 −7.95 x 117.65 102.4 y 102.1 120.6

sel dele pile range z −7.95 −12.45 x 117.65 132.9 y 102.1 120.6

;进行第 3 步混凝土支撑、钢支撑以及钢围檩的设置

```
set @gzczwz=-11.65 @gzcqs=1 @gzczj=6 @gzcid=3 @yuyingli=750e3
@shezhigangzhicheng
set @gzczwz=-7.15 @gzcqs=8 @gzczj=8 @gzcid=2
@shezhitongzhicheng
set @gzczwz=-7.15 @gzcqs=10 @gzczj=10 @gzcid=2
@shezhitongzhicheng
set @gzczwz=-7.15 @gzcqs=12 @gzczj=12 @gzcid=2
@shezhitongzhicheng
set @gzczwz=-0.5 @gzcqs=16 @gzczj=16 @gzcid=1
@shezhitongzhicheng
;设置混凝土支撑以及钢围檩的参数
sel beam prop dens 7800 emod 2.1e11 nu 0.25 xcarea 0.051 range id 5
sel beam prop xciy 2.2e-3 xciz 3.3e-3 xcj 5.5e-3 range id 5
sel beam prop dens 2500 emod 3.25e10 nu 0.25 xcarea 0.8 range id 1 2
sel beam prop xciy 0.043 xciz 0.067 xcj 0.11 range id 1 2
;设置支护时间为 2 d
step 1728
save kaiwa3.sav


;开挖基坑第 4 步土体
model null range group kw4
;基坑周边施加施工扰动荷载
apply nstress -3e3 range x 104.8 89.8 y 134.5 125.5
apply nstress -3e3 range x 130.5 145.5 y 134.5 125.5
;设置开挖时间为 6 d
step 5184
;删除第 4 步开挖露出的抗拔桩
sel dele pile range z 0 -1.3 x 104.8 130.5 y 134.5 125.5
sel dele pile range z -1.3 -7.95 x 102.4 132.9 y 120.6 119.2
sel dele pile range z -1.3 -7.95 x 104.8 130.5 y 120.6 125.5
sel dele pile range z -7.95 -12.45 x 117.65 102.4 y 102.1 120.6
sel dele pile range z -16.45 -12.45 x 117.65 132.9 y 102.1 120.6
;进行第 4 步混凝土支撑、钢支撑以及钢围檩的设置
set @gzczwz=-15.65 @gzcqs=1 @gzczj=6 @gzcid=4 @yuyingli=600e3
@shezhigangzhicheng
set @gzczwz=-11.65 @gzcqs=7 @gzczj=12 @gzcid=3 @yuyingli=750e3
@shezhigangzhicheng
set @gzczwz=-7.15 @gzcqs=16 @gzczj=16 @gzcid=2
@shezhitongzhicheng
```

```
set @gzczwz=-0.5 @gzcqs=19 @gzczj=19 @gzcid=1
@shezhitongzhicheng
```
;设置混凝土支撑以及钢围檩的参数
```
sel beam prop dens 7800 emod 2.1e11 nu 0.25 xcarea 0.051 range id 5
sel beam prop xciy 2.2e-3 xciz 3.3e-3 xcj 5.5e-3 range id 5
sel beam prop dens 2500 emod 3.25e10 nu 0.25 xcarea 0.8 range id 1 2
sel beam prop xciy 0.043 xciz 0.067 xcj 0.11 range id 1 2
```
;设置支护时间为 2 d
```
step 1728
save kaiwa4.sav
```

;开挖基坑第 5 步土体
```
model null range group kw5
```
;基坑周边施加施工扰动荷载
```
apply nstress -3e3 range x 104.8 89.8 y 134.5 143.5
apply nstress -3e3 range x 130.5 145.5 y 134.5 143.5
```
;设置开挖时间为 6 d
```
step 5184
```
;删除第 5 步开挖露出的抗拔桩
```
sel dele pile range z 0 -1.3 x 104.8 130.5 y 143.5 134.5
sel dele pile range z -7.95 -1.3 x 104.8 130.5 y 134.5 125.5
sel dele pile range z -12.45 -7.95 x 102.4 132.9 y 120.6 119.2
sel dele pile range z -12.45 -7.95 x 104.8 130.5 y 120.6 125.5
sel dele pile range z -16.45 -12.45 x 117.65 102.4 y 102.1 120.6
sel dele pile range z -16.45 -18.913 x 117.65 132.9 y 102.1 120.6
```
;进行第 5 步混凝土支撑、钢支撑以及钢围檩的设置
```
set @gzczwz=-15.65 @gzcqs=7 @gzczj=12 @gzcid=4 @yuyingli=600e3
@shezhigangzhicheng
set @gzczwz=-11.65 @gzcqs=13 @gzczj=17 @gzcid=3 @yuyingli=750e3
@shezhigangzhicheng
set @gzczwz=-7.15 @gzcqs=19 @gzczj=19 @gzcid=2
@shezhitongzhicheng
set @gzczwz=-0.5 @gzcqs=22 @gzczj=22 @gzcid=1
@shezhitongzhicheng
```
;设置混凝土支撑以及钢围檩的参数
```
sel beam prop dens 7800 emod 2.1e11 nu 0.25 xcarea 0.051 range id 5
sel beam prop xciy 2.2e-3 xciz 3.3e-3 xcj 5.5e-3 range id 5
sel beam prop dens 2500 emod 3.25e10 nu 0.25 xcarea 0.8 range id 1 2
sel beam prop xciy 0.043 xciz 0.067 xcj 0.11 range id 1 2
```

;设置支护时间为 2 d
step 1728
save kaiwa5.sav

;开挖基坑第 6 步土体
model null range group kw6
;基坑周边施加施工扰动荷载
apply nstress －3e3 range x 104.8 89.8 y 143.5 152.5
apply nstress －3e3 range x 130.5 145.5 y 143.5 152.5
;设置开挖时间为 6 d
step 5184
;删除第 6 步开挖露出的抗拔桩
sel dele pile range z 0 －1.3 x 104.8 130.5 y 152.5 143.5
sel dele pile range z －7.95 －1.3 x 104.8 130.5 y 143.5 134.5
sel dele pile range z －7.95 －12.45 x 104.8 130.5 y 134.5 125.5
sel dele pile range z －12.45 －16.45 x 102.4 132.9 y 120.6 119.2
sel dele pile range z －12.45 －16.45 x 104.8 130.5 y 120.6 125.5
sel dele pile range z －16.45 －18.913 x 117.65 102.4 y 102.1 120.6
;进行第 6 步混凝土支撑、钢支撑以及钢围檩的设置
set @gzczwz＝－15.65 @gzcqs＝13 @gzczj＝14 @gzcid＝4 @yuyingli＝600e3
@shezhigangzhicheng
set @gzczwz＝－11.65 @gzcqs＝18 @gzczj＝20 @gzcid＝3 @yuyingli＝750e3
@shezhigangzhicheng
set @gzczwz＝－7.15 @gzcqs＝22 @gzczj＝22 @gzcid＝2
@shezhitongzhicheng
set @gzczwz＝－0.5 @gzcqs＝25 @gzczj＝25 @gzcid＝1
@shezhitongzhicheng
;设置混凝土支撑以及钢围檩的参数
sel beam prop dens 7800 emod 2.1e11 nu 0.25 xcarea 0.051 range id 5
sel beam prop xciy 2.2e－3 xciz 3.3e－3 xcj 5.5e－3 range id 5
sel beam prop dens 2500 emod 3.25e10 nu 0.25 xcarea 0.8 range id 1 2
sel beam prop xciy 0.043 xciz 0.067 xcj 0.11 range id 1 2
;设置支护时间为 2 d
step 1728
save kaiwa6.sav

;开挖基坑第 7 步土体
model null range group kw7
;基坑周边施加施工扰动荷载

```
apply nstress —3e3 range x 104.8 89.8 y 161.5 152.5
apply nstress —3e3 range x 130.5 145.5 y 161.5 152.5
;设置开挖时间为 6 d
step 5184
;删除第 7 步开挖露出的抗拔桩
sel dele pile range z 0 —1.3 x 104.8 130.5 y 161.5 152.5
sel dele pile range z —7.95 —1.3 x 104.8 130.5 y 152.5 143.5
sel dele pile range z —7.95 —12.45 x 104.8 130.5 y 143.5 134.5
sel dele pile range z —16.45 —12.45 x 104.8 130.5 y 134.5 125.5
sel dele pile range z —18.913 —16.45 x 102.4 132.9 y 120.6 119.2
;进行第 7 步混凝土支撑、钢支撑以及钢围檩的设置
set @gzczwz=—11.65 @gzcqs=21 @gzczj=23 @gzcid=3 @yuyingli=750e3
@shezhigangzhicheng
set @gzczwz=—7.15 @gzcqs=25 @gzczj=25 @gzcid=2
@shezhitongzhicheng
set @gzczwz=—0.5 @gzcqs=28 @gzczj=28 @gzcid=1
@shezhitongzhicheng
;设置混凝土支撑以及钢围檩的参数
sel beam prop dens 7800 emod 2.1e11 nu 0.25 xcarea 0.051 range id 5
sel beam prop xciy 2.2e—3 xciz 3.3e—3 xcj 5.5e—3 range id 5
sel beam prop dens 2500 emod 3.25e10 nu 0.25 xcarea 0.8 range id 1 2
sel beam prop xciy 0.043 xciz 0.067 xcj 0.11 range id 1 2
;设置支护时间为 2 d
step 1728
save kaiwa7.sav


;开挖基坑第 8 步土体
model null range group kw8
;基坑周边施加施工扰动荷载
apply nstress —3e3 range x 104.8 89.8 y 161.5 170.5
apply nstress —3e3 range x 130.5 145.5 y 161.5 170.5
;设置开挖时间为 6 d
step 5184
;删除第 8 步开挖露出的抗拔桩
sel dele pile range z 0 —1.3 x 104.8 130.5 y 170.5 161.5
sel dele pile range z —7.95 —1.3 x 104.8 130.5 y 161.5 152.5
sel dele pile range z —7.95 —12.45 x 104.8 130.5 y 152.5 143.5
sel dele pile range z —16.45 —12.45 x 104.8 130.5 y 143.5 134.5
;进行第 8 步混凝土支撑、钢支撑以及钢围檩的设置
```

set @gzczwz＝－11.65 @gzcqs＝24 @gzczj＝26 @gzcid＝3 @yuyingli＝750e3
@shezhigangzhicheng

set @gzczwz＝－7.15 @gzcqs＝28 @gzczj＝28 @gzcid＝2
@shezhitongzhicheng

set @gzczwz＝－0.5 @gzcqs＝31 @gzczj＝31 @gzcid＝1
@shezhitongzhicheng

;设置混凝土支撑以及钢围檩的参数

sel beam prop dens 7800 emod 2.1e11 nu 0.25 xcarea 0.051 range id 5

sel beam prop xciy 2.2e－3 xciz 3.3e－3 xcj 5.5e－3 range id 5

sel beam prop dens 2500 emod 3.25e10 nu 0.25 xcarea 0.8 range id 1 2

sel beam prop xciy 0.043 xciz 0.067 xcj 0.11 range id 1 2

;设置支护时间为 2 d

step 1728

save kaiwa8.sav

;开挖基坑第 9 步土体

model null range group kw9

;基坑周边施加施工扰动荷载

apply nstress －3e3 range x 104.8 89.8 y 179.5 170.5

apply nstress －3e3 range x 130.5 145.5 y 179.5 170.5

;设置开挖时间为 6 d

step 5184

;删除第 9 步开挖露出的抗拔桩

sel dele pile range z 0 －1.3 x 104.8 130.5 y 179.5 170.5

sel dele pile range z －7.95 －1.3 x 104.8 130.5 y 170.5 161.5

sel dele pile range z －7.95 －12.45 x 104.8 130.5 y 161.5 152.5

sel dele pile range z －16.45 －12.45 x 104.8 130.5 y 152.5 143.5

;进行第 9 步混凝土支撑、钢支撑以及钢围檩的设置

set @gzczwz＝－11.65 @gzcqs＝27 @gzczj＝29 @gzcid＝3 @yuyingli＝750e3
@shezhigangzhicheng

set @gzczwz＝－7.15 @gzcqs＝31 @gzczj＝31 @gzcid＝2
@shezhitongzhicheng

set @gzczwz＝－0.5 @gzcqs＝34 @gzczj＝34 @gzcid＝1
@shezhitongzhicheng

;设置混凝土支撑以及钢围檩的参数

sel beam prop dens 7800 emod 2.1e11 nu 0.25 xcarea 0.051 range id 5

sel beam prop xciy 2.2e－3 xciz 3.3e－3 xcj 5.5e－3 range id 5

sel beam prop dens 2500 emod 3.25e10 nu 0.25 xcarea 0.8 range id 1 2

sel beam prop xciy 0.043 xciz 0.067 xcj 0.11 range id 1 2

;设置支护时间为 2 d

step 1728

save kaiwa9.sav

;开挖基坑第 10 步土体

model null range group kw10

;设置开挖时间为 6 d

step 5184

;删除第 10 步开挖露出的抗拔桩

sel dele pile range z －7.95 －1.3 x 104.8 130.5 y 179.5 170.5

sel dele pile range z －7.95 －12.45 x 104.8 130.5 y 170.5 161.5

sel dele pile range z －16.45 －12.45 x 104.8 130.5 y 161.5 152.5

;进行第 10 步混凝土支撑、钢支撑以及钢围檩的设置

set @gzczwz＝－11.65 @gzcqs＝30 @gzczj＝32 @gzcid＝3 @yuyingli＝750e3
@shezhigangzhicheng

set @gzczwz＝－7.15 @gzcqs＝34 @gzczj＝34 @gzcid＝2
@shezhitongzhicheng

;设置混凝土支撑以及钢围檩的参数

sel beam prop dens 7800 emod 2.1e11 nu 0.25 xcarea 0.051 range id 5

sel beam prop xciy 2.2e－3 xciz 3.3e－3 xcj 5.5e－3 range id 5

sel beam prop dens 2500 emod 3.25e10 nu 0.25 xcarea 0.8 range id 1 2

sel beam prop xciy 0.043 xciz 0.067 xcj 0.11 range id 1 2

;设置支护时间为 2 d

step 1728

save kaiwa10.sav

;开挖基坑第 11 步土体

model null range group kw11

;设置开挖时间为 4.5 d

step 3888

;删除第 11 步开挖露出的抗拔桩

sel dele pilerange z －7.95 －12.45 x 104.8 130.5 y 179.5 170.5

sel dele pilerange z －16.45 －12.45 x 104.8 130.5 y 170.5 161.5

;进行第 11 步钢支撑的设置

set @gzczwz＝－11.65 @gzcqs＝33 @gzczj＝35 @gzcid＝3 @yuyingli＝750e3
@shezhigangzhicheng

;设置混凝土支撑以及钢围檩的参数

sel beam prop dens 7800 emod 2.1e11 nu 0.25 xcarea 0.051 range id 5

sel beam prop xciy 2.2e－3 xciz 3.3e－3 xcj 5.5e－3 range id 5

sel beam prop dens 2500 emod 3.25e10 nu 0.25 xcarea 0.8 range id 1 2

sel beam prop xciy 0.043 xciz 0.067 xcj 0.11 range id 1 2

;设置支护时间为 1.5 d

step 1296

save kaiwa11.sav

;开挖基坑第 12 步土体

model null range group kw12

;设置开挖时间为 3 d

step 2592

;删除第 12 步开挖露出的抗拔桩

sel dele pile range z −16.45 −12.45 x 104.8 130.5 y 179.5 170.5

;设置支护时间为 1 d

step 864

save kaiwa12.sav

7.3.3　数值模拟结果分析

1. 桩体水平位移

基坑开挖后,周边桩体的水平位移分布如图 7-12 所示。从图中可以看出,受顶层海积淤泥的蠕变作用影响,基坑两侧桩体基本上都是在桩顶水平位移最大,沿着桩深方向桩体水平位移逐渐减小;当桩深达到地表下 25 m 位置时,桩体水平位移基本为 0。沿着基坑纵向,基坑两侧桩体最大位移都出现在标准段靠近端头位置,而最小位移则出现在端头下侧的拐角处。就整个基坑围护桩结构而言,由于基坑西侧桩的刚度大于东侧桩,因此,基坑开挖结束后,基坑东侧桩体的最大位移要明显大于西侧。

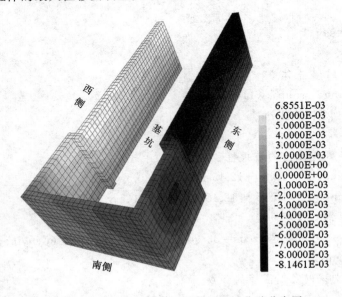

图 7-12　基坑开挖后周边桩体的水平位移分布图

基坑不同开挖分步下两侧桩体的水平位移变化曲线如图 7-13 所示。整个基坑开挖过程中,基坑两侧桩体位移都呈"前倾形"分布,桩水平位移在顶部最大,往桩底则逐渐减小。这主要是因为基坑表层土为较厚的海积淤泥,其侧压力系数较大,同时桩顶混凝土支撑间距也较大,导致开挖坑内海积淤泥地层时,桩体就会产生较大的前倾变形。此外,由于基坑西侧围护桩的直径大于东侧桩,导致基坑东侧桩体位移在不同开挖时间段下都要整体大于西侧桩。当基坑开挖结束后,基坑东西两侧桩体最大位移分别为 8.1 mm 和 6.8 mm(小于桩体位移警戒值 30 mm)。从桩位移随开挖时段的变化大小来看,基坑两侧桩位移都是在开挖该段海积淤泥地层时变化较大,因此,在此施工阶段内应尽可能增加桩位移监测频率,防止因桩变形速率过大而导致失稳。

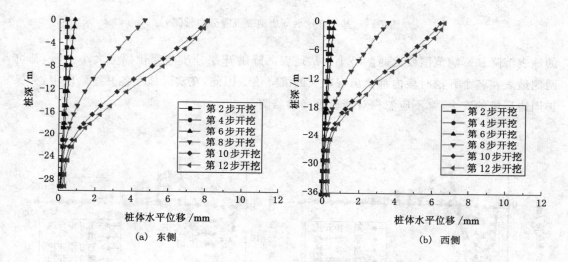

图 7-13　基坑开挖过程中两侧桩体的水平位移

2. 基坑周边地表沉降

图 7-14 给出了基坑开挖结束后周边地表沉降分布云图。坑内土体的开挖卸载,导致坑底土体发生隆起,桩体向坑内发生水平位移,基坑周边土体向坑内流动而产生一定的地表沉降。由图可知,基坑周边地表最大沉降值约为 32.6 mm,出现在端头段附近约 15 m 的影响范围内;在地表沉降影响范围外 20～30 m,由于施工扰动荷载的影响,地表土体会发生一定的隆起,其值约为 15 mm;当地表距基坑边缘距离达到 45 m 以上时,基坑开挖对地表沉降影响就可以忽略不计。

基坑标准段靠近端头处的地表沉降随开挖分步的变化曲线如图 7-15 所示。从图中可以看出,基坑两侧的地表在距基坑边缘 15 m 范围内表现为凹槽沉降且在距基坑边缘 10～15 m 处出现沉降最大值;在凹槽往基坑外约 30 m 范围内,由于受基坑两侧扰动荷载的挤压影响,该处地表表现为隆起且在距基坑边缘 20～22 m 处出现隆起最大值;距基坑边缘 45 m 外,基坑两侧地表沉降基本为 0,因此,可以认为基坑两侧地表沉降影响范围大致为 45 m。随着开挖进行,基坑两侧地表的沉降影响范围保持不变,但凹槽内的沉降和凹槽外的隆起却会逐渐增大。但由于基坑东侧桩往坑内的位移要小于西侧,导致同一开挖分步下基坑东侧

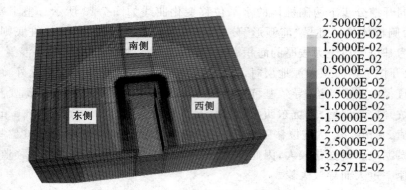

图 7-14　基坑开挖后周边地表沉降分布云图

的地表沉降和影响范围要比西侧略小。从地表沉降随开挖分步的变化幅度大小上看,基坑两侧地表在各个开挖时段内都会出现较大的沉降值。因此,在实际施工各开挖阶段中,为保护周边环境的安全,都不应忽视对地表沉降的监测。

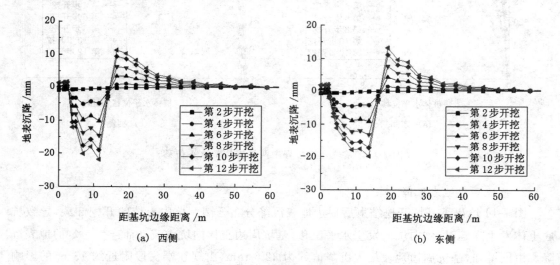

图 7-15　基坑开挖过程中两侧地表沉降曲线

3. 支撑轴力

图 7-16 为基坑标准段靠近端头处由上至下 3 道支撑随开挖分步的变化曲线。由图可知,随着开挖的进行,各道支撑周边土体的主动土压力合力逐渐增大并最终趋于稳定,因此,随开挖步数的增大,3 道支撑轴力均呈指数衰减式增长,即支撑轴力的增长速率逐渐减小并最终趋于 0。基坑开挖结束后,第 1 道混凝土支撑轴力最大,约为 2 200 kN,第 2 道混凝土支撑轴力次之,约为 1 500 kN;第 3 道钢支撑轴力最小,约为 750 kN。原因在于,第 1 道和第 2 道混凝土支撑间距较大,且支撑墙体后方的土体为海积淤泥,主动土压力也相对较大。

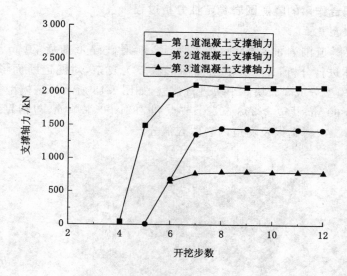

图 7-16 基坑开挖过程中标准段支撑轴力的变化曲线

7.4 流固耦合作用下近断层隧道围岩稳定性分析

7.4.1 近断层隧道工程概况

某高速公路隧道埋深约 180 m,断面形状为四心圆,宽度为 15.5 m,高度为 13 m,隧道全长约 2 490 m。隧道穿越地质条件十分复杂,以Ⅳ、Ⅴ级围岩为主,局部存在一些大型断层破碎带,隧道施工安全遭到严重威胁。其中,在穿越 F2 断层破碎带(宽度 25 m、水压 1.0 MPa、倾角 85°,如图 7-17 所示)时,因这条破碎带含水量异常丰富且充填介质岩性软弱,大大小小共发生了 7 次突水突泥灾害,涌出淤泥近 22 500 m³。

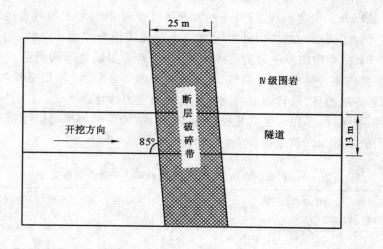

图 7-17 近断层隧道纵向断面图

7.4.2 考虑流固耦合作用的隧道围岩稳定性分析过程

1. 数值模拟模型建立

为研究近断层隧道围岩的稳定性,取实际 F2 断层破碎带前后 20 m、上下以及右侧 40 m 范围内的岩体进行分析,并考虑隧道断面形状较为复杂,对隧道断面形状作了一定的简化,将整个隧道模型分成 3 大块 9 小块进行建立,如图 7-18 所示。该模型宽度为 40 m、高度为 80 m、纵深为 60 m,共包含 398 695 个节点和 388 800 个单元,包括Ⅳ级围岩、断层破碎带、喷射混凝土、二次衬砌以及隧道内岩体五部分。

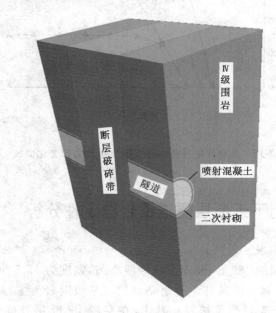

图 7-18　近断层隧道数值模拟模型

2. 考虑流固耦合作用的近断层隧道初始应力计算

由于断层破碎带含水量丰富,隧道开挖靠近断层破碎带时,断层破碎带内的水体必然会向隧道内渗流,因此,隧道初始应力计算时必须考虑流固耦合作用。此时,需要使用 config fluid 命令打开 FLAC^{3D} 中的渗流分析模式;然后在正常设置围岩本构模型和材料参数的基础上,再补充围岩的渗透模型、渗透系数、孔隙率以及水体的密度、体积模量等参数;最后设置模型的力学和渗透边界,进行隧道的流固耦合初始应力计算。

根据实际围岩条件,采用应变软化模型和各向同性渗透模型来模拟隧道Ⅳ级围岩和断层破碎带,它们的参数条件设置如表 7-6 所示。

表 7-6　Ⅳ级围岩和断层破碎带的基本力学及渗透参数

土体名称	密度 /(kg/m³)	弹性模量 /GPa	泊松比	黏聚力 /MPa	内摩擦角 /(°)	剪胀角 /(°)	渗透系数 /(cm/s)	孔隙率
Ⅳ级围岩	2 150	2.5	0.32	0.45	33	5	9.8×10^{-6}	0.21
断层破碎带	1 850	0.6	0.44	0.17	25	0	2.9×10^{-5}	0.35

　　模型力学边界条件设置为顶面施加压力 2.8 MPa，四周法向约束，底面固定；模型渗透边界条件设置为断层破碎带顶面施加水压 0.6 MPa，其余各面则默认为不透水边界。流固耦合计算分析后，隧道周边围岩的竖向应力和水压力分布云图如图 7-19 所示。

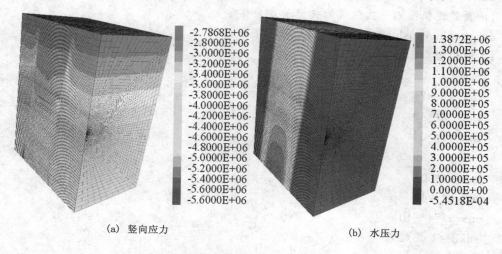

(a) 竖向应力　　　　　　　　　　　　　　(b) 水压力

图 7-19　隧道围岩竖向应力和水压力分布云图

3. 近断层隧道开挖模拟

　　根据实际隧道开挖情况，设置隧道每次开挖进尺为 2 m，每步开挖过程中先设定当前进尺隧道表面水压力为 0 并进行流固耦合计算一定时间；之后进行锚喷支护，其中锚杆采用 cable 结构单元模拟，其直径为 32 mm、长度为 2.5 m、间排距为 0.8 m、全长锚固，而喷射混凝土采用弹性实体单元模拟，厚度为 0.3 m、弹性模量为 27 GPa；接着，定义喷射混凝土层为不透水模型进行流固耦合计算一定时间；再接着，采用弹性实体单元模拟现浇混凝土二次衬砌，其弹性模量和厚度分别为 30 GPa 和 0.6 m；最后，定义二次衬砌为不透水模型，再次进行流固耦合计算；依次循环，完成隧道的三维掘进开挖。当隧道开挖至断层破碎带位置时，隧道围岩开挖支护情况如图 7-20 所示。

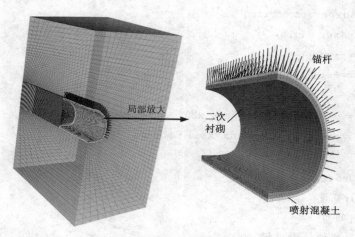

局部放大

锚杆

二次衬砌

喷射混凝土

图 7-20　隧道开挖接近断层破碎带时围岩支护效果图

命令:

```
;建立隧道开挖三维模型
new
;设置隧道模型划分线位置的关键节点坐标值
def moxingcanshu
;关键位置坐标参数
  mx_x1=0
  mx_x2=7.0
  mx_x3=40
  mx_y1=0
  mx_y2=60
  mx_z1=0
  mx_z2=40
  mx_z3=-40
  sdkd=15.5/2.0
  sdgd=13.0
  sdsgg=sdkd
  sdzgg=sqrt(sdkd * sdkd-mx_x2 * mx_x2)
  sdxgg=sdgd-sdsgg
;隧道模型关键位置坐标
  czcq=0.3;初期支护厚度
  czeq=0.6;二次衬砌厚度
  sdjkd=sdkd-czcq-czeq
  sdckd=sdkd-czcq
  sdjsgg=sdsgg-czcq-czeq
  sdcsgg=sdsgg-czcq
  sdjxgg=sdxgg-czcq-czeq
  sdcxgg=sdxgg-czcq
  sdxgg_z=-sdxgg
  sdcxgg_z=-sdcxgg
  sdzgg_z=-sdzgg
  sdczgg_z=-sin(atan(sdzgg/mx_x2)) * sdcsgg
  sdczgg_x=cos(atan(sdzgg/mx_x2)) * sdcsgg
;断层破碎带参数
  dcsy=1.0e6;水压
  dchd=25;宽度
  dcqj=85;倾角
  ;隧道模型关键位置坐标
  mxz_z=-sdzgg/mx_x2 * mx_x3
```

```
    mxz_zz＝mxz_z/2.0
    cq_z＝－sdzgg
end
@moxingcanshu
;分 3 大块建立隧道模型(对模型进行了一定的简化,不简化的模型建立方法详见例 3-4)
;建立隧道上部分模型
gen zone radcy p0 0 @mx_y1 0 p1@mx_x3 @mx_y1 0 p2 0 @mx_y2 0 p3 0@mx_y1 &
            @mx_z2 dim@sdkd @sdsgg @sdkd @sdsggsize 15 120 30 36 ratio &
            1 1 1 1.07 group weiyan
gen zone cshell p0 0 @mx_y1 0 p1@sdkd @mx_y1 0 p2 0 @mx_y2 0 p3 0@mx_y1 &
            @sdsgg dim @sdckd @sdcsgg @sdckd @sdcsggsize 1 120 30 15 &
            group chuzhi
gen zone cshell p0 0 @mx_y1 0 p1@sdckd @mx_y1 0 p2 0 @mx_y2 0 p3 0 @mx_y1 &
            @sdcsgg dim @sdjkd @sdjsgg @sdjkd @sdjsggsize 2 120 30 15 &
            group erchen fill group suidao
;建立隧道中间部分模型
gen zone radcy p0 0 @mx_y1 0 p1@mx_x3 @mx_y1 @mxz_z p2 0 @mx_y2 0 p3 &
            @mx_x3 @mx_y1 0 p4 @mx_x3 @mx_y2 @mxz_z p5 @mx_x3 &
            @mx_y2 0 p6 @mx_x3 @mx_y1 @mxz_zz p7 @mx_x3 @mx_y2 &
            @mxz_zz dim @sdkd @sdkd @sdkd @sdkd size 15 120 10 36 ratio &
            1 1 1 1.07 group weiyan
gen zone cshell p0 0 @mx_y1 0 p1@mx_x2 @mx_y1 @sdzgg_z p2 0 @mx_y2 0 p3 &
            @sdkd @mx_y1 0 dim@sdckd @sdckd @sdckd @sdckd size &
            1 120 10 15 group chuzhi
gen zone cshell p0 0 @mx_y1 0 p1@sdczgg_x @mx_y1 @sdczgg_z p2 0 @mx_y2 &
            0 p3 @sdckd @mx_y1 0 dim @sdjkd @sdjkd @sdjkd @sdjkd size &
            2 120 10 15 group erchen fill group suidao
;建立隧道下部分模型
gen zone radcy p0 0 @mx_y1 0 p1 0 @mx_y1 @mx_z3 p2 0 @mx_y2 0 p3 @mx_x3 &
            @mx_y1 @mxz_z p4 0 @mx_y2 @mx_z3 p5 @mx_x3 @mx_y2 &
            @mxz_z p6 @mx_x3 @mx_y1 @mx_z3 p7 @mx_x3 @mx_y2 &
            @mx_z3 dim @sdxgg @sdkd @sdxgg @sdkd size 15 120 20 36 &
            ratio 1 1 1 1.07 group weiyan
gen zone cshell p0 0 @mx_y1 0 p10 @mx_y1 @sdxgg_z p2 0 @mx_y2 0 p3 @mx_x2 &
            @mx_y1 @sdzgg_z dim @sdcxgg @sdckd @sdcxgg @sdckd size &
            1 120 20 15 group chuzhi
gen zone cshell p0 0 @mx_y1 0 p1 0 @mx_y1 @sdcxgg_z p2 0 @mx_y2 0 p3 &
            @sdczgg_x @mx_y1 @sdczgg_z dim @sdjxgg @sdjkd @sdjxgg &
            @sdjkd size 2 120 20 15 group erchen fill group suidao
```

```
;确定断层位置单元体
range name duanceng plane dip 85 dd 0 origin 0 20 0 above plane dip 85 dd 0 &
origin 0 45 0 below
save moxing.sav


;考虑流固耦合作用,进行隧道初始应力计算
new
restore moxing.sav
;打开渗流分析模型
config fluid
model fl_iso
;设置流体参数
ini fmod 2e8;设置流体模量,水的流体模量应为 2 GPa,但为加快求解速度,将其设 &
为 0.2 GPa
ini ftens −1e−3;水的抗拉强度
ini fdens 1000;水的密度
;设置隧道IV级围岩以及断层岩体的本构模型和参数
model strainsoftening
prop dens 2150 young 2.5e9 poisson 0.32 coh 0.45e6 fric 33 dil 5 range duanceng not
table 1 0,0.45e6 2e−4,0.42e6 4e−4,0.39e6 8e−4,0.32e6 1.6e−3,0.18e6 1e−2,0.18e6
propctable 1 range duanceng not
prop dens 1850 young 0.6e9 poisson 0.44 coh 0.17e6 fric 25 dil 0 range duanceng
table 2 0,0.17e6 2e−4,0.16e6 4e−4,0.15e6 8e−4,0.12e6 1.6e−3,0.068e6 1e−2,0.068e6
propctable 2 range duanceng
;设置隧道IV级围岩以及断层岩体的渗透系数和孔隙率
prop perm 9.8e−12 poros 0.21 range duanceng not
prop perm 3.0e−11 poros 0.35 range duanceng
;设置模型约束条件
fix x y z range z −39.9 −40.1
fix x range x −0.1 0.1
fix x range x 39.9 40.1
fix y range y −0.1 0.1
fix y range y 59.9 60.1
apply szz −2.8e6 range z 39.9 40.1
ini szz −3.6e6 grad 0 0 20e3
ini sxx −1.7e6 grad 0 0 9.4e3
ini syy −1.7e6 grad 0 0 9.4e3
;设置重力加速度
set grav 0 0 −10
```

```
;设置模型水力边界条件
apply pp 0.6e6 range z 39.9 40.1 duanceng
ini pp 1.0e6 grad 0 0 −10e3 range duanceng
;打开渗流模式进行渗流分析
set fluid on mech off
set fluid multi on
set fluid pcut on
step 50000
;打开力学模式进行初始应力计算
set fluid off mech on
ini fmod 0
solve
ini xdis 0 ydis 0 zdis 0 xvel 0 yvel 0 zvel 0
ini state 0
save chushiyingli.sav


;进行隧道分步开挖计算
new
restore chushiyingli.sav
;建立一个函数,根据锚杆在隧道纵向上的位置进行该排锚杆的自动打设
def maogan
    cable_y＝mg_y
    mgjgjd＝0.8/sdsgg;锚杆在横断面上的间隔角度
    mg_csj＝pi/2−mgjgjd∗19;最下根锚杆的角度位置
    mgcd＝2.5;锚杆长度
    loop mm(1,20)
        mgjd＝mg_csj＋(mm−1)∗mgjgjd
        mg_bx＝cos(mgjd)∗sdsgg
        mg_bz＝sin(mgjd)∗sdsgg
        mg_ex＝cos(mgjd)∗(sdsgg＋mgcd)
        mg_ez＝sin(mgjd)∗(sdsgg＋mgcd)
        command
sel cable id＝1 begin @mg_bx @cable_y @mg_bz end @mg_ex @cable_y @mg_ez nseg 5
sel cable id＝1 prop emod 2e11 xcarea 8e−4 gr_coh 10e4 gr_fric 33 gr_per 0.1 &
        gr_k 1e9 ytens 250e3 ycomp 250e3
        endcommand
    endloop
end
;定义隧道开挖范围
```

```
range name sdkwfw group chuzhi any group erchen any group suidao any
;利用循环命令进行隧道分步掘进开挖,每次开挖进尺为 2 m
def kaiwa
    mg_y=0.4;第 1 排锚杆的纵向坐标位置
    loop aa(1,15)
        kwqs_y=(aa-1)*2
        kwzd_y=aa*2
        savename=string(aa)+'.sav'
        command
            ;支护前隧道的流固耦合分析,模拟隧道的无支护暴露时间段
            fix pp 0 range sdkwfw y @kwqs_y @kwzd_y
            set fluid on mech off
            ini fmod 2e8
            step 5000
            model null rangesdkwfw y @kwqs_y @kwzd_y
            set fluid off mech on
            ini fmod 0
            step 100
        endcommand
        ;进行当前进尺下所有锚杆的打设
        loop while mg_y<kwzd_y
            command
                @maogan
            endcommand
            mg_y=mg_y+0.8
        endloop
        command
            ;进行当前进尺范围的喷射混凝土支护
            model elas range group chuzhi y @kwqs_y @kwzd_y
            prop young 27e9 poisson 0.2 range group chuzhi y @kwqs_y @kwzd_y
            model fl_null range group chuzhi y @kwqs_y @kwzd_y
            set fluid on mech off
            ini fmod 2e8
            step 2000
            set fluid off mech on
            ini fmod 0
            step 500
        ;进行当前进尺下的二次衬砌支护
            model elas range group erchen y @kwqs_y @kwzd_y
```

```
        prop young 30e9 poisson 0.2 range group erchen y @kwqs_y @kwzd_y
        model fl_null range group erchen y @kwqs_y @kwzd_y
        set fluid on mech off
        ini fmod 2e8
        step 2000
        set fluid off mech on
        ini fmod 0
        step 1000
        save @savename
    endcommand
  endloop
end
@kaiwa
```

7.4.3　近断层隧道围岩稳定性分析结果

1. 围岩主应力差

当隧道向断层破碎带不断开挖前进时,掘进面与断层破碎带不同间隔距离(用 L 表示,当 0 m≤L≤25 m 时,表示掘进面在断层破碎带地层中)条件下隧道前方岩体的主应力差($\sigma_1-\sigma_3$)分布如图 7-21 所示。当 L>8 m 时,由于破碎带岩体承载能力较小,随着掘进面距断层破碎带距离的减小,隧道前方岩体应力集中现象将因承载区域减小而越来越明显,表现为最大主应力差峰值的不断增大;当 L=8 m 时,隧道前方岩体出现最大主应力差峰值,其大小为 4.5 MPa,出现在掘进面前方约 7.5 的位置,此时,隧道掘进面与断层破碎带间岩体的弹性支撑范围最小;当 L<8 m 时,隧道掘进面与断层破碎带间岩体将全部进入破坏阶段且破坏程度越来越严重,其承载能力逐渐下降,导致隧道前方岩体最大主应力差峰值点开始进入断层破碎带内,其值减小至 3.4 MPa,而出现位置则距掘进面 11~14 m。从隧道前方岩体最大主应力差的分布规律和大小来看,只有掘进面距断层破碎带距离大于 8 m 以上时,隧道前方岩体才能在掘进面与断层破碎带间存在一定的弹性支撑区,保证隧道的推进开挖安全。

2. 围岩水压力

不同开挖推进距离下隧道前方岩体水压力以及掘进面上流量的变化曲线如图 7-22 所示。可以看出,当隧道掘进面距断层距离较远时(L>8 m),断层破碎带内的水因渗透路径过长而很难向隧道内渗流,此时,隧道前方一定范围内的岩体水压力为 0,不存在自由水。当隧道掘进面距断层距离较近(L<8 m)时,断层破碎带内的水将向隧道掘进面渗透,此时,隧道前方岩体的水压力将从 0 逐渐增加至 1.0 MPa,而在穿越断层破碎带后又逐渐减小为 0;隧道掘进面距断层破碎带距离越近,隧道前方岩体的水压力增长速率就越快。从掘进面岩体流量的变化曲线上看,当 L>8 m 时,掘进面岩体的流量基本为 0;当 0 m<L<8 m 时,随着掘进面向断层破碎带不断靠近,掘进面上岩体的流量逐渐增大,而且增大速率越来越快;当 L<0 m 时,隧道开挖将直接揭露断层破碎带,掘进面岩体流量基本保持稳定,约为 75 m³/h。可见,L=8 m 是隧道掘进面流量开始发生突变的一个点,因此为防止隧道开挖突水,应在隧道与断层破碎带之间预留至少 8 m 的防突厚度。

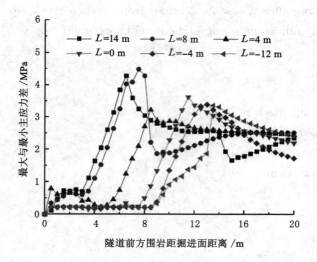

图 7-21　不同开挖距离下隧道前方岩体主应力差分布曲线

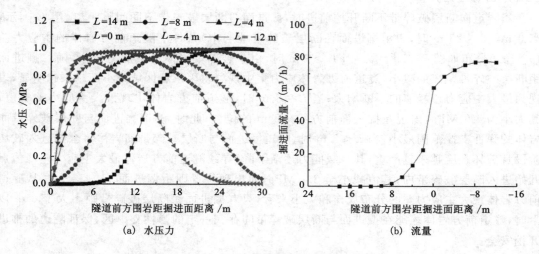

（a）水压力　　　　　　　　　　　（b）流量

图 7-22　不同开挖距离下隧道前方岩体水压力以及流量变化曲线

3. 围岩径向位移

图 7-23 给出了不同开挖距离下隧道周边岩体的径向位移分布曲线。由图可知，当 $L>$ 8 m 时，隧道周边岩体各处径向位移都能在开挖支护后基本保持稳定，此时，隧道拱顶、拱底、拱腰以及掘进面岩体最大径向位移约为 15.5 mm、16.5 mm、2.0 mm 以及 31.2 mm。当 $L<8$ m 时，随着掘进面距断层破碎带距离的减小，隧道周边岩体最大径向位移逐渐增大，而且出现位置越加靠近掘进面；当 $L=0$ m 时，隧道拱顶、拱底、拱腰以及掘进面岩体最大径向位移约为 42.6 mm、31.8 mm、22.5 mm 以及 476.9 mm。由此可知，在不对断层破碎带采取任何加固或排水措施的条件下，隧道开挖揭露断层破碎带就易使隧道掘进面发生失稳坍塌，已有的支护措施也很难保证隧道的安全。由掘进面岩体位移的变化规律可知，当掘进面距断层破碎带距离小于 8 m 时，掘进面岩体位移会随开挖面的向前推进而迅猛增长，因此

实际工程中可通过观察掘进面位移的变化情况来预测隧道前方是否存在断层破碎带,然后才能及早采取有效的支护加固措施来保证隧道的开挖安全,如对断层破碎带进行降水或注浆加固。

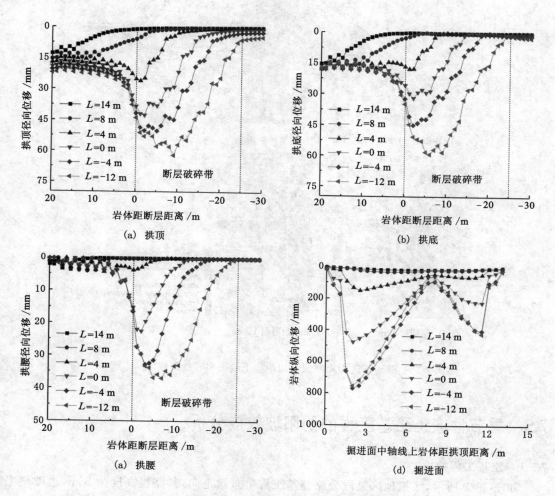

图 7-23　不同开挖距离下隧道周边岩体径向位移分布曲线

4. 围岩塑性区

图 7-24 为隧道掘进面距断层不同距离下隧道前方岩体的塑性区分布图。当隧道掘进面距断层破碎带较远时,隧道前方岩体塑性区呈圆锥形,其锥体高度约为 6.5 m,底面直径约为 13 m。当隧道掘进面距断层破碎带距离等于 8 m 时,隧道前方岩体塑性区将与断层破碎带贯通形成导水通道,此时,隧道前方岩体塑性区除了锥体区域外,还在锥顶处的断层破碎带两侧出现条状的屈服带,屈服带宽度约为 2.5 m,长度为 18.1 m。当隧道掘进面距断层破碎带距离小于 8 m 时,隧道前方岩体将在断层破碎带内的上下两侧位置出现多条塑性屈服带且不断向深处扩展,此时,塑性屈服带最大长度将达到 30～40 m,隧道围岩稳定性大大降低。

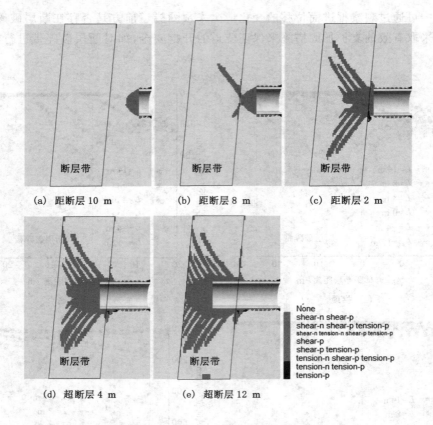

图 7-24　隧道掘进面距断层不同距离下隧道围岩的塑性区分布图

7.5　季节性冻土路基工程的阴阳坡效应分析

7.5.1　路基工程概况

如图 7-25 所示,张掖地区某段公路路基工程呈东西走向,其路堤高度为 5 m,边坡斜率为 1∶1.5,采用砂砾填料填筑完成,路面宽度为 10 m。路堤下方路基地下水位位于天然地面下 2.5 m,承载土体主要为黄土,厚度约为 17.5 m。受走向以及季节性温差变化影响,该路基工程全年温差变化很大,存在明显的阴阳坡效应。

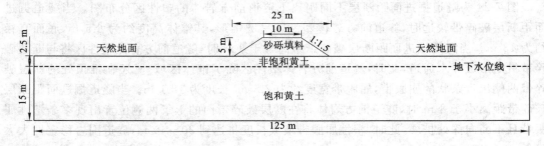

图 7-25　张掖地区某段公路路基工程断面图

7.5.2　季节性冻土路基工程阴阳坡效应分析过程

1. 数值模拟模型建立

根据上述工程情况,采用 FLAC³ᴰ建立季节性冻土路基工程数值模拟模型如图 7-26 所示。该模型总长度为 125 m、厚度为 1 m、高度为 22.5 m,共包含 2 398 个单元和 5 096 个节点。模型力学边界条件设置为:底面固定,四周法向约束,地表面、路堤顶面以及两侧阴阳坡表面自由,重力加速度为 10 m/s²。

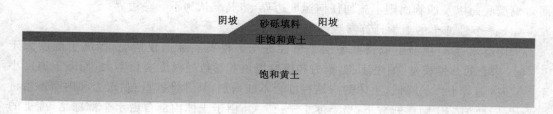

图 7-26　季节性冻土路基工程数值模拟模型

2. 路基工程初始温度场和应力场计算

由于季节性冻土路基工程会随外界温差变化而产生季节性的冻胀和融沉,而且公路两侧还存在一定的阴阳坡效应,这就有可能导致公路路面产生不均匀沉降,威胁行车安全。为研究季节性的阴阳坡效应对路基工程稳定性的影响,需考虑热力耦合以及冻融作用。此时,计算路基工程初始温度场和应力场时,首先应打开 FLAC³ᴰ中的热学模式,然后设置土体导热模型和导热参数,确定模型温度边界条件,获得路基工程的初始温度场;接着,根据模型温度场确定土体的力学本构模型和材料参数,设置模型边界条件和重力加速度,进而得到整个路基工程的初始应力场。

（1）季节性冻土的导热参数确定

季节性冻土导热模型采用各向同性导热模型。各向同性导热模型参数包括比热容、导热系数以及线膨胀系数,根据实际工程情况,取各层土体的导热参数如表 7-7 所示。此外,为考虑土体的冻胀作用,在土体发生冻胀时,对土体单元施加冻胀力,冻胀力的大小与土体本身性质、体积、含水量以及冻结程度等相关。当温度高于 0 ℃时,土体冻胀力为 0;当土体温度低于 0 ℃时,随着土体温度的降低,土体的冻胀力逐渐增大;当温度低于 −5 ℃时,土体完全冻结,此时土体冻胀力达到最大,其不再随温度降低而发生变化。

表 7-7　路基各层季节性冻土的导热参数

土层名称	线膨胀系数 /(10⁻⁷/℃)	导热系数 /[J/(h·m·℃)]	比热容 /[J/(kg·℃)]	单位体积冻胀力 /(MPa/m³)
砂砾填料	5.00	5 220	965	0.120
非饱和黄土	2.15	5 940	1 080	0.234
饱和黄土	2.00	6 480	1 200	0.346

（2）模型温度边界条件设置

根据张掖地区的气象资料,从 7 月 1 日起计算路基工程顶面各位置的全年温度:

路堤表面温度：$T_1 = 7.1 + 6.5 + 17\sin(2\pi t/8\,760 - 7\pi/10)$；

路堤阳坡坡面温度：$T_2 = 7.1 + 4.5 + 18\sin(2\pi t/8\,760 - 7\pi/10)$；

路堤阴坡坡面温度：$T_3 = 7.1 + 1.5 + 16\sin(2\pi t/8\,760 - 7\pi/10)$；

天然地面温度：$T_4 = 7.1 + 2.5 + 15\sin(2\pi t/8\,760 - 7\pi/10)$。

式中，t 为时间，h。

根据外界温度随时间的变化情况，对模型顶面不同位置施加不同的动态温度边界条件，而对模型底面以及四侧面则不施加任何温度边界，将其默认为不导热边界。

（3）季节性冻土的力学计算参数确定

采用莫尔-库仑模型模拟路基各层季节性冻土。根据实际工程情况，当冻土温度大于 0 ℃时，冻土的弹性模量、泊松比、黏聚力和内摩擦角等参数随温度变化不大；而冻土温度小于 0 ℃时，随着土体的降低，土体的冻结程度会不断增加，其弹性模量、黏聚力和内摩擦角将逐渐升高，而泊松比则逐渐减小；当温度小于 −5 ℃，由于土体内部自由水全部冻结，冻土的力学参数此时又将基本保持不变。因此，可取公路路基工程各层季节性冻土的基本力学参数如表 7-8 所示。当土体温度介于 −5～0 ℃时，季节性冻土的基本各个力学参数则按其温度取平均插值。

表 7-8　路基各层季节性冻土的基本力学参数

土体名称	密度 /(kg/m³)	弹性模量/GPa		泊松比		黏聚力/MPa		内摩擦角/(°)	
		0 ℃	−5 ℃	0 ℃	−5 ℃	0 ℃	−5 ℃	0 ℃	−5 ℃
砂砾填料	2 100	62	112	0.35	0.32	0.03	0.13	23	31
非饱和黄土	1 900	30	56	0.40	0.36	0.15	0.23	21	29
饱和黄土	2 200	22	60	0.42	0.35	0.12	0.32	22	31

3. 不同季节月份下路基工程的温度场和位移场计算

打开热学分析模式，对模型顶面不同位置施加相应月份下的温度边界条件，可获得不同月份下整个路基工程模型的温度场。打开力学分析模式，根据不同月份的温度场，确定模型各单元的力学参数，同时考虑冻胀作用，对 0 ℃以下的单元体施加内应力，通过计算可得到整个模型的位移场。

命令：

```
;建立季节性冻土路基工程模型
new
;定义模型关键点位置的坐标参数
def canshu
 array xwz(5) zwz(9)
 lmkd=10.0;路面宽度
 lmbk=lmkd/2.0
 ldgd=5.0;路堤高度
 bpl=1.5;边坡比率
 dxsw=−2.5;地下水位线位置
```

```
    mx_xz2=-lmbk
    mx_xy1=lmbk+ldgd*bpl
    mx_xz1=-mx_xy1
    ldzs=round(mx_xy1)
    xwz(1)=0
    xwz(2)=mx_xy1
    xwz(3)=xwz(2)+50
    zwz(1)=0
    zwz(2)=dxsw
    zwz(3)=dxsw-15
end
@canshu
;循环建立路堤下方模型
def jikengjianmo
    loop aa(1,2)
        loop bb(1,2)
            p0_x=xwz(aa)
            p0_y=0
            p0_z=zwz(bb+1)
            p1_x=xwz(aa+1)
            p1_y=0
            p1_z=p0_z
            p2_x=p0_x
            p2_y=1
            p2_z=p0_z
            p3_x=p0_x
            p3_y=p0_y
            p3_z=zwz(bb)
sizex= round((p1_x-p0_x)/1)
if sizex=0 then
sizex=1
endif
sizey=1
        sizez=round((p3_z-p0_z)/1)
if sizez=0 then
sizez=1
endif
        rx=1
        ry=1
```

```
        rz=1
        command
            gen zone brick p0 @p0_x @p0_y @p0_z p1 @p1_x @p1_y @p1_z p2 &
                    @p2_x @p2_y @p2_z p3 @p3_x @p3_y @p3_z size &
                    @sizex @sizey @sizez ratio @rx @ry @rz

        endcommand
    endloop
  endloop
end
@jikengjianmo
;补充建立上方路堤模型
gen zone brick p0 0 0 0 p1 @mx_xy1 0 0 p2 0 1 0 p3 0 0 @ldgd p4 @mx_xy1 1 0 &
            p5 0 1 @ldgd p6 @lmbk 0 @ldgd p7 @lmbk 1 @ldgd size @ldzs 1 5
gen zone reflect norm −1 0 0 origin 0 0 0
;模型土层划分
group ljtt range z 0 @ldgd
group fbht range z 0 @dxsw
group bht range z −20 @dxsw
save moxing.sav


;进行路基工程初始应力计算
new
restore moxing.sav
;打开热分析模式
config thermal
;关闭力学分析模式
set mech off
;定义土体导热模型及其参数
model th_iso
prop cond 5220 spe 965 dens 2100 thexp 5e−7 range gr ljtt
prop cond 5940 spe 1080 dens 1900 thexp 2.15e−7 range gr fbht
prop cond 6480 spe 1200 dens 2200 thexp 2.0e−7 range gr bht
;根据实际监测数据,对路基模型顶面施加动态温度边界条件,模拟路基工程一年四 &
季的温度情况
def wendujiazai
    shijian=shijian+1
    f1=7.1+2.5+15 * sin(2 * pi * shijian/8760.0−7 * pi/10.0)
    f2=7.1+1.5+16 * sin(2 * pi * shijian/8760.0−7 * pi/10.0)
    f3=7.1+4.5+18 * sin(2 * pi * shijian/8760.0−7 * pi/10.0)
```

```
    f4＝7.1＋6.5＋17 * sin(2 * pi * shijian/8760.0－7 * pi/10.0)
command
    fix temp @f4 range x @mx_xz2 @lmbk z @ldgd
    fix temp @f2 range x @mx_xz2 @mx_xz1 z 0.01 @ldgd
    fix temp @f3 range x @lmbk @mx_xy1 z 0.01 @ldgd
    fix temp @f1 range x －100 @mx_xz1 z －0.01 0.01
    fix temp @f1 range x @mx_xy1 100 z －0.01 0.01
endcommand
end
```

;对模型进行导热计算 2.5 年时间,模拟得到路堤填筑完成后整个模型内部的温度 & 分布情况

```
def cswdcjs
    jssj＝8760 * 2＋8760 * 0.6
    shijian＝0
    loop aa(1,jssj)
command
@wendujiazai
step 10
endcommand
    endloop
end
@cswdcjs
```

;关闭热分析模式,打开力学分析模式

```
set ther off mech on
```

;定义各层土体力学本构模型及其材料参数

```
model mohr
def tccsbh
    p_z＝zone_head
    loop while p_z≠null
        dywd＝z_temp(p_z)
        if dywd＞＝0 then
            bhxs＝0
        endif
        if dywd＜0 then
            bhxs＝min(－dywd/5.0,1.0)
        endif
        if z_isgroup(p_z,'ljtt')＝1 then
            z_prop(p_z,'young')＝(62＋50 * bhxs) * 1e6
            z_prop(p_z,'poisson')＝0.35－0.03 * bhxs
```

```
            z_prop(p_z,'cohesion')=(0.03+0.1 * bhxs) * 1e6
            z_prop(p_z,'friction')=23+9 * bhxs
        endif
        if z_isgroup(p_z,'fbht')=1 then
            z_prop(p_z,'young')=(30+26 * bhxs) * 1e6
            z_prop(p_z,'poisson')=0.4−0.04 * bhxs
            z_prop(p_z,'cohesion')=(0.15+0.08 * bhxs) * 1e6
            z_prop(p_z,'friction')=21+8 * bhxs
        endif
        if z_isgroup(p_z,'bht')=1 then
            z_prop(p_z,'young')=(22+38 * bhxs) * 1e6
            z_prop(p_z,'poisson')=0.42−0.07 * bhxs
            z_prop(p_z,'cohesion')=(0.12+0.2 * bhxs) * 1e6
            z_prop(p_z,'friction')=22+9 * bhxs
        endif
        p_z=z_next(p_z)
    endloop
end
@tccsbh
;根据土体内部的温度情况,对土体单元施加冻胀力
def tjpz
p_z=zone_head
loop while p_z#null
        dywd=z_temp(p_z)
    if dywd<0 then
    if z_isgroup(p_z,'ljtt')=1 then
        tjpzl=0.12e6 * z_volume(p_z) * min(−dywd/5.0,1.0)
    endif
    if z_isgroup(p_z,'fbht')=1 then
        tjpzl=0.234e6 * z_volume(p_z) * min(−dywd/5.0,1.0)
    endif
    if z_isgroup(p_z,'bht')=1 then
        tjpzl=0.346e6 * z_volume(p_z) * min(−dywd/5.0,1.0)
    endif
        gxtjpzl=−sqrt(tjpzl * tjpzl/3)
        dyid=z_id(p_z)
    command
    ini szz add @gxtjpzl range id @dyid
    ini sxx add @gxtjpzl range id @dyid
```

```
        ini syy add @gxtjpzl range id @dyid
        endcommand
        endif
        p_z＝z_next(p_z)
        endloop
    end
    @tjpz
    ;对路基工程模型施加力学边界条件
    fix x range x －62.4 －62.6
    fix x range x 62.4 62.6
    fix y range y －0.1 0.1
    fix y range y 0.9 1.1
    fix z range z －17.4 －17.6
    set grav 0 0 －10
    ;求解得到路基工程的初始应力
    solve
    ;位移以及塑性区清零
    ini xdis 0 ydis 0 zdis 0 xvel 0 yvel 0 zvel 0
    ini state 0
    pl con temp;显示模型温度分布云图
    save csyl.sav


    ;求解得到不同月份下季节性冻土路基工程的温度场
    new
    restore csyl.sav
    set mech off ther on
    def jjxwdbh
        loop aa(1,12)
    savename＝string(aa)＋'.sav'
            loop bb(1,730)
                command
                    @wendujiazai
                    step 10
                endcommand
            endloop
            command
                save @savename
            endcommand
        endloop
```

```
end
@jjxwdbh
;根据不同月份的温度场求解结果,考虑冻胀效应,计算得到不同月份下路基工程的变形场
new
restore 6.sav
;打开力学分析模式
set mech on ther off
;根据温度场分布情况,调用土体参数以及冻胀力随温度的变化函数
@tccsbh
@tjpz
solve
save 1yue.sav
```

7.5.3　路基工程阴阳坡效应数值模拟结果分析

不同月份下整个路基工程的温度场分布如图 7-27 所示。由图可知,受外界环境的影响,1 月整个路基工程温度在阴坡坡面位置最低,为 -7.4 ℃,而在路基底部以及路堤顶面温度较高,为 $-4.8\sim-3.4$ ℃。此时,路基两侧阴阳坡温差约为 1 ℃,说明该月份下路基工程

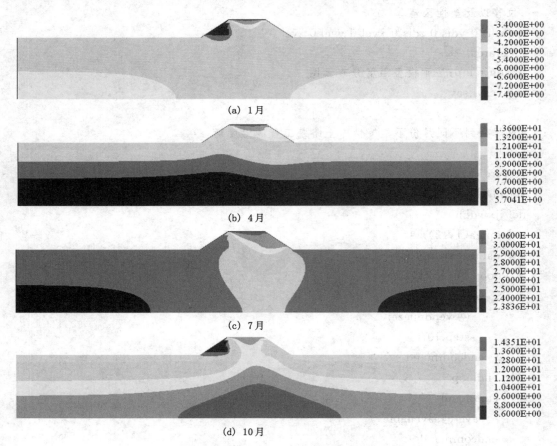

(a)　1月

(b)　4月

(c)　7月

(d)　10月

图 7-27　不同月份下路基工程温度场云图

的阴阳坡效应不明显,对整个路面的不均匀变形影响不大。4 月时,随着外界环境温度升高,整个路基土体的温度也逐渐升高,其在路面处最高,为 13.6 ℃,在路基底部最低,为 5.7 ℃,此时,路基两侧阴阳坡温差为 3.1 ℃,阴阳坡效应逐渐明显。当外界环境温度继续升高,至 7 月时,整个路基工程温度在路面、阳坡、阴坡处分别达到了 30.6 ℃、29.6 ℃ 和 24.6 ℃,此时路基两侧温度分布存在明显的不对称现象。10 月时,外界环境的温度开始逐渐降低,导致整个路基工程的温度也开始下降,此时,其在路面、阳坡、阴坡以及基底处的温度分别为 13.6 ℃、11.2 ℃、8.6 ℃ 和 14.4 ℃,这意味着路基两侧边坡下方土体即将进入冻胀阶段,容易发生不均匀隆起现象。

图 7-28 给出了不同月份下路堤表面土体的位移分布曲线。可以看出,受秋冬低温影响,路堤两侧土体会在 11 月至第 2 年 3 月之间产生一定的冻胀变形,其冻胀变形量在 11 月、12 月、1 月、2 月以及 3 月时分别为 0、14.5 mm、33.8 mm、32.3 mm 和 4.0 mm。

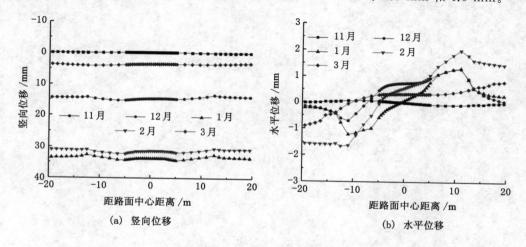

(a) 竖向位移　　　　　　　　　　　(b) 水平位移

图 7-28　不同月份下路堤表面土体的位移分布曲线

此外,受路堤两侧阴阳坡效应的影响,路基土体将产生一定的不均匀变形,其不均匀变形量在 11 月、12 月、1 月、2 月以及 3 月时分别为 0.2 mm、1.7 mm、1.8 mm、1.7 mm 和 0.6 mm。可见,这几个月份下该路基工程土体变形受阴阳坡效应影响不明显,而受季节性温差变化影响则很大。但需要说明的一点是,当外界温差变化导致路基阳坡侧土体未冻结而阴坡侧土体发生冻结时,此时阴阳坡效应对路基土体不均匀变形影响又会变得很大,这种情况将发生在秋冬转换以及冬春转换的两段时间。

参 考 文 献

[1] 陈育民,徐鼎平.FLAC/FLAC3D 基础与工程实例[M].2 版.北京:中国水利水电出版
社,2013.
[2] 彭文斌.FLAC3D 实用教程[M].北京:机械工业出版社,2008.